科学技术史概论

主　编　张子文
副主编　吕致远　李国峰

ZHEJIANG UNIVERSITY PRESS
浙江大学出版社

图书在版编目(CIP)数据

科学技术史概论 / 张子文主编. —杭州：浙江大学出版社,2010.1(2022.7 重印)
ISBN 978-7-308-07046-1

Ⅰ.科… Ⅱ.张… Ⅲ.自然科学史－世界 Ⅳ.N091

中国版本图书馆 CIP 数据核字(2009)第 165016 号

科学技术史概论

主编　张子文　**副主编**　吕致远　李国峰

责任编辑	余健波
封面设计	吴慧莉
出版发行	浙江大学出版社
	（杭州天目山路 148 号　邮政编码 310007）
	（网址：http://www.zjupress.com）
排　　版	浙江时代出版服务有限公司
印　　刷	广东虎彩云印刷有限公司绍兴分公司
开　　本	787mm×1092mm　1/16
印　　张	14.5
字　　数	353 千
版 印 次	2010 年 1 月第 1 版　2022 年 7 月第 6 次印刷
书　　号	ISBN 978-7-308-07046-1
定　　价	38.00 元

FOREWORD 前 言

　　科学技术正在迅速地改变着人们的生存方式,改变着人们赖以生存的自然环境,同时,科学技术也极大地拓展了人类的智力,丰富了人类的精神世界。更重要的是,科学方法已经被作为分析解决问题的利器而应用于社会生活的一切领域。作为现代人,无论从事何种职业,都应当掌握一定的科学技术知识,关心科学技术的进展,不断提升自身的科学素养。

　　科学技术史不仅要记录不同历史时期科学与技术的主要成就,还要力求透过这些成就展示科学发现的过程,阐述科学方法和科学思想,并试图窥察科学、技术与社会发展之间复杂的互动关系。因此,科学技术史是一门兼备科学与人文属性的学科,是进行"通识教育"的理想学科,它对于拓宽学生的知识面,培养学生的科学与人文素质有着非常重要的意义。

　　学习科学技术史,一方面要积累科学技术知识,了解科学技术历史发展的脉络,另一方面要了解科学理论创立的方法和过程,还要关注科学技术与社会发展之间的相互影响。再进一步,还应当有意识地把学到的知识转化成自身的兴趣、态度和分析解决问题的能力。

　　科学技术的萌芽孕育于原始社会,起步于奴隶社会,在封建社会取得了长足的发展,资产阶级革命以后得到了突飞猛进的发展,时至今日其势头更加迅猛。在漫长的历史岁月中,科学技术在世界不同地域、国家,在众多学术和实践领域中经历了崎岖曲折的发展旅程,任何一本科学技术史教材都不可能做到全面详尽展示科学技术发展历程的全貌。本书在对科学技术发展历史的惊鸿一瞥中,力求向读者展示科学技术发展历程的概貌;同时,努力聚焦一些重大的科学发现或技术发明的过程,从而让读者较深入地理解科学发现或技术发明的精萃所在。

　　内蒙古工业大学多年来开设科学技术史课程,通过开课,任课教师有了一些积累和想法。本书是在多年教学的基础上编写而成的,是一本适合理工科院校教学需要,并具有一定普适性的教材。参编者来自内蒙古工业大学和内蒙古科技大学,具体分工如下:

　　张子文:提出编写的指导思想和要求,并负责全书审稿、统稿和编辑。

　　吕致远:绪论和现代部分(第六章,第七章,第八章)并协助统稿、编辑。

　　阚红梅:中国古代部分(第一章)。

　　王瑞玲:世界古代部分(第二章)。

　　李国峰(内蒙古科技大学):近代部分(第三章,第四章,第五章)并协助统稿、编辑。

　　在本书编写中,各位老师都查阅参考了大量的纸质和电子资料,限于篇幅,还有不少参考资料未在"参考文献"中列出,在此深表歉意。本书的出版得到了内蒙古工业大学教务处、理学院、人文学院、物理系和内蒙古科技大学有关领导和同仁的大力支持,浙江大学出版社对本书的出版提供了很多帮助,谨在此致以诚挚谢意!

　　由于编者学识所限,书中难免有不当和错误之处,恳请专家和读者不吝赐教。

目 录

Contents

目
录

目

录

绪　论

▷▷▷

近年来,科学技术史的学术价值和教育功能逐渐得到有识之士的关注。同时,科学技术史作为一门通识教育的课程较普遍地进入了大学的课堂。但是,由于科学技术史这一学科产生的历史较短,其普及程度远不及社会发展的历史,不少人对于科学技术史这门学科的了解和认识还很不全面、不充分,甚至存在着偏见。因此,有必要对这门学科做一总体介绍,从而为读者提供一些认识、学习、研究科学技术史的观念和视角。

一、关于科学技术史

科学技术的成就是人类的精神力量和智慧的结晶,科学技术研究也是全人类不分国界,不分种族的共同事业。科学技术作为人类智力活动的最古老、最重要的领域之一,作为社会发展重要的推动力量和社会文明程度的重要标志,作为与人类当今和未来命运休戚相关的一种社会实践形式,其发展历史是非常值得研究的。

当科学技术发展到一定阶段就必然会产生对科学技术发展历史的研究。关于科学史方面的著作在东西方的古代和近代就有,而科学史作为一门专业化学科的出现,则是 20 世纪初的事情,是和乔治·萨顿(George Sarton,1884－1956 年)的名字联系在一起的。萨顿是比利时人,第一次世界大战期间到了美国,后来一直在哈佛大学从事科学史的研究与教学,他将整个一生献给了科学史事业。如萨顿的学生所言,"……他不仅通过英雄般的劳动业绩创造并收集必要的建筑材料,而且他也把自己看成将科学史建成一个独立的和有条有理的学科的第一个深思熟虑的建筑师,他的确是科学史的第一位建筑师"。萨顿在一篇文章中这样说:"一个人有个好的位置是件幸事,但当他被一个抱负不凡的目标所激励,例如当一种宏伟的设想捉住他并占领了他的整个身心时,那就是更大得多的幸福了。此时,就不再是一个人找到了一个工作,而是一种伟大的工作找到了一个可敬的人。"这段话也是对萨顿本人的写照。

按研究内容的侧重点不同,科技史研究成果可划分为内史和外史。所谓内史就是着眼于科学技术本身的发展轨迹的研究,而不去考虑外部社会环境中其他非科学的因素。内史研究可分为两类,一类是近似于编年体方法,对史实进行梳理,搞清楚所用的仪器、资料、方法、人物贡献、著作成果等,关注的重点是不同时期科学取得的具体成果,这也是传统的科技史研究方法。另一类是概念分析方法,是在研究原始文献的基础上,注重探寻科学发现者研究问题时的思维切入与深化以及在理论建立过程中概念的提出与发展。这种研究方法最早的代表作是1939年出版的法国科学家科瓦雷(A. Koyre)的《伽利略研究》。

所谓外史就是侧重于研究科学技术在发展过程中与外部社会环境(比如政治、经济、文化、宗教等)之间的相互作用,这种方法将科学技术的发展置于社会发展的大背景中进行考察,在20世纪50年代蓬勃发展起来,直到现在依然是一种颇有吸引力的研究路线,早在1939年贝尔纳(J. D. bernal)的《科学的社会功能》是这方面有代表性的著作。

限于资料占有、研究者兴趣与特长等因素,研究者易于倾向于内史或外史其中之一,显然,理想的方法是将二者综合起来。科学技术史应该动态地展现科学技术发展的历程。所谓动态展现就是不仅要记录各个时期的科技成果,还要考察成果形成的思维轨迹和每一种成果与当时已有的科技成就之间的联系,考察这些成果与当时社会的政治、经济、文化之间的联系,更要考察科学家自身特殊性(比如个人经历、信仰、科学思想、科学研究的过程甚至科学家的人格特征)对其科学发现的影响。通过动态全方位展示科学技术发展的历程,我们就会从历史中汲取丰富的营养,从而透过历史理解科学、理解技术、理解人性,才可能发现科学技术发展的规律性,才可能通过科学技术史提升我们的道德水平,甚至避免用科技之剑自残人类。

二、科学技术史与科学素养

人们往往会有这样的认识:掌握了科学知识就具备了科学素养。事实上科学知识不等于科学素养,甚至不是科学素养的主要内容。科学素养有着很丰富的内涵,除了指具备一定的科学知识外,还包括对具体科学方法的了解和应用、对科学知识的评价和鉴赏能力、对问题的分析批判能力、对促成科学理论形成的思想与方法的了解以及对科学的兴趣等等。一个人的科学素养直接影响着他学习科学、运用科学和创新科学的能力。

学科教材过分重视学科的知识体系,科学发现的过程被精巧的逻辑结构和四平八稳的学术语言掩盖得无影无踪,看不到科学家进行科学探究的原动力,看不到科学理论建立的思路,看不到学者们在科学活动中的欣喜、惊讶、迷惑,也看不到他们所走的弯路和所犯的错误。然而这些过程性质的内容对于学生理解科学是非常必要的,这些内容只能到历史中去找。因此,不了解科学发展的历史就不会理解科学,不理解科学则其科学素养一定非常有限。

杨振宁教授曾讲过这样一件事,有一个学生请求进他所在的研究院深造,作为考查,杨振宁问了他几个量子力学问题,他都会回答,可见,这位学生知识掌握得很好。接着,杨教授又问他:"这些量子力学问题,你觉得哪一个是妙的?"这位学生就讲不出来了。杨教授对他的前途发展"不能采取最乐观的态度",没有答应他的请求。杨教授认为:"学一个东西不只是要学到一些知识,学到一些技术上面的特别的方法,而是更要对它的意义有一些了解,有一些欣赏。假如一个人在学了量子力学以后,他不觉得其中有的东西是重要的,有的东西是美妙的,有的东西是值得跟人辩论得面红耳赤而不放手的,那我觉得他对这个东西并没有学进去,他只是学了很多可以参加考试得很好分数的知识,这不是真正做学问的精神,他没有把问题里面基本的价值掌握住。"我想,这位学生缺乏的就是对科学的鉴赏力,这正是杨教授所看重的做学问所必备的素养。

知识是分层次的,除了知识本身,还有生产知识的知识和评价知识的知识。生产知识的知识和评价知识的知识存在于科学家的观念之中,一些内容甚至还没有被明确地意识到,但是,这两类知识对于知识的产生具有相当重要的意义。学科教材里写的只是知识本身,而另外两种知识只能到科学发展的历史中去找、去悟。割断历史的学习只能造就"有知识没素养"的学生。不了解知识的历史时,知识是冷冰冰的,学习只是一种智力活动,我们的情感不会很好地参与到知识的学习中;而当我们了解知识的历史时,我们就会对知识有感觉,就会从知识的学习中获得丰富的营养。比如,中学物理学中有一个"开普勒三定律"的内容,与之相关的一段历史是:开普勒之前有一个叫第谷·布拉赫(Tycho Brahe,1546—1601年)的丹麦天文学家,21年如一日用自己改进或设计的仪器进行天文观察和记录。在他去世的前一年(1600年),他邀请到了具有数学才华且热爱天文学的开普勒(Johannes Kepler,1571—1630年)做他的助手。临终前,第谷把自己一生心血——700多颗星的全部天文观察资料托付给了开普勒,嘱托开普勒把这些观察结果整理发表出来,并告诫开普勒一定要尊重观察事实(后来人们知道,第谷的观察几乎达到了望远镜出现之前肉眼观察的极限)。面对第谷留给自己的非常宝贵的观察资料,开普勒有一个信念,那就是宇宙是和谐的,天体运动是有规律的。他决心用这些观察记录的数据揭示天体运行的秘密。他先从研究火星的轨道着手,凭着惊人的毅力、严谨的态度和高超的数学本领,经过 18 年的艰苦努力,开普勒三定律相继诞生了。第谷 20 余年的潜心观察在开普勒手中结出了丰硕的成果,开普勒也被后人称为"天空的立法者"。当我们了解到这些历史时,我们内心会对两位主人公产生深深的敬意,我们会怀着崇敬之情开始开普勒三定律的学习,他们的执着和智慧也会激励我们克服学习中的困难,我们也会认识到科学家的哲学思想对于其科学研究的影响是巨大的。

三、科学技术史与人文素养

科学技术史不仅能提升我们的科学素养,而且能丰富我们的人文素养。科学素养是一种专业素养,是一种发现和解决具体科学问题的能力,事关如何提高做事的效率;人文素养则是正确看待和处理事物与事物之间、人与事物之间、人与人之间关系的能力,事关对人自身思想和行为的价值把握,集中表现为一种以善为价值取向的洞明世事的能力。如果把人类社会的发展比作一辆行驶的列车,科学素养关乎列车的速度,而人文素养则掌握着列车行驶的方向,使其不脱离轨道。近代科学产生 300 多年以来,科学技术突飞猛进,社会列车的速度已经风驰电掣,而人类的人文素养尚没有实质性的推进,这是非常危险的。

读史使人明智,大凡历史性学科,其创立的初衷都是人文诉求的,科学技术史也不例外,它一样会增长我们的阅历,提升我们的道德,启迪我们的智慧。

"科学技术是第一生产力",提到科学我们就会想到它的有用性,即其促进生产和增加经济收入的作用。通过学习科技史就会知道,科学起源于古希腊,古希腊人最早形成了对于自然界的一种不同于神话而有系统的理性看法。古希腊第一位哲学家泰勒斯提出万物源于水的思想,奠定了西方哲学追求事物本源的形而上精神。古希腊另一位哲学家毕达哥拉斯(公元前 580—前 500)认为数是万物的本原,事物的性质是由某种数量关系决定的,如果想认识周围的世界,就必须找出事物中的数,他还指出整个宇宙都存在着数的和谐,和谐与秩序是宇宙的最高规律。显然,上述基本思想对近现代科学的建立、发展有一定的启示、指导作用。古希腊时代大师如云,苏格拉底、柏拉图、亚里士多德、欧几里得、托勒密等等。他们研究科学并不是为了实利,他们的学问远离了生活和生产,他们研究学问的原因只来自于内心的好奇,来自于理性思维带来的乐趣。他们只是由于"爱智慧"(在古希腊,哲学的含义就是爱智慧),纯粹是为科学而科学。这段历史会带给我们有益的启示:科学的理由就存在于我们的人性之中,那就是好奇心以及对和谐与秩序的爱好,从科学之外寻找科学的理由,过分强调科学带来的利益,就会抑制人自身对科学的需要,使科学的研究与学习沦为负担,这无论对人本身的发展,还是对科学的发展都是有害的。翅膀绑上金子的鸟儿就再也飞不起来了,科学的发展需要相对宽松自由的人文环境,而不是用利益诱逼的环境。

历史与哲学有着天然的联系,一方面,历史的编纂方式受一定哲学思想的影响,中国科学院袁江洋教授指出"科学史这门学科在其诞生之初就极大地受惠于哲学,哲学史以及其他学术,正是通过在历史的思想与哲学的、社会学的以及其他类型的人类思想之间实现强有力的互动,科学史才开始在英、美等国完成其建制化历程而成为一门独立学科。"另一方面哲学用以思考和归纳的材料很大程度上来自历史。由于科学技术在人类精神和社会实践两个领域所具有的重大作用,很多人文类的学科(比如:科学哲学、技术哲学、科学社会学、科学人类学,科学知识社会学等等)或社会问题的研究(比如 STS 研究)无可回避地要从科学技术的史料中汲取营养或寻找证据。

20 世纪 50 年代末,英国学者斯诺(C. P. Snow)在其所著《两种文化》中指出,由于教育的专业化等原因,西方社会的知识群体日益分化为两极,一极是人文知识分子,一极是科学家,这两极之间缺乏了解甚至存在着反感和敌意。由于大多数知识分子只了解一种文化,他们之间无法就社会重大问题进行认真讨论与合作,而单一的知识背景下的决策与行动可能会给社会带来巨大的损失甚至灾难。如今,半个多世纪过去了,科学技术因其对于生产力立竿见影的推动作用,依然占据着强势的地位,科学文化与人文文化二者之间分裂状态并没有发生实质性的改善,科学与人文在个体精神和智力中的融合也因此更加受到世界范围的普遍关注。

这种不乐观的现实让我们愈加敬佩科学史创始人萨顿,这位高尚的学者是何等高瞻远瞩、用心良苦。他说,科学史的"主要任务就是建造桥梁——在国际间建造起桥梁,而且同样重要的是,在每个国家之内,在生活和技术之间,在科学和人文学科之间建造起桥梁。""建造这座桥梁是我们这个时代的主要文化需要"。

毫无疑问,科学技术史不但为我们提供建造桥梁的材料,而且有助于增进我们建造桥梁的自觉性。

第一章

中国古代科学技术史

▷▷▷

中国是世界上古老文明的发源地之一,她地处亚洲东部,太平洋西岸,幅员辽阔,人口众多,黄河长江像两条生命的纽带,哺育着华夏民族。由于其所处地理环境的特殊性,北面是寒冷的西伯利亚荒原,东面南面是浩瀚的大海,西部是阿尔泰山、喀喇昆仑山以及沙漠、戈壁,西南是喜马拉雅山,沧海大洋与高山大漠之间形成了一个相对封闭的地理环境。中国先民在这个相对封闭的地理环境中独自创造了辉煌的文明,而且这个古老的文明延续几千年一直没有中断,是世界文明史上罕见的奇迹。

第一节　中国古代科学技术的主要成就

中国古代科学技术的萌芽始于远古时代,体系的形成大约是从春秋战国时期到秦汉时期(公元前 7 世纪－公元 3 世纪)。这一时期基本上奠定了中国传统科技体系的内容、形式和特点。中国古代的科学技术经过魏晋南北朝时的充实提高、隋唐五代的持续发展,宋元时达到了顶峰,明清时出现了一批集大成的科技典籍,但至十五世纪末开始比同时期的西方落后了。

中国古代科学技术在其不同的发展阶段具有不同的特点。大约在距今 1 万年前,中国古代由旧石器时代过渡到新石器时代,打制石器、磨制石器、钻孔技术、农业技术、陶器制作、发明弓箭是这个时期的主要技术成就。

夏商周时期(约公元前 21 世纪－前 770 年)是中国的青铜时代,青铜冶铸业成为当时最主要的手工业部门。1939 年考古学家在中国河南安阳发现的司母戊大方鼎重 875 千克,高133 厘米,是中国目前已发现的青铜器中的最大者,其造型、纹饰、工艺均达到极高水平,是青铜文化顶峰时期的代表作。另外,这一时期天文学、算学、农学和医学等科学知识也在孕育之中。"阴阳"、"五行"、"八卦"等学说开始出现。

春秋战国时期(公元前 770 年－前 221 年)是一个百家争鸣、百工争艳的历史时期,也是中国历史上科学技术发展的第一个高潮。铁器的开发和利用,引起了生产工具的巨大变革,促进了农业和手工业的全面繁荣和发展。春秋战国时期手工业技术的发展奠定了中国古代手工业技术传统的基础,成为后来一系列伟大发明的源头。其中鲁班和墨翟是这一时期手工工匠的典型代表。《考工记》记载了当时已有的主要工艺成就,是反映这一时期科技发展水平的代表作。同时,诸子百家开始探讨天人关系、世界本源等问题,其中唯物主义思想的兴起,对当时科学技术的发展产生了积极的影响。荀子"天行有常,不为尧存,不为桀亡",生动地反映了当时人们摆脱"天命论"的束缚,开始注重自然的思想倾向。

秦汉时期(公元前 221 年-220 年)是中国古代科学技术发展史上极其重要的时期,古代各学科体系开始形成,许多生产技术趋于成熟。这一时期铁器已得到普遍使用;主要的农作物及栽培技术基本确立;产生了历法的主要内容和宇宙观;形成了以"九数"为骨干、以计算为中心的数学框架;奠定了中药的本草学基础及中医的医疗原则;发明了造纸术。其间儒家思想的胜利对中国后来思想文化乃至科学思想的发展产生了深远的影响。可以说,秦汉时期确立了此后近 2000 年间中国科学技术的基本框架、形态和风格。

三国两晋南北朝时期(公元 220 年-581 年)是一个中国古代科学家群星灿烂的时期。出现了一批著名的科学家。刘徽、祖冲之、张子信发展并充实了数学、天文学体系;贾思勰著《齐民要术》,农学体系开始成熟;王叔和著《脉经》,皇甫谧著《针灸甲乙经》,陶弘景编《神农本草经集注》等,从不同侧面丰富了中医药学体系;裴秀提出制图六体,创立了中国古代地图学的基本理论;马钧、葛洪等人分别在机械、炼丹等方面取得了重大成就。中国古代科学技术体系在这一时期得到不断的充实和提高,逐渐居于世界领先地位。

隋唐五代时期(公元 581 年-960 年)是中国古代科学技术发展的第二个高潮。隋代开通了著名的南北大运河;唐代天文学家一行组织了大规模的大地测量,在世界上首次运用科学方法测量了子午线的长度;中国第一部国家药典《新修本草》问世;孙思邈编著了医学巨著《千金方》;雕版印刷和火药问世。同时,中外科技交流得到了前所未有的发展,因此,这一时期也是南北交汇、中外兼容的时期。

宋元时期(公元 960 年-1368 年)中国古代科学技术达到了顶峰。指南针被用于航海;火药火器被用于战争;发明了活字印刷术;筹算数学达到最高峰;创造了中国古代最为精密的历法《授时历》;医学分科更加细密,妇产科、儿科、法医学等不同医学流派开始诞生。

明朝初期,中国社会出现了资本主义萌芽。郑和七下西洋,从侧面反映了明朝当时的综合国力。但随着封建社会的逐渐衰落,明代的中央集权统治也达到了极点,思想专制严重地束缚了理论科学的发展。明朝恪守旧历而且严禁民间研究天文,结果导致天文学发展陷于停滞状态,理论数学也随天文学的停滞而不再有重大发展,中国传统科学技术开始逐渐落后于世界先进水平。但中医药、农学、技术等继续发展。李时珍著《本草纲目》,徐光启著《农政全书》,徐霞客著《徐霞客游记》,宋应星著《天工开物》为传统科学技术的综合和升华做出了重要的贡献。

明末清初西方传教士相继传入了西方的天文历法、数学、地学、物理学、火炮制造等近代科学知识。但清中叶实行的文化专制和闭关自守政策,阻碍了近代科学技术的传播和发展,使中国传统科学技术停滞不前,加大了与世界先进水平的差距。

与以种植农业为主的社会物质生产相关联,古代中国科学技术在天文学、数学、医学、农学、工艺技术等实用科技方面取得了突出成就,正是这些重要的发明创造,构成了中华文明绵延 5000 多年,一直没有中断的物质基础。

一、中国古代天文学

人们对于天文现象的认识,它的萌芽要追溯到遥远的旧石器时代。当我们的先民还在靠采集渔猎生活的时候,已对自然界的寒来暑往、月圆月缺、动物活动规律、植物发芽生长成熟时间等有了一定的认识。到了新石器时代,社会经济进入以原始农牧业生产为主的时期,人们就需要掌握农时,探索日照强弱、气温高低、雨量多寡、霜期长短等自然规律。人们掌握农时,起初是根据物候现象。随着农业生产的发展,对农时的准确性提出了比较高的要求,加上人们对天象和物候之间关系的认识加深,于是就逐渐重视起天象观测。

1. 天文测量和历法

古代中国人很重视对天象的观测。中国是世界上天文观测记录持续时间最长的国家,也是保存天文记录资料最丰富的国家。早在春秋战国时期,各诸侯国几乎都设有专人掌管对日、月、行星和恒星的天文观测,并著书立说。其中著名的有齐人甘德的《天文星占》和魏人石申的《天文》,后人合称《甘石星经》。著名科技史学家李约瑟在《中国科学技术史》中指出,中国人在阿拉伯人之前,是全世界最坚毅、最精确的天文观测者。中国人连续正确地记录了交食、新星、彗星、太阳黑子等天文现象,持续时间较任何其他文明古国都来得长。例如,中国古代天文学中关于日食记录 1000 多次,太阳黑子记录 100 多次,哈雷彗星记录 29 次。从汉代起,在日食的观测记录中,已经有了日食的方位、初亏和复圆的时刻以及亏起的方向等。对太阳黑子的观测,中国早在《汉书》中就记载了公元前 28 年的一次太阳黑子现象,"日出黄,有黑气,大如钱,居日中央。"这是世界上公认的最早的太阳黑子记录。公元前134 年汉武帝时期记载的一颗新星,被世界上公认为第一次新星记载。到 17 世纪末,中国记载了大约 70 颗新星和超新星,这些记录为现代天文学家对中子星的探讨提供了极为宝贵的资料,具有很高的科学价值。

古代中国天文学认为北极星和不升不落的拱极诸星对确定日月五星和许多天象发生的位置、确立一个统一的坐标系具有重要作用。由此,他们将天空的恒星背景划分成 28 个区域,建立了 28 宿体系。对其他天区也作了区划,指明了各星座的星数以及相邻星座之间的相对位置,并标出了许多恒星的赤道坐标值和黄道内外度。例如《石氏星表》给出了 212 颗恒星的赤道坐标值和黄道内外度。《石氏星表》是世界上最早的星表之一。

详尽的天文观测记录为古代中国历法的精确性提供了前提和材料。春秋战国时期产生的古四分历,回归年长度为 $365\frac{1}{4}$ 日,因为岁余是四分之一日,所以叫四分历。并采用了 19 年 7 闰为闰周。这一回归年数值只比真正的回归年长度多 11 分钟。为了更精确地反映季节的变化,古代中国的历法划分了 24 个节气,这是一种特殊的太阳历,他们把一年平均分为24 等份,即平均每 15 天多设置一个节气,反映了太阳一年内在黄道上视运动的 24 个特定位置。24 个节气的划分对中国的农业生产一直起着重要的指导作用。古四分历的出现,标志着中国古代历法已经进入比较成熟的阶段。它已能比较好地确定节气和朔望时刻,使回归年和朔望月的关系得到很好的调节,确立了中国古代传统阴阳合历的完整的历法形式。二十四节气的独特创造,更加丰富了历法的内容。

秦汉时期,中国的历法已基本成熟,具备了后世历法的主要内容。从《太初历》到《乾象

第一章　中国古代科学技术史

历》,建立了一套比较科学的推算五星运动和日月运动及交食周期的方法。《汉书·律历志》记载的汉代所使用的《三统历》已具备了气朔、闰法、五星、交食周期等内容。汉代已经提出了无中气(雨水、春分、谷雨等12节气)之月置闰的原则,把季节和月份的关系调整得十分合理,这个方法在农历中一直沿用到现在。东汉的《乾象历》给出的交食周期,回归年长度和朔望月长度的新数据比《三统历》更为准确,又增加了24节气昏旦中星,星夜刻漏和暑影长度等新内容,为后世历法所遵循。在两汉时期,古代中国的历法已基本形成了一个完整的体系。

隋唐时期,对天文仪器的改造和大规模的天文观测,为编定更完善的历法提供了更精确的天文数据。唐代最著名的历法是一行编定的《大衍历》。为了编制新历,一行进行了大量的实际观测,他曾组织进行了世界上第一次对大地子午线的科学测量。《大衍历》共分七篇,内容和结构都很系统,表明中国古代的历法体系已经完全成熟。之后的各次修历,一般都仿效《大衍历》的结构。

中国古代历法发展的顶峰是元代的《授时历》。是由元代王恂、郭守敬等人编撰的。历法的初稿完成于元世祖至元十七年(公元1280年),由元世祖忽必烈赐名《授时历》,取义于"敬授民时"的古语,并于公元1281年颁行天下。《授时历》在总结前人历法经验的基础上,经过认真的观测和推算,使得历法中天文数据的精确度大大超越了前人。如《授时历》中的回归年取365.2425日,与现在世界通用的公历回归年数值相同,这是郭守敬等人历时近四年的精细测量,并结合前代历法中的可靠资料,加以考证推算而成的。又如,《授时历》中的朔望月取29.530593日,而现代朔望月的测量值为29.530589日,二者之差为0.000004日,可见当时精确度之高。《授时历》从公元1281年颁行到明末,明代时改名为《大统历》,行用了360余年,是中国古代行用最久的一部历法。

2. 宇宙观

随着天文观测技术的进步,天文观测资料的日益丰富,人们开始对天地关系、宇宙结构等问题进行越来越深入的思考,逐渐形成了以盖天说、浑天说和宣夜说为主的几种宇宙理论。

在几种宇宙学说中,最古老的是盖天说,大约形成于周朝。它认为"天圆如张盖,地方如棋盘",天像一个撑开的圆盖,地像一个方正的棋盘。宇宙是两个平行平面,在中间有同步的突起,北极位于该突起上方,是各天体旋转运动的圆心。在此模型中,太阳、月亮有各自的运动,同时又都在天上运转。

浑天说约创于公元前2世纪,东汉的天文学家张衡(公元1世纪)最早较为详细地记述和解说了浑天说。他在《浑天仪图注》和《灵宪》两本著作中完整地提出了浑天说的宇宙论。"浑天如鸡子,天体如弹丸,地如鸡中黄",张衡把宇宙比作一个鸡蛋,地为水所载,居于天内好像蛋黄,天一半在地上,一半在地下,像蛋壳一样,而为气所浮。

到了东汉晚期,宣夜说出现了。宣夜说是一种认为宇宙空间无限的理论。宣夜说认为,除了地和天体以外,宇宙无形亦无质;空间是虚空的和无限的,天体不附着于任何物体之上,只浮于"元气"之上自由运动。但是这种学说不能为解决任何具体的天文学问题提供任何方案,因此只具有思想史上的价值。

在宇宙有限无限问题上,战国时期的《尸子》指出,"四方上下曰宇,古往今来曰宙",其中包含了对时空无限性的初步认识。集浑天说之大成的张衡在《灵宪》中指出,浑圆的天体不是宇宙的边界,"宇元表无极,宙之端无穷",表达了类似宇宙无限的观念。

3. 天文仪器

在中国的历史上,天文仪器种类繁多,其中最常用的有圭表、漏刻、浑仪和浑象。圭表是中国最古老的一种计时器,古代典籍《周礼》中就有关于使用土圭的记载,可见圭表的历史相当久远。圭表由"圭"和"表"两个部件组成,是度量日影长度的一种天文仪器,通过测量表杆影子的变化,可以确定方位、时刻和节令。后来由圭表又发展出多种多样的

图 1-1　日晷

测影仪器,如在下面装有罗盘或时间刻度盘等,它们又统称日晷。作为计时工具,漏刻的起源也很早,一般认为公元前三、四千年前中国人就开始使用漏刻计时了。东汉张衡在《浑天仪图注》中的"漏水转浑天仪"是古代中国这项发明的最早记载。漏,是指漏壶,刻,是指刻箭。箭是标有时间刻度的标尺。漏刻是以壶盛水,利用水均衡滴漏原理,观测壶中刻箭上显示的数据来计算时间的。在机械钟表传入中国之前,漏刻是中国使用最普遍的一种计时器。

浑仪又称浑天仪,是测量天体的球面坐标仪器,它的制作用意在于模仿人目所见天球的形状,因此,把仪器制成一组组同心环,整体看起来就像由一系列同心环组成的圆球。有了浑仪,就能准确地判断星辰在天球中的位置及其运行轨道,从而为进一步研究它们运行的规律奠定了基础。浑象又称浑天象,是演示天球运动的仪器,它的理论依据是浑天说。

古代中国天文学方面的杰出代表是东汉时期的张衡(公元 78－139 年),张衡制造了多种天文仪器,其中最著名的是用于演示浑天说的仪器——水运浑象和观测地震的仪器——地动仪。张衡制作的浑象是以一个直径约 5 尺的空心铜球表示天球,上画 28 宿、中外星官及互成 24 度交角的黄道、赤道等。紧附在球外的有地平圈和子午圈,天球半露于地平圈之上,半隐于地平圈之下,天轴则支架在子午圈上,天球可绕天轴转动。水运浑象形象地表达了浑天思想,并解释了若干天文现象。张衡利用当时已有的机械技术,将计量时间用的漏壶与浑象联系起来,以漏水为原动力,并利用漏壶的等时性,通过齿轮系的传动,使浑象每日均匀地绕轴旋转一周,这样浑象也就自动地,近似正确地把天象演示出来。

张衡制作的地动仪是以铜制成,像一个酒樽,直径 8 尺,主要是由中间的"都柱"(相当于一种倒立型的震摆)和它周围的"八道"(装置在摆的周围的八组机械装置)组成,樽外相应地设置八条口含小珠的龙,每个龙头下面都有一只蟾蜍张口向上。一旦发生较强的地震,"都柱"因震动失去平衡而触动"八道"中的一道,使相应的龙口张开,小珠即落入蟾蜍口中,观测者便可知道地震发生的时间和方向。据记载,地动仪成功地记录了公元 138 年在甘肃发生的一次强烈地震,这说明张衡地动仪的可靠性。

图 1-2　浑天仪

中国古代的天文仪器,经唐代的不断发展,到宋元时期天文仪器的制作达到了鼎盛,其中宋时制造的五大浑仪,每架用铜都达到两万斤左右,在数量和规模上为历代王朝之冠。明末清初,西方天文学传入中国,天文仪器在制造上出现了中西合流的趋势。

总之,中国古代别具一格的历法体系,和中国古代特有的天文仪器、宇宙理论、系统的天象观测等丰富的内容一起,构成了和古希腊不同的独特的天文学体系。

二、中国古代数学

数学是中国古代最发达的学科之一,古时称为算术,后来又称为算学、数学。中国古代数学典籍现存 1900 多种。其中《海岛算经》、《五曹算经》、《孙子算经》、《夏侯阳算经》、《张丘建算经》、《五经算术》、《辑古算经》、《缀术》、《周髀算经》、《九章算术》号称中国古代十大数学名著。中国古代数学以《九章算术》为核心,以算筹为计算工具,以十进位值制的记数系统来进行各种运算,形成了一个包括算术、代数、几何等各科数学知识的体系。在分数、四则运算、比例问题、正负数、方程、一次方程组、高次方程和高次方程组的数值解法、高阶等差级数求和等方面取得了突出的成绩,并发明了古代世界最好的计算工具——珠算盘。

1. 算筹及十进位值制计数法的发明

春秋战国时期,数学上的主要进展是筹算及其计算工具算筹和十进位值制的进步。

筹算是以"筹"为主要计算工具的一种具有独特风格的计算方法。它产生于春秋战国之前,在春秋战国时期臻于成熟。1954 年在长沙左家公山一座战国晚期的楚墓中,出土有一个竹筒,其中不但装有天平、砝码、毛笔等物品,还装有竹棍 40 根,长短一致,约 12 厘米,这实际上就是算筹实物。1978 年在河南登封出土的战国早期陶器上刻有算筹记数的陶文,这是已发现的关于算筹记数的最早实物证据。《孙子算经》中记载的筹算记数法则说:"凡算之法,先识其位。一纵十横,百立千僵。千十相望,万百相当。"据此我们知道,筹算记数有纵横两种形式,纵式用来表示个位、百位、万位……数字;横式用来表示十位、千位、十万位……数字,这样纵横相间,再加上遇零空位的方法,就可以摆出任意的自然数。这种记数法符合十进位值制原则。所谓"十进"是指"逢十进一","位值制"也叫"地位制",如 2 在十位就是 20,在百位就是 200。数字的位置不同,它表示的数值也不同。

春秋战国时期,中国已经有了四则运算和分数运算。上述十进位值制的记数法和在此基础上以算筹为工具的各种运算,是中国人的一项极为出色的创造。它比古巴比伦、古埃及和古希腊所用的计算方法既早又优越。印度到 7 世纪才采用十进位值制记数法。现在通用的 1、2、3、4、5、6、7、8、9、0,即印度——阿拉伯数码,10 世纪才传入欧洲。英国科学史家李约瑟说:"如果没有这种十进位制,就几乎不可能出现我们现在这个统一的世界了。"

2.《九章算术》的数学成就

古代中国的数学成就集中体现在《九章算术》一书中。汉代成书的《九章算术》,不是一时一人之作,而是经多人多时的修改和补充,逐渐形成和完备的,是先秦、秦汉时期数学发展情况和数学知识积累的总结和升华。《九章算术》全书共收集了 246 个应用问题和各个问题的解法,分别隶属于方田、粟米、衰分、少广、商功、均输、盈不足、方程、勾股九章。这 246 个数学问题中,有的是秦以前流传下来的老问题,也有前汉初年以后添补进去的新问题。该书的体例,有的是举出一个或几个问题之后,叙述解决这类问题的解法;有的则是首先叙述一种解法之后,再举出一些例题。这里按各章的顺序,分章简介它们的主要内容。

第一章方田,是关于田亩面积的计算。包括有正方形、矩形、三角形、梯形、圆形、环形、弓形、截球体的表面积的计算。还有关于分数的系统叙述,并给出约分、通分、四则运算、求最大公约数等运算法则。《九章算术》是世界上最早系统叙述分数运算法则的著作,类似的著作,印度迟至公元 7 世纪才出现,而欧洲则在 15 世纪以后才逐渐形成现代分数的算法。

第二章粟米,讲的是比例问题,特别是按比例互相交换各种谷物的问题。

第三章衰分,是依等级分配物资或按等级摊派税收的比例分配问题。

第四章少广,是由已知面积和体积,求几何体一边之长,讲的是开平方和开立方的方法。

第五章商功,是有关各种工程体积的计算。还有按季节不同,劳力情况不同,土质不同来计算巨大的工程所需土方和人工安排的问题等等。

第六章均输,是计算如何按人口多少、物价高低、路途远近等条件,按比例合理摊派税收和派出民工等问题,还包括复比例、连比例等比较复杂的比例分配问题。

第七章盈不足,是关于算术中盈亏问题的解决。

"今有(数人)共买物,(每)人出(钱)八,盈三;(每人)出(钱)七,不足四。问人数、物价各几何?"这是《九章算术》盈不足章的一个应用题。书中创造性地应用了两次假设法,来解决这类问题,这种方法被称为"盈不足术",书中用它解决盈亏问题和一些数学杂题。"盈不足术"在大约公元 9 世纪传到阿拉伯,被称为"契丹算法",即中国算法。13 世纪意大利数学家斐波拿契的著作《算经》一书中就有一章讲"契丹算法"。

第八章方程,主要是关于线性方程组的问题。作为这部经典著作中最杰出的部分,本章提出了世界上最早的关于线性方程组的完整解法。在欧洲,直到 17 世纪莱布尼兹才提出线性方程组的完整解法,比中国要晚 15 个世纪。该章中的另一项突出贡献是引入了负数(用红算筹表示正数,黑算筹表示负数,或者以正摆的算筹表示正数,斜摆的算筹表示负数),并且给出了正负数的加减运算法则。这也是在世界数学史上第一次突破了正数范围,扩充了数系的概念。

第九章勾股,大都是利用勾股定理测量计算"高、深、广、远"的问题。

《九章算术》中的九部分内容确立了中国古代数学的基本框架,形成了中国古代数学以计算为中心,以算筹为计算工具,以解决实际的计算问题为特征的数学体系的形式,对中国传统数学的发展有着决定性的影响,一直是古代中国人学习数学的主要教科书。16 世纪以前的中国数学著作,从内容到形式,大都沿袭《九章算术》的体例,继承了从实际问题出发,提供数学解决方法的传统。后世许多著名的数学家都以给《九章算术》作注的方式,引入新的数学概念和方法,推动中国古代数学不断前进,例如,魏晋时期的数学家刘徽的杰作《九章算术注》就是一个典范。

图 1-3
《九章算术》书影

3. 刘徽与祖冲之

刘徽的学术生涯约在魏晋时期(公元 3 世纪),刘徽对中国最重要的数学经典《九章算术》中的大部分算法作了理论性的论证,首次用无限增加圆内接正多边形的边数的方法(割圆术)来求圆的周长和面积,把极限概念应用到解题之中。刘徽的成就体现在他的《九章算术注》和《海岛算经》两部著作中。

由于《九章算术》产生的年代较早,又非出自一人一世之手,其自身内容存在一定的欠缺。如有的问题只给出解法和答案,缺乏必要的解释和证明;有的章节里的问题比较杂乱,有不符合该章主题的情况;再加上其文字简奥,很难读懂。刘徽反复研读《九章算术》,结合前人的研究成果,并融入自己的数学心得,写成了《九章算术注》一书,对《九章算术》进行了全面的解释和论证,同时修正了《九章算术》中的错误,发展了其中的数学理论,并充实完善了其数学体系。可以说《九章算术注》是所有为《九章算术》作注的著作中最重要的一部。

刘徽在数学史上的另一大贡献是用割圆术求得了当时世界上最精确的 π 值:3.1416。中国人在汉朝之前都把圆周率取作 3。刘徽认为这只是圆内接正六边形的周长与直径的比值。他认为若将圆内接多边形的边数加倍,则面积相应增加,边数越多,圆内接多边形的面积就越接近圆的面积。"割之弥细,所失弥少。割之又割,以至于不可割,则与圆和体而无所失矣。"这句话充分反映了刘徽的极限思想。

刘徽之后,皮延宗(比刘徽约晚 100 年)继续研究了圆周率。随后,南朝的祖冲之用刘徽的方法求得了一个有效数字精确到第 8 位的 π 值。

祖冲之(429—500 年)字文远,祖籍范阳郡遒县(今河北省涞源县),出生于南朝一个士大夫家庭。自幼"专攻数术","博访前故",搜集自古以来的大量文献资料和观测记录,系统深入地进行分析研究,从前人的科学思想和成就中吸收丰富的营养。但他又"不虚推古人",没有被束缚在已有的成就中,在学术上富有批判精神和探索勇气。在掌握大量资料的基础上,坚持实际考核验证,亲身进行精密的测量和细致的推算,既发扬了前人的成就,又纠正了前人的错误,在天文、历法、数学和机械制造方面都取得了重大成就,把中国的数学和天文学推进到一个新的高度。在数学上,祖冲之应用刘徽创立的割圆术,继续推算,他从正六边形出发,算到 6×2^{12} 边形,求出了精确到第八位有效数字的圆周率:$3.1415926 < \pi < 3.1415927$。这相当于对九位数字进行包括开方在内的各种运算 130 次以上,祖冲之当时用算筹进行这样复杂、巨大的运算,足见其毅力和决心。祖冲之所求得的圆周率数值,远远走在当时世界的前列。直到 1000 年后阿拉伯数学家阿尔·卡西于 1427 年在《算术之钥》中才求出更精确的数值。

4. 宋、元数学四大家

在中国古代传统数学的发展过程中,宋、元时期是一个登峰造极的阶段,其成就远远地超过了同时代的欧洲。其中高次方程的数值解法,要比西方早 800 余年,多元高次方程组解法和一次同余式的解法比西方早 500 年,高次有限差分法比西方早 400 余年。宋、元数学,不仅是中国数学史,同时也是世界中世纪数学史上最光辉的一页。

13 世纪中叶到 14 世纪初叶,中国历史上陆续出现的秦、李、杨、朱四大数学家,他们是宋元数学家的杰出代表,他们的数学著作大都流传至今。

秦九韶(约公元 1200—1261 年),字道古,四川安岳人,对天文、数学、音律、营造等都有深入的研究。他的数学名著《数书九章》,于 1247 年写成,全书共 18 卷,分大衍、天时、田域、测望、赋役、钱谷、营建、军旅、市易等九大类,每类用九个例题来阐明各种算法。书中突出的成就是高次方程的数值解法,以及"大衍求一术"(一次联立同余式解法)。仅这两项就代表了中世纪数学发展的主流与最高水平,显示了中国数学在当时所处的领先地位,同时也形成了中国古典数学中极富特色的部分。

李冶(1192—1279 年),号敬斋,河北真定人,是中国北方金、元之际的有名学者。元世祖忽必烈多次诏见他,他都辞官不受,长期过着隐居讲学生活。他的数学著作有《测圆海镜》(1248 年)和《益古演段》(1259 年)。《测圆海镜》共 12 卷,收有 170 个问题,是现在流传下来的最早一部系统论述"天元术"的著作。所谓"天元术",实际上是列方程的一种代数方法。

我们知道,用解方程的方法解决实际问题,一般来说都需要两个步骤,首先是列出含有未知数的方程,然后才是解方程求出它的根来。列方程,古代称"造术",这对于今天具备初等数学知识的人来说是轻车熟路,然而在天元术未出现以前,却并不简单。当时数学家们列方程只有借助文字叙述,非常复杂。天元术的出现解决了一元高次方程的列方程问题。《益古演段》则是为初学天元术的人写的一部入门著作,共3卷,收入64个问题。

杨辉(约13世纪中叶),字谦光,杭州人,著有《详解九章算法》12卷(1261年写成),《日用算法》2卷(1262年写成)和《杨辉算法》7卷(写于1274—1275年)。收录了不少现已失传的各种数学著作中的算题和算法,使其得以流传。

朱世杰(约13世纪末—14世纪初),字汉卿,号松庭,河北人。他一生周游各地,以数学研究和数学教育为职业。著有《算学启蒙》3卷(1299年),是一部较好的启蒙算书。另一部重要的数学著作是《四元玉鉴》3卷(1303年),书中主要讲多元高次方程组解法和高阶等差级数等方面的问题。西方科学史家认为朱世杰是他所处时代的、同时也是贯穿古今的一位最杰出的数学家。他的《四元玉鉴》则是中国数学著作中最重要的一部,也是中世纪最杰出的数学著作之一。

《四元玉鉴》可以说是宋元数学的绝唱,元末以后,中国传统数学骤转衰落。整个明清两代(1368—1911年),不仅未能产生出能与《数书九章》、《四元玉鉴》等相媲美的数学著作,而且在清中叶乾嘉学派重新发现与研究以前,像"天元术"、"四元术"这样一些宋元数学的精粹,竟长期失传,无人通晓。明初开始长达三百余年的时间里,除了珠算的发展及与之相关的著作出现,中国传统数学研究不仅没有新的创造,反而倒退了。

5. 珠算盘的应用

明代商业的蓬勃发展,促进了商业数学的发展,与商业有关的应用问题在数学著作中也有较多的出现。明代景泰元年(1450年),吴敬著《九章算法比类大全》,是商业数学取得进展的标志。吴敬,字信民,浙江仁和(今杭州)人。他对浙江经济发展,如田亩、粮税和人口等的增长情况非常熟悉。《九章算法比类大全》是他"积二十年"之功才完成的一部数学专著。全书共10卷,是一部应用题的解法汇编。书中论及大数、小数、度量衡的单位、乘除运算法、四则运算和开方运算等,共计解出1329个应用题。书中有不少与商业有关的课题,如计算利息、合伙经营、就物抽分等。这些都是商业经济的发展在应用数学研究中的反映。这一发展趋势还导致了珠算术的出现。

珠算术至迟在元末已经产生,1366年陶宗仪所著的《南村辍耕录》中,已有关于珠算盘的明确记载。到16世纪明代中叶珠算术取代筹算术在全国得到普遍推广。珠算术用珠算盘演算,比筹算术用算筹演算简单方便。明代的珠算术著作中,现在流传下来的影响较大的有程大位著的《算法统宗》。程大位,字汝恩,生于1533年,安徽休宁人,少年喜欢数学,后来一面经商,一面从事应用数学研究,他在明代1592年写成《算法统宗》(17卷)。这是一部流传极广的数学著作,明清两代不断翻刻、改编,凡学习计算的,"莫不家藏一编",影响之大,在中国数学史上少有。《算法统宗》一书的主要贡献在于:全书595个应用题的数值计算、开方运算等都是用珠算盘完成的。中国发明的珠算术先后传到日本、朝鲜等东亚各国,并被沿用至今。

明朝末年,西方数学传入中国,开始了中西数学融会贯通的新阶段。清代的数学著作非常多,在千种以上,但从总体水平上看,中国数学已逐渐落后于西方。

三、中国古代医学

中国古代,关于医药的记载是从商代的甲骨文开始的,甲骨卜辞中有大量关于疾病的记载。在原始社会中,巫医不分,治病方法主要是通过迷信活动,但也用一些药物。约在商代,中国人已经认识到某些植物的汤液对疾病的治疗作用,从此以后,汤液成为中药的主要剂型。春秋战国时期,人们对鬼神致病论产生了怀疑,出现了对疾病的真正原因进行朴素唯物主义说明的各种尝试。这时医术已和巫术分开,医生成为专门职业。春秋时秦国名医医和(约公元前600—前500年间)明确提出了六气致病说,对一些疾病的发生进行了广泛的说明。医和认为自然界存在的阴、阳、风、雨、晦、明六气,如失去平衡,就会分别导致寒、热、末、腹、惑、心等六类疾病。他把疾病的原因,归之于自然界的因素,归因于人体内部失去某种平衡,这就与鬼神致病论划清了界限,得以在诊断和治疗上采取与巫术迷信截然不同的方法。自春秋战国到汉唐,古代中国已建立了一套独特完整的古医药学体系,同时还涌现出一大批民间著名的医学家。

1.扁鹊

扁鹊是战国时代的一位民间医生,姓秦名越人。年轻时从长桑君学得医术,后来在今陕西、山西、河北一带行医,是一位深入民间,为人民解除疾苦的医学家。他"周游列国","随俗为变",处处为病人着想。在邯郸时,那里重视妇女,他就当妇产科医生;在洛阳,那里尊重老人,他就当耳目科医生;在咸阳,那里珍惜小儿,他就当小儿科医生。

在诊断方面,扁鹊采用了切脉、望色、闻声、问病的四诊合参法,尤其擅长望诊和切诊。《史记》有"至今天下言脉者,由扁鹊也"的记载。在治疗上,扁鹊掌握了当时已经流传的石砭、针灸、按摩、汤液、熨帖、手术、吹耳、导引等各种方法综合治疗。他认为有六种病不能治:"骄恣不论于理,一不治也;轻身重财,二不治也;衣食不能适,三不治也;阴阳并藏,气不定,四不治也;形羸不能服药,五不治也;信巫不信医,六不治也。"扁鹊提出"信巫不信医"是六不治之一,反映了扁鹊重医轻巫的唯物主义思想。扁鹊是中国医学史上第一位继往开来的大医学家,他奠定了中国传统医学诊断法的基础。扁鹊治好了魏国太子的假死之症而获得了能起死回生的美誉,不幸的是,在为秦武王治病时被妒忌他的医术而拥有权力的太医令李醯害死。

图1-4 扁鹊

2.《黄帝内经》

春秋战国时医学家们的学术成果和医疗经验集中反映在战国晚期成书的医学理论巨著《黄帝内经》中。该书分为《素问》(九卷)和《灵枢》(九卷)两部分,共18卷162篇。这部书是以黄帝和岐伯、雷公等讨论的方式写成的,其中《素问》是关于人体生理病理学、药物治疗学的基本理论;《灵枢》是关于针灸理论、经络学说和人体解剖等问题。《黄帝内经》强调以防病为主的医疗思想,要人们主动防御自然界致病因素的侵袭,主张病前预防、病后早治。在病因探究方面,指出引起疾病的外来因素是邪气,主要指存在于自然界中反常的风、寒、暑、湿、燥、火等,还有饮食不节、劳倦过度以及情绪不正常等。在解剖学方面记载的人体骨骼和血脉的长度、内脏器官的大小和容量等,大致符合解剖实际。《黄帝内经》最重要的特色是对人体的整体观点,系统的脏腑经络学说,治本思想和综合辨证论治的方法。

《黄帝内经》的哲学是阴阳五行学说,认为人体阴阳的相对平衡和协调是维持正常生理活动的基础,人如果一旦失去这种平衡和协调就会生病。在脏腑方面,除了辨别阴阳外,还将其与五行对应起来,如肺属金、肝属木、肾属水、心属火、脾属土,通过五行的相生相克从而阐述脏腑各器官的利害关系。它在认识人体和把握生命现象时既有"天人合一"的思想,又有"天人相分"的视角,强调保持和恢复健康的养生和医疗活动既有顺应自然的一面,又有战胜自然的一面。

《黄帝内经》是古代名医的经验荟萃,在中国医学史上占有重要地位,它奠定了中国传统医学的理论基础,指导了从古到今的中国传统医学理论的研究和医疗实践。《黄帝内经》作为一部科学经典,引起了国外医学家和科学史家的重视,它的部分内容,已被相继译成了日、英、法、德等国文字,在世界上广为流传。

3. 张仲景与《伤寒杂病论》

自春秋战国到秦汉时期,中医学有了新的发展,正是在当时劳动人民和无数医家在医疗实践中取得的丰富资料的基础上,才使得著名医学家张仲景于3世纪初写成《伤寒杂病论》一书。

张仲景(约公元150—219年),名机,南阳郡(今河南省南阳市)人。他"勤求古训,博采众方",提倡"精究方术",反对巫祝迷信。张仲景既重视传统又有创新精神。他推崇扁鹊等前代名医,系统地研究了《黄帝内经》、《难经》、《阴阳大论》等古典医学文献,广泛收集民间流传的经验药方,结合自己的行医实践,经过几十年的艰苦努力,终于在他晚年完成了《伤寒杂病论》。

张仲景在《伤寒杂病论》中确立了辨证论治的基本原则,他把疾病发展过程中所出现的各种症状,根据病人体质的强弱,引起病理生理的变化现象,以及病势进退缓急等变化,加以综合、分析,将其归纳成为三阳经(太阳经、阳明经、少阳经)和三阴经(太阴经、少阴经、厥阴经)六个证候类型,即"六经论治"。"六经论治"在指导临床实践方面,使人们有了规矩可循,为论治提供了依据。同时他还运用四诊即望、闻、问、切来分析和检查疾病的部位和性质,从而归纳出阴、阳、表、里、寒、热、虚、实八种辨证方法,后世称为"八纲辨证",对后世产生了深远影响。书中还记述了许多宝贵的医疗方法。其中关于肿痈、肠痈、黄疸、痢疾等病的辨证和治疗以及救治自缢者的人工呼吸法等,直到今天仍有很高的实用价值。《伤寒杂病论》被后人整理成《伤寒论》和《金匮要略》二书。他的成就对日本、朝鲜、越南和蒙古等亚洲国家的医学有很大影响。

和张仲景同时代的名医华佗(? —208年)是一位以精巧的外科手术和先进的麻醉术而著称的名医,被后世尊称为外科学的鼻祖。华佗身处东汉末战乱开始的时候,这时自然十分需要外科医生。他的外科手术在当时已达到了妙手回春的地步。他发明了全身麻醉术,是中国也是世界上第一个应用全身麻醉的人。《后汉书·华佗传》中对华佗使用麻沸散等施行腹腔外科手术有如下生动的描述:"若疾发结于内,针药所不能及者,乃令先以酒服麻沸散,既醉无所觉,因刳破腹背,抽割积聚。若在肠胃,则断截湔洗,除去疾秽,既而缝合,敷以神膏,四五日创愈,一月之间皆平复。"他以酒冲服麻沸散为麻醉剂,这在世界外科麻醉史上占有重要地位。

华佗提倡用体育锻炼防治疾病,以达到益寿延年的目的。为此,他模仿虎、鹿、熊、猿、鸟的动作姿态,创作了"五禽之戏"。华佗的弟子吴普循此锻炼,90余岁,还"耳目聪明,齿牙完坚"。华佗还十分注意医药技术的传授,培养了大批弟子。但这位一代名医竟因治病时的误会被大政治家曹操所杀害。

4. 李时珍与《本草纲目》

中国传统的医药学在明代有一个辉煌的里程碑,它是由李时珍(1518—1593年)树立起来的。李时珍出身于一个世代医家,试图求仕,14岁时中秀才,但其后三次乡试都未中举。在心灰意冷中他同科举仕选告别,走上了学医、行医的道路。李时珍先后阅读了800多种医药书籍,精读和详细评注药书40部、医书270部。他露宿风餐,走遍大江南北,积累了大量关于药草的第一手资料和民间偏方,经过近30年的努力,终于在1569年完成了长达190万字、52卷、享誉中外的医药学名著——《本草纲目》。《本草纲目》共记载药物1892种,附方11096个,他还绘制药物形态图1160幅。书中动物性状和药性340种,植物性状和药性1195种,

图 1-5 《本草纲目》书影

所以《本草纲目》既是一部医药学巨著,又是一本关于生物分类学的著作。尽管书中涉及的内容十分丰富,但并不杂乱,这要归功于它的分类体系和编排体例。书中将药物分为16部,各部之下又进行分类,总共又分60类。其分类的科学性在当时世界上也是领先的。此书在作者去世三年后(1596年)出版,迅速在中国、日本、朝鲜、越南和欧洲流传,达尔文把该书誉为"中国古代的百科全书"。

显然,只有在一个世世代代以农业种植为生的农业民族中才可以产生李时珍这样的医学家和药物学家。中医中药学与中国的农业文明同根相连。任何一个民族同疾病作斗争的条件和技术总是建立在其地理环境和社会生产所提供的基础之上的。中国的汉族医药学与藏医、蒙医以及西医的区别都是历史上的生活环境和生活条件所造成的。在古代,它们的区别并不明显。但在李时珍的时代,西方医药学的发展已经出现了新的势头。李时珍则致力于一个古老的医药学体系的完善。

四、中国古代农业

中国是一个古老的农业大国,自古以农为本,曾经创造了灿烂的古代农业文明和辉煌的农业科学技术成就,总结了一整套适合中国特点的精耕细作技术体系,使中国传统农业在一个相当长的历史时期内居于世界领先地位。

战国时期封建制度建立后,以一家一户为基础的个体小农经济逐渐发展起来。以生产谷物为主,以种植桑麻和饲养鸡犬豕等小家畜为副业。《管子·牧民》篇记载的农业生产项目次序也是五谷、桑麻、六畜。这种以粮食作物生产为主,桑麻畜牧居次要地位的农业结构,自战国时期基本形成以后,在中国一直延续了2000多年。

隋唐时期,全国统一安定,实行的土地政策,对农业发展有利。隋唐统治者以农为本,鼓励垦殖,把增加人口、发展农业生产作为考核地方官吏的标准。如武则天曾规定:在州县境内,如"田畴垦辟,家有余粮"则予以升奖;如"为政苛滥,户口流移"则加以惩罚。这就调动了

农民的积极性,把农业生产推上了空前兴盛的阶段,创造了封建盛世的物质基础。隋朝建立仅 12 年,就已"库藏皆满",唐朝建立 20 年,隋朝所留库藏尚未用尽。唐朝农业继续发展,天宝八年(749 年),政府仓储粮食多达 1 亿石。

宋、元时期,农业生产和农业科学技术继续发展,特别在中国的南方地区达到了一个新的水平。元时,江、浙就负担了全国租赋的十分之七。宋、元时期,中国人民千方百计地扩大耕地面积,开辟了许多新农田。其主要措施是与水争田,在滨、江、海、湖地区大造圩田、淤田、沙田、箐田、架田、涂田和湖田,在山区凿坡蓄水,变山为田,广造梯田。宋、元时期,中国农作物的分布有很大变化。在粮食作物方面,水稻由南向北推广种植,其产量上升到高居全国粮食作物的第一位。并从越南引进优种"占城稻",从朝鲜引进籽粒饱满的"黄粒稻"。小麦由北向南推广,长江以南的农民竞种小麦。在经济作物方面,宋末元初是中国植棉业发展的一个转折点。根据现存文献记载,中国海南岛黎族和云南西部的傣族在汉代或汉以前就已植棉织布。中国西北部的维吾尔族的祖先于公元 6 世纪已在新疆的吐鲁番种植棉花。那时的棉花、棉布产量很少,一般粗布在当地穿用,较精美的棉布曾传到长江流域,被视作珍品。宋、元时期,种棉织布已逐渐推广到长江、淮河流域以及福建、两广地区,中国棉布的产量和质量也有了很大的发展和提高。可以说,棉花种植和棉布织作到宋元时期在全国得到了普遍推广。

明、清时期,农业实行"一岁数收"(即一年内农作物收获二次、三次甚至多次)的耕作技术,精耕细作,巧施肥。明代江南水稻总产量已占全国总产量的 70 %,南方的经济发展仍然超过北方。玉米、甘薯和烟草都是起源于美洲的农作物,16 世纪(明中叶)传到中国。

中国古代农学著作约有五六百种之多,数量堪称世界第一。其中综合性农书以农业通论、谷物栽培、园艺、畜牧、蚕桑为基本内容,大都由官府组织撰修,或由地方官、朝廷农官亲自动手编写,篇幅较大,适用的地区较广。这些农书代代相传,构成了中国古代农学体系。

1. 贾思勰与《齐民要术》

贾思勰是中国南北朝时代北魏一位杰出的农业科学家。他是山东益都(今寿光)人,曾经做过高阳(今山东青州)太守。并因此到过山东、河南、河北等许多地方。他每到一处,都非常重视农业生产,认真考察和研究当地的农业生产技术,并虚心向一些有着丰富实践经验的老农请教,从而积累了许多农业生产方面的知识。这些都为他日后编撰《齐民要术》打下了坚实的基础。他亲自进行农业生产活动,总结当时的经验,研究前人的成果。大约在北魏末年,他将自己积累的许多古书上的农业技术资料,请教老农获得的丰富经验,以及他自己亲身实践后的体会,加以分析整理和归纳总结,写成了农业科学技术巨著《齐民要术》。

《齐民要术》共 10 卷,92 篇,约 13 万字,涉及到农作物栽培、选种、育种、土壤、肥料、果树、蔬菜、养鱼、养蚕、耕作技术、农具、畜牧、兽医和食品加工等许多农业生产的科学技术。《齐民要术》的最大成就,是使中国的农业科学形成了系统理论,对以实用为特点的农学类目作出了合理的归划。在这部书里,贾思勰对当时各种农作物,从初始的开荒耕种及生产前的各样准备,到生产后的加工、酿造和利用等一系列过程,做了全面而详细的描述。比如,对农作物进行分类;分析影响农作物生长的多种因素;针对农作物生长的各个阶段,都需要注意哪些问题?如何改善农作物的生长条件?怎样才能提高农作物适应环境的生长能力?同时贾思勰在这本书里还论述了种植学、林学以及多种动物的养殖学。《齐民要术》内容异常丰富,结构极其严谨,论述有理有据,并与实践紧密结合,为保留中国古代农业生产的宝贵经验,推动中国古代农业生产的发展,做出了重大贡献。

《齐民要术》是中国现存最早、最完整的全面系统的农业科学著作,反映了中国古代劳动人民的聪明才智,农史学家称赞该书使中国农学第一次形成精耕细作的完整结构体系。经济史学家认为该书也是封建地主经济的经营指南,为增加经济效益提供了实际方法和途径。再有食品史学家认为该书在农产品加工、酿造、烹调、果蔬贮藏等方面也给出了很好的技巧、方法。可以说,贾思勰所著的《齐民要术》称得上是一部具有高度科学价值的"农业百科全书"。

2. 徐光启与《农政全书》

徐光启是一位有着多方面才能的科学家,他对天文、历法,数学、地学、水利等学科,都有精湛的研究;他还是一位介绍西方近代科学的先驱者,与外国来华的利玛窦等人合作,翻译了《几何原本》、《泰西水法》等科学著作,又主持了《崇祯历书》的编撰。然而他用的时间最长、耗费的心血最多、搜集的资料最广、科学价值最大的,要算他对农学研究的结晶——《农政全书》。

《农政全书》是一部集我国古代农业科学之大成,并汲取了西方某些农田水利科技成果的学术著作。该书于公元 1628 年脱稿,共六十卷,五十多万字。《农政全书》的"农政",是指进行农业管理,或主持农业工作的意思。全书内容丰富,涉及面广泛。从它六十卷的内容来看,主要有农本、田制、农事、水利、农器、树艺、蚕桑、蚕桑广(即木棉、麻等)、种植、牧养、制造、荒政,几乎有关农事的各个方面都已经涉及到了。全书的重点也比较突出:要搞好农政,主要还应着眼于开垦荒地、兴修水利和备荒救荒这三个方面。开垦荒地就是要扩大可耕地面积,不使大量土地荒芜;兴修水利是开辟一切水利资源,无论泉水、河水、湖水、井水甚至海潮,都应充分加以利用;备荒,是有备无患,预防荒年,这是中国自古以来的传统思想;救荒,是解决荒年到来的民食问题。徐光启在《农政全书》中之所以特别重视并用很大篇幅来谈垦荒、救荒等问题,这和他处在明朝末年,灾害频仍,饥荒迭起,饿殍载道,饥民起事的状况有着密切的关系。该书还转录了许多古代和同代的农业文献,这是对前人或他人农学成就的选编,但却含有作者的见解和评论,是很有学术价值的。徐光启自己撰写的有六万多字,虽仅占全书八分之一,但却都是经过他亲自试验和观察之后取得的材料写成的,是他直接经验的科学总结,因此这一部分特别珍贵。该书专论部分,科学价值尤高,如关于治水治田相结合、棉花栽培技术、试种高产作物甘薯等等。特别是关于白蜡虫和蟥虫的研究,使他成为详尽、确切地记载白蜡虫生活习性和蟥虫生活史的第一人。该书图文并茂,在田制、水利工具、农器部分均有图谱,特别是救荒部分中对能食用的野生植物,绘图达四百多幅。该书除主要总结中国固有的农业生产经验之外,还汲取了西方先进的科学技术知识,如"泰西水法"部分,就汲取了西方水利工程方面的成果。这是《农政全书》不同于以往农书的一个重要特色。

3. 茶叶种植与《茶经》

中国人很早就有喝茶的习惯。茶起源于中国南方,西汉时已有"烹茶"的记载。758 年左右,唐代陆羽(733－804 年)所著《茶经》一书既是中国也是世界上第一部关于茶的专著。书中记述了茶的性状、品质、产地和采制、烹饮的方法等。茶树栽培和茶叶加工在中国有着悠久的历史。唐代茶树种植已遍及全国 50 多个州郡,还出现了官营的茶园。当时名茶已有20 多种,饮茶已形成一种社会风气。茶叶的生产和加工,已成为农业和农产品加工的一个重要部门。唐政府从 783 年开始建立茶税制度,茶税从此一直成为国家的一项重要的财赋收入。有关茶树的栽培方法在韩鄂著的《四时纂要》一书中有最早和最详细的记载。茶叶的采摘和加工在唐代也已非常考究,加工方法主要用蒸青制法,即把鲜叶采回,用蒸汽杀青,捣碎,制成茶饼烘干备用。中国的茶叶在 5 世纪开始输入亚洲的一些国家,17 世纪后输入欧美,从此饮茶风尚逐渐遍及全球。

图 1-6　茶山

第二节　中国古代其他重要科技著作及技术发明

中国古代科技发明灿若星辰,许多重大的发现和发明对中国和世界科技发展产生了巨大的影响。世界著名科技史家李约瑟博士曾经列举了中国传入西方的 26 项技术,为什么是 26 项呢,因为李约瑟用完了从 A 到 Z 排序的 26 个字母,所以是 26 项技术。它们分别是:1、龙骨车;2、石碾和水力在石碾上的应用;3、水排;4、风车和簸扬机(旋转风扇或扬谷机);5、活塞风箱;6、平放织机和提花机;7、缫丝、纺织和调丝机;8、独轮车;9、加帆手推车;10、磨车;11、马具胸带和套包子;12、弓弩;13、风筝;14、竹蜻蜓和走马灯;15、深钻技术;16、铸铁的使用;17、游动常平悬吊器;18、弧形拱桥;19、铁索吊桥;20、河渠闸门;21、造船和航运方面的发明;22、船尾的方向舵;23、火药以及和它有关的一些技术;24、罗盘;25、造纸、印刷术、活字印刷术;26、瓷器。罗伯特·坦普尔利用李约瑟博士多年的研究成果,写了一部《中国,发现和发明的摇篮》这本书。罗伯特·坦普尔认为:"目前无论是西方或东方,真正了解中华民族对人类文明的贡献的人并不很多","在现代世界赖以存在的重大的发明创造中,有一半来自中国"。书中罗伯特·坦普尔依年代顺序,列举了 100 项科技研究和应用成果,均为世界首创。为了说明问题,简录如下:(1)十进位制;(2)大漆;3)米酒;(4)锄与耙;(5)铁犁;(6)大调音钟;(7)植被勘测;(8)风筝;(9)发现太阳黑子;(10)喷水鱼洗;(11)球墨铸铁;(12)活塞式风箱;(13)石油与天然气的使用,(14)零位数;(15)司南;(16)第一运动定律;(17)驾风筝飞行技术;(18)化学战、毒气、烟幕、催泪;(19)弩机;(20)马的挽具;(21)第一幅浮雕地图;(22)第一条循等高线挖掘的运河;(23)扇车;(24)多管条播机;(25)计量制地图法;(26)转动曲柄;(27)万向节;(28)制钢术;(29)造纸术;(30)血液循环记载;(31)人体生物钟;(32)内分泌学;(33)负数,(34)雪花六角形结构;(35)降落伞;(36)小型热气球;(37)调音鼓;(38)深井天然气;(39)手推车背带;(40)水力的利用;(41)独轮车;(42)高根开方和高次方程求解;(43)滑动测径器;(44)十进制分数;(45)内丹术,(46)链式水车;(47)悬索桥;(48)舵,49)灯影戏;(50)地震仪;(51)自燃现象;(52)先进的地质学;(53)桅与帆;(54)水密舱;(55)指南车;(56)钓鱼竿转轮;(57)马镫;(58)制瓷术;(59)生物性虫害的控制;(60)营养缺乏症;(61)圆周率精确度;(62)在几何学中应用代数;(63)罗盘;(64)音色理论;(65)制伞;(66)直升机水平旋翼和推进器雏形;(67)蒸汽机雏形;(68)透光铜镜;(69)炼钢术;(70)轮桨船;(71)太阳风;

(72)火柴；(73)象棋；(74)旱地船帆；(75)拱桥；(76)烧酒；(77)糖尿病；(78)甲状腺素应用；(79)火箭及多级火箭；(80)机械钟；(81)纸牌；(82)纸币；(83)长明灯；(84)印刷术；(85)地球磁偏角；(86)火药；(87)天文星图；(88)链式运动；(89)免疫学开端；(90)荧光画；(91)运河船闸；(92)喷火装置；(93)照明弹、烟火、炸弹、地雷、水雷；(94)水下救捞技术；(95)纺车；(96)"帕斯卡"三角形；(97)残磁感应；(98)浑天仪；(99)枪、炮、迫击炮、连发炮；(100)音乐的平均律。

　　这些在中世纪最为耀眼夺目的科技成就通过阿拉伯人传到欧洲之后，对欧洲的近代科学革命产生了重要的影响，特别是中国的四大发明，对整个世界近代文明和科学的发展作出了突出的贡献。马克思曾写道："这是预告资产阶级社会到来的三大发明，火药把骑士阶层炸得粉碎，指南针打开了世界市场并建立了殖民地，而印刷术则变成新教的工具，总的说来变成了科学复兴的手段，变成对精神发展创造必要前提的最强大的杠杆。"

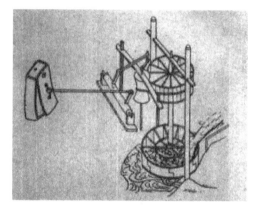

图 1-7　水排图

1.《考工记》

　　《考工记》是春秋战国时期有关手工业生产的科学技术著作。春秋战国时期是中国古代社会大变革的重要历史时期，农业、手工业、商业、科学技术在这个时期都有了很大的发展。《考工记》就是反映当时生产技术和工艺发展水平的著作。书中的技术内容涉及先秦时代的车辆制造、兵器、乐器、容器、玉器、皮革、练丝与染色、陶瓷、建筑和水利工程等等，几乎涉及了当时官府手工业的各个部门。书中还记述了木工、金工、皮革工、染色工、玉工、陶工等6大类、30个工种。《考工记》不但对上述6个专业30个工种进行了详细的分工，而且对每一个专业和工种的职能和技术规范做出了明确的规定和解释。如车辆制造，除"车人"外，还有专门制造轮子的"轮人"，专门制造车厢的"舆人"，专门制造车辕的"辀人"等。由此使人们看到当时工艺专门化与分工精细化的程度。书中除论述了各种手工业的设计要求和制作工艺外，在记述各种经验技术知识的同时还力图阐明其中的科学道理。书中还涉及天文、生物、数学、物理、化学等自然科学知识，如用水的浮力测量箭杆的质量分布；指出箭羽是箭飞行的稳定装置；在车辆制造中提到了滚动摩擦力和轮径大小的关系，等等，这些都是力学知识的较早记载。

　　今天所见《考工记》，是作为《周礼》的一部分。《周礼》原名《周官》，由"天官"、"地官"、"春官"、"夏官"、"秋官"、"冬官"六篇组成。西汉时，"冬官"篇佚缺，后人便取《考工记》补入，因此，它又成了《周礼》的一部分。故《考工记》又称《周礼·考工记》(或《周礼·冬官考工记》)。《考工记》在中国历史上产生了长久而巨大的影响。中国先秦的许多科技成就，都是依靠它得以最早记载下来。历代宫廷器具的制作，以及都城的修建，往往都要以《考工记》的记载为参照。《考工记》不仅在中国，而且在世界上也是一部最早、最详细的科学技术文献，被称为"先秦百工技艺之书"。

2.《墨经》

　　《墨经》是中国古代重要的哲学、逻辑学和科学著作。《墨经》是《墨子》一书的重要组成部分。墨子(约公元前 468 年－前 376 年),名翟,中国战国时期著名思想家,也是一位卓有成就的自然科学家,中国先秦墨家学派创始人。他曾提出"兼爱"、"非攻"等观点,并有《墨子》一书传世。墨学在当时影响很大,与儒家并称"显学"。

《墨经》通常指《墨子》书中《经上》、《经下》、《经说上》、《经说下》、《大取》、《小取》六篇,也有人专指前四篇。《墨经》并非墨子一人所作,是几代墨家弟子对墨子言行的追述,大约成书于战国中晚期。书中涉及到逻辑学、认识论、经济学、自然科学等各个领域,内容丰富,结构严谨。其中《墨经》六篇中,逻辑学所占的比重较大。它对于"名"(概念)、"辞"(判断)、"说"(推理)等思维形式,作了较科学的阐述。指出概念要反映实物,判断要表达思想,推理要指明论据,并主要研究了类比推理,提出以"辞"、"故"、"理"、"类"为基本环节的推理程序。它对于逻辑的应用、论辩的原则以及如何避免逻辑错误,都有较深刻的论述,认为辩学应该用来辩明真理,为解决社会实际问题服务。《墨经》的六篇各有侧重:《经上》和《经说上》专列概念、概念的定义及其解释,相当于《墨经》逻辑的概念论;《经下》和《经说下》专列命题、定理及其说明,相当于《墨经》逻辑的判断论;《大取》提出"故"、"理"、"类"辩学三物,是对推理的精辟总结;《小取》则是《墨经》逻辑的总论。

在哲学上,墨家认为,自然界是一个统一的整体,个体和局部都是从整体中分出来的,是统一体的一部分。部分不是孤立存在的,而是与整体有着紧密的必然联系的。对于时间和空间的认识,在《墨经》中给予了精辟的论述:"久,弥异时也","宇,弥异所也"。"久"是时间,"宇"是空间,"弥"意为充满、覆盖、包含。时间包含古往今来,是悠久无极的;空间则不论从任何地方看,上下四方,都是广漠无垠的。《墨经》用一个"弥"字表示了时间和空间的各部分由于密切联系而构成的整体概念,又用"有穷"和"无穷"具体论述了时间和空间的有限和无限的关系。这是《墨经》给时间和空间下的定义,已包含了时空无限的思想。

在科学上,《墨经》将战国时期蓬勃发展的若干自然科学技术所积累的经验,从理论上进行了概括和总结,抽象出一系列相当精辟的概念和理论。如在《墨经》中指出,已经存在的,不可能被消灭,某物体失去了一部分,对这个物体来说是"损",但整个物的总量并没有减少。这说明中国古代很早就有了物质不灭的思想了。《墨经》中的物理学、数学知识也是相当丰富的。其中主要是机械运动若干原理、光的运动与反射、几何学的基本概念等。直到今天有些仍保有其科学价值。如对于物体的运动,书中给出了严

图 1-8　小孔成像原理图

格的定义,"动,或(域)徙也"。即运动是物体位置发生了移动,从一个地方到了另一个地方。这和现在机械运动的定义是一致的。书中还讨论了运动和静止的辩证关系,认为像射箭那样,在极短的时间前进了很大距离,这种运动是十分明显的,而像人过桥那样,一步一顿,每一步都有短时间的静止,但就过桥的整个过程来说,静止只是暂时的、相对的,通过每一步的相对静止,完成了整个过桥的运动。这种把静止放到运动中去研究的思想方法是十分深刻的。在光学方面,《墨经》著作中有八条对几何光学的专门论述,这八条主要论述了光的直进

性和小孔成像、平面镜反射及成像、球面镜成像等。墨家学者做了世界上最早的小孔成像实验并解释了光的直线传播。在一间黑暗的小屋朝阳的墙上开一个小孔，人对着小孔站在屋外，屋里相对的墙上就出现了一个倒立的人影。对于这种现象，墨家解释说，光穿过小孔如射箭一样，是直线进行的，人的头部遮住了上面的光，成影在下面，人的脚部遮住了下面的光，成影在上面，这样就成了一个倒立的影。这是对光直线传播的第一次科学解释。

3.《梦溪笔谈》

北宋沈括所著的《梦溪笔谈》是一部笔记体综合性的学术著作。沈括(1031－1095年)字存中，钱塘(今浙江杭州)人。他自幼喜欢学习，善于思考，14岁就读遍了家里的藏书。王安石变法失败后，沈括由于积极推行新法而屡次被降职。58岁时，他定居润州(今江苏镇江)的梦溪园，一直到去世。沈括晚年在梦溪认真总结自己一生的经历和科学活动，写成《梦溪笔谈》二十六卷，再加上《补笔谈》三卷和《续笔谈》一卷，分17门，共609条，内容涉及天文、数学、物理、化学、地学、生物以及冶金、机械、营造、造纸技术等各个方面，内容十分广泛。书中既有对以往和当时的科技成就的记录，也有作者自己的研究成果，是中国科学史上的重要著作。

沈括对劳动人民的实践经验和创造发明给予了高度评价，认为科学技术不可能都出自"圣人"。他在《梦溪笔谈》中记录了不少民间的科技人物和成就。如世界上第一个发明活字印刷术的"布衣"毕昇，平民历算家卫朴，巧合龙门的水工高超，手艺精湛的木工喻皓和他的《木经》，等等。这些都是官修史书上不易看到的资料。

沈括在数学上有精深的研究，《梦溪笔谈》记录了他的"隙积术"和"会圆术"两项重要成果。沈括通过对垒起的酒坛和棋子等有空隙的堆积体的研究，提出了求它们总数的正确方法。这就是"隙积术"，也就是高阶等差级数求和的一种方法。这项成果实开南宋杨辉、元代朱世杰等人有关研究的先河。沈括还从计算田亩出发，考察了圆弓形中弧、弦和矢之间的关系，提出了中国数学史上第一个由弦和矢的长度求弧长的近似公式，这就是"会圆术"。这一方法的创立，不仅促进了平面几何学的发展，而且在天文计算中也起了重要的作用，元代王恂、郭守敬等人《授时历》中的"弧矢割圆术"就利用了这一公式。

沈括在物理学上的成就也是极其丰富的。《梦溪笔谈》中所记载的这方面的见解和成果，涉及力学、光学、磁学、声学等各个领域。他曾对指南针的四种装置方法(放在水中、碗沿、指甲上和用线悬挂)进行了研究并比较它们的优劣，认为悬挂法最灵敏准确。他还发现，磁针"常微偏东，不全南也"。这是世界上关于地磁偏角的最早记录。西方在公元1492年哥伦布第一次航行美洲的时候才发现了地磁偏角，比沈括晚了400年。在光学方面，沈括通过亲自观察实验，对小孔成像、凹面镜成像、凹凸镜的放大和缩小作用等作了通俗生动的论述。凹面镜，古代称"阳燧"，在日光中可以取火。沈括在做凹面镜取火实验中，发现了它的焦点。他称焦点为"比"或"碍"，并说明物体在焦点之内时，得到正像，在焦点上不成像，而在焦点之外时得到的是倒像。《梦溪笔谈》记载的这一成果，比《墨经》的研究又前进了一步。此外，沈括还剪纸人在琴上做过实验，研究声学上的共振现象。

在《梦溪笔谈》中，沈括对地图的测绘进行了深入的研究。他删去了裴秀制图六体中的"道里"，而增加了"傍验"和"互融"，也就是强调地图绘制后的校验和拼合地图的准确性。他还把原来地图的四面八方加以改进，更细分成24个方向，使地图的精度有了进一步提高。后来，人们所用的罗盘上都标示24个方向。沈括还曾经把北方靠近辽国地区的地形制成

"木图"——地形模型图。这种立体地图的出现要比西欧早 700 余年。

沈括具有朴素的唯物主义思想和发展变化的观点。他认为"天地之变,寒暑风雨,水旱蝗螟,率皆有法",并指出,"阳顺阴逆之理,皆有所从来,得之自然,非意之所配也。"就是说,自然界事物的变化都是有规律的,而且这些规律是客观存在的,是不依人们的意志为转移的。他还认为事物的变化规律有正常变化和异常变化,不能拘泥于固定不变的规则。沈括曾提出已知的知识是有限的,人的认识是无限的观点,正是这些比较正确的思想观点,促使他取得了那个时代在科学技术方面的高度成就。英国著名科学史专家李约瑟称《梦溪笔谈》是"中国科学史上的坐标"。

4.《天工开物》

明末宋应星所著的《天工开物》是中国古代具有代表性的科技著作。宋应星(公元 1587 —1661)字长庚,江西奉新人。29 岁时宋应星考中举人,但以后多次进京参加进士考试都落第而归。多次进京的经历,使他见闻大增,开阔了眼界。他曾说:"为方万里中,何事何物不可闻"。崇祯七年(公元 1634 年)宋应星出任江西分宜县教谕(县学教官)期间,将其长期积累的生产技术等方面的知识加以总结整理,编著了《天工开物》一书。《天工开物》全书三卷,分 18 章,几乎涉及到当时社会上的各个生产领域。全书详细介绍了各种农作物和手工业原料的种类、产地、生产技术和工艺,以及一些生产管理的经验,尤其注重收集当时最新技术项目。宋应星在记述生产过程和生产设备时,都尽量给出详细的数据,如单位面积产量、油料作物的出油率、秧田的移栽比、各种合金的配合比例,等等,对实验数据极为重视,又有 120 多幅描绘生动的插图,使《天工开物》具有重要的科学价值。

中国是世界上最早制成含锌合金并提炼出金属锌的国家。宋元时期已能炼出较纯的锌。关于锌的提炼技术,以《天工开物》的记载最早、最详细。在"五金"卷中宋应星明确指出,锌是一种新金属,并且首次记载了它的冶炼方法。这是中国古代金属冶炼史上的重要成就之一,使中国在很长一段时间里成为世界上唯一能大规模炼锌的国家。宋应星记载的用金属锌代替锌化合物(炉甘石)炼制黄铜的方法,是人类历史上用铜和锌两种金属直接熔融而得黄铜的最早记录。

中国古代物理知识大部分分散体现在各种关于技术的书籍中,如在提水工具(筒车、风车)、船舵、灌钢、泥型铸釜、排除煤矿瓦斯方法、盐井中的吸卤器(唧筒)、熔融、提取法等中都有许多力学、热学等物理知识。《天工开物》中也是如此。新发现的佚著《论气·气声》篇是论述声学的杰出篇章。宋应星通过对各种音响的具体分析,研究了声音的发生和传播规律,并提出了声是气波的概念。他还指出太阳也在不断变化,"以今日之日为昨日之日,刻舟求剑之义"(《谈天》)。

生物因周围环境变化而引起变异,是生物进化论的一个重要议题。中国古人很早就观察到这一现象,并加以运用。在《天工开物》中记录了农民培育水稻、大麦新品种的事例,研究了土壤、气候、栽培方法对作物品种变化的影响,又注意到不同品种蚕蛾杂交引起变异的情况,说明通过人为的努力,可以改变动植物的品种特性,得出了"土脉历时代而异,种性随水土而分"的科学见解,把中国古代关于生态变异的认识推进了一步,为人工培育新品种提出了理论根据。达尔文在《动物和植物在家养下的变异》中就把中国古代养蚕技术措施作为人工选择和人工变异的例证之一。

《天工开物》内容丰富新颖,是中国古代人民生产知识和工艺技巧的全面总结。该书问世后,曾屡次被明清学者所引用,在国外也产生了广泛的影响。该书在 17 世纪后流入日本,成为各界广为重视的优秀读物,刺激了"开物"之学的兴起。日本明和八年(公元 1771 年)出版了《天工开物》的菅生堂本,这是该书最早在国外刊刻的版本。18 至 19 世纪,《天工开物》传入朝鲜,又成为朝鲜实学派学者参引的著作。19 世纪《天工开物》的许多内容被介绍到欧洲后,更引起了西方学者的重视。法国学者儒莲称该书为"技术百科全书",达尔文将它称为"权威著作"。

5. 造纸术

从技术源头上看,造纸术起源于养蚕制丝过程中的漂絮。人们为了将较差的蚕茧制成丝绵,将其剥开、浸水,并在篾席上反复捶打,使之成为松软的丝绵,称为漂絮。此过程中篾席上留下的丝纤维积累起来,晾干后成一薄片,揭下可做纸用。受此启发,在西汉前期中国人已发明了用植物纤维造成的麻纸。早期的西汉麻纸比较粗糙,不便书写。到了东汉时期,汉和帝时监制宫廷器物的太监蔡伦(? —121 年)于公元 105 年,改进了原先的造纸术,用麻类、绳头、渔网、破丝旧绸和树皮等造出了质量优良的"蔡侯纸",满足了人们的需要。自汉代以后,中国的造纸技术不断革新和进步。魏晋南北朝时,纸

图 1-9 造纸流程图

已代替帛、简之类,成为普遍的书写材料。造纸的主要原料,除原有的麻、楮之外,桑皮、藤皮也被用来造纸。南方的藤纸由于质地优良,于隋代成为官方文书的主要用纸。隋唐五代以至宋代,造纸手工业已遍及全国,印刷术的发明和发展,又促进了造纸业和造纸技术的发展。传统的麻纸、楮纸、桑皮纸、藤纸等继续发展,新的造纸原料如竹、檀皮、麦秸、稻秆等不断被开发利用。书法绘画用的名贵纸宣纸,唐时以"玉版宣"之名在安徽宣州(今泾县)一带问世,并被列为贡品。宣纸质地细腻洁白、柔软细密、纹理美观、色泽耐久,善于表现中国画笔墨的浓淡。郭沫若评价说:"……中国的书法和绘画离了它(宣纸)便无从表达艺术的妙味"。可见宣纸在中国文化艺术中所具有的重要作用。

中国的造纸术于 3 世纪传到朝鲜,7 世纪初经朝鲜传入日本,8 世纪中叶经中亚传到了阿拉伯,13 世纪传入印度,14 世纪传入意大利,再传到德国,16 世纪传入俄国、荷兰,17 世纪传到英国,19 世纪传入加拿大,逐渐传遍了全世界。造纸术无疑是中国古人发明的一项伟大的技术。纸比中国古代的甲骨、钟鼎、竹简、丝帛都便宜得多,而且轻便,能长期保存。中国的纸也比埃及的草纸优良,比西亚的泥板轻便,比欧洲的羊皮纸廉价,因而这项发明注定会成为全人类的财富,引起人类书写材料的一场革命。

6. 印刷术

印刷术经历了两个发展阶段,首先出现了雕版印刷,然后又出现了活字印刷。雕版印刷术在公元 6 世纪末的隋唐时期问世。这种技术是由秦时的石刻印章、汉时用纸在石刻上拓墨迹的方法演进而来的。印刷术的发明要有前提条件,即必须先具备纸张、笔、墨等物质条件,具备刻印的工艺技术,掌握反文印刷原理。这些物质条件在中国早已具备。纸发明于汉

代,到三国、两晋、南北朝时期纸作为书写材料已普遍被采用。商代已有原始的笔,春秋时已能制造毛笔,笔、墨在先秦时已经使用。东汉时发明了人造松烟墨。松烟墨既是优良的书写原料,也是印刷的上好着色原料。中国的刻字技术历史悠久,殷商时代的甲骨文、先秦以来的印玺、秦汉时代的刻石、晋代反写阳文凸字的砖志、梁代反写反刻阴文神道的石柱等,说明人们已掌握了熟练的反刻文字的刻凿技术。正是在这充分而坚实的物质技术基础上,被誉为"文明之母"的印刷术应运而生了。

"牢阳司寇"铜印(战国)

图 1-10　铜印

　　雕版印刷一般选用纹质细密坚实的木材为原料,由于刻字印刷比手写传抄优越百倍,因而被不断推广传播。早期的印刷主要在民间进行。大致用于三个方面:其一是宗教印刷,大量印刷佛像、佛经。7世纪中叶,玄奘大量印刷普贤像等佛像,施于四方。1966年在朝鲜发现的刻本《陀罗尼经》,刻于704—751年,为目前发现的最早的雕版印刷品。现存世界上第一部标有年代的木版印刷品是868年王玠出资刻印的《金刚经》,全卷完整无缺,且刻印技术已很成熟。其二是文学印刷,刻印诗集、音韵书和教学用书。唐代著名诗人的诗作已印刷成书广为流传。雕版印制的《唐韵》5卷和《玉篇》30卷,说明多卷本的书籍已大量印刷。其三是科技印刷,用于历法、医药等科学技术书籍的印刷。中国的雕版印刷术发明后,推广和发展很快,到9世纪时已成为一种新兴的重要手工业部门,对人们的经济活动和科技文化生活起着越来越大的作用。

　　正当雕版印刷的发展趋于鼎盛时,作为对雕版印刷术的改进,中国古代印刷技术出现了一个重大突破。沈括《梦溪笔谈》卷十六记载:宋代庆历年间(1041—1048年),平民毕昇(?—约1051年)发明了活字印刷术。活字印刷术就是以泥为原料预先制成单个活字,然后按照付印的稿件,捡出所需要的字,排成一版而进行印刷的方法。采用活字印刷,一本书印完后,版可拆散,单字还可以用来再排其他的书版。这种方法在现今世界使用计算机排版之前,一直是世界各国生产书籍、报纸、杂志的主要方法。

图 1-11　毕昇

7. 炼丹术与火药

　　火药的发明来自于古代中国炼丹制药的实践。古代炼丹术的发展与中国古老的五行学说有关。由于五行有相生相克的关系,在炼丹活动中,丹炉多以土筑而成,金(矿物)、木(植物)常为被炼之物,水为添加物或挥发物,火则为炼制能源。这里金木水火土俱全,人们希望通过炼制过程,在丹药中聚得万物之精华,以获得长生不老之仙丹。唐时大名鼎鼎的药王孙思邈和他的弟子孟诜也热心于炼丹术。由于比别人更清楚这些药物的工艺过程,炼丹士们似乎在服用时更为谨慎。例如,成书于855年的《悬解录》的作者借九霄君之口说到:"金丹并诸石药各有本性,怀大毒在其中。道士服之,自羲轩以来,万不存一,未有不死者。"

　　在唐代,由于从事炼丹活动的人数大大增加,炼丹的工艺改进了,炼丹士用药的数量减少,而且比例方面的要求提高了。许多新的矿物和有机物被加以应用,许多新的产品被配制出来,用汞和硫磺制造丹砂的技术已经成熟。火药便在这个过程中偶然出世了。公元682年,炼丹家们把硫磺粉、硝石粉(各二两)和三个含碳素的皂角子放在一起烧炼,产生火焰,这便是所谓的硫磺伏火法。在8世纪到9世纪的炼丹著作中明确地记录着火药诞生时的情形："有以硫磺、雄黄合硝石，并密烧之，焰起，烧手面及烬屋舍者"（《真元妙道要略》）。有人认为这里的"密"是蜜之义，蜜在加热后分解出炭，与硝石和硫磺混在一起即为黑火药。公元808年，炼丹家清虚子在他的《铅汞甲庚至宝集成》中清楚地记载了配制火药的方法："硫二两，硝二两，马兜铃三钱半，右为末，拌匀。掘坑，入药于罐内与地平。将熟火一块，弹子大，下放里面，烟渐起。"

图 1-12　炼丹图

　　在火药发明以前，古代军事家们常用火攻这一战术。火攻中最常使用的一种武器叫做火箭，即在箭头上附着易燃的油脂、松香、硫磺之类物质，烧着后射出以攻击敌人。火药发明后，人们就用火药代替了上述所说的火箭，这是火药在军事上最初的应用形式，人们主要是利用了火药的燃烧性能。随着火药武器的发展，人们逐渐过渡到利用火药的爆炸性能。北宋末年，人们制造了"霹雳炮"、"震天雷"等爆炸性较强的武器。这一武器一经应用到战争中便体现出了强大的威力。在南宋和金的战争中，双方使用火器重创对方的记录多了起来。金国在同蒙古的战争中曾依赖震天雷来坚守城池，而蒙古人在俘虏了金国的工匠之后，也掌握了火器，并且在西征时把火药传到了阿拉伯世界和欧洲。当火药传到西欧时，那里的市民阶级便利用这种新的武器同封建阶级的骑士作战，最后把这个阶级炸得粉碎，资产阶级开始登上历史舞台。

　　在中国，火药并没有使社会生活和历史发生真正的改变，火药主要是由官府控制的工场生产的，它被用来装备朝廷的军队。北宋的火药工场称"火药窑子作"，列朝廷军器工场之首。对于中国老百姓来说，火药最好的用场则是节日时的爆竹。至南宋时，杭州民间已有许多卖烟火者（《武林旧事·小经纪》），在北方金国地区则有人自制火药狩猎，说明火药在中国民间的应用。

8. 航海与指南针

　　中国人是磁的最早研究者。磁最初称为"慈"，是因为它吸铁时像慈母抱婴儿。据《韩非子》记载，战国时已有"先王"以天然磁石制成的磁勺——司南，以指示方向。汉代王充《论衡》中也提到了指南勺。北宋时，利用磁性指南的工具和方法有了很大的发展，出现了指南鱼、指南龟等多种指南工具。但在宋代之前，中国人的对外活动主要在西域、朝鲜、越南等陆路方向上。对于陆路旅行来说，太阳和地面上各种标记物可以使人不迷失方向。所以，指南勺、甚至连马钧和祖冲之制造过的指南车都没有充分显示出其实用价值。宋朝以后，由于通西域的道路被西夏阻断，通朝鲜的陆路被辽金先后阻断，东南海上的航路便成了同朝鲜、日本、印支、印度

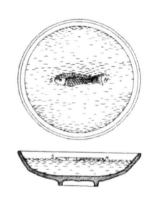

图 1-13　指南鱼示意

和阿拉伯世界交往和贸易的主要通道，航海成为同外部世界交往的重要途径。在碧波万顷的大海上除了日、月、星之外，没有任何明显的参照方位和距离的标志，而日、月、星并不一定时时悬现在人们头顶，于是指南针应运而生。北宋曾公亮（998—1078）主编的《武经总要》中

已记载有指南针的制造方法。而沈括(1031—1095 年)在《梦溪笔谈》中对指南针的制作和功能作了较为详细的记载,并首次提出了对地磁偏角的认识。

指南磁针一经发明,很快就被用于航海。北宋末年朱彧在他于 1119 年写成的《萍州可谈》中记:"舟师识地理,夜则观星,昼则观日,阴晦则观指南针"。徐竞写的《宣和奉使高丽图经》记:"惟视星斗前进,若晦冥则用指南浮针,以揆南北。"另外,吴自牧《梦梁录·江海船舰》中也记载了南宋时海船"风雨冥晦,惟凭针盘而行,乃火长掌之,毫厘不敢误差,盖一舟人命所系也"。显然,指南针在海上已经开始为人类的航海活动服务了。

宋代同中国在海路上贸易来往颇繁的阿拉伯人约于 1180 年在泉州和广州把指南针装到了他们的船上,这些以航海和经商为业的经验丰富的阿拉伯人把航船一直驶到了近东地区。约在宋末元初,欧洲人从他们那里认识了指南针,并把它装到了船上。在整个古代,埃及人、腓尼基人、希腊人、罗马人的船只主要航行在地中海上,只有极少数的冒险家曾在非洲的西海岸出现过。但在有了指南针之后,近代欧洲航海家的一系列远航和地理大发现才成为可能。

四大发明对中国古代的政治、经济、文化的发展产生了巨大的推动作用,对世界文明的发展也产生了巨大的影响。四大发明在欧洲近代文明产生之前陆续传入西方,成为"资产阶级发展的必要前提"(《马克思恩格斯全集》),为资产阶级走上政治舞台提供了物质基础:印刷术的出现改变了只有僧侣才能读书和受高等教育的状况,便利了文化的传播;火药和火器的采用摧毁了封建城堡,帮助了资产阶级战胜封建贵族;指南针传到欧洲航海家的手里,使他们有可能发现美洲和实现环球航行,为资产阶级奠定了世界贸易和工场手工业发展的基础。总之,中国古代的四大发明,在人类科学文化史上留下了灿烂的一页,这些伟大的发明影响造福了全人类,推动了人类历史的前进。

9. 陶瓷制作

陶瓷制作是人类通过化学方法改变物体的自然性质使之成为新物体的一种创造性活动。早在距今约 1 万年前的新石器时代早期,中国的先民们已开始制作并使用陶器。新石器时代的陶器,从陶质区分,有红陶、灰陶、黑陶、白陶和彩陶;从工艺上区分,有手制、模制、轮制;从纹饰上区分,有压印、拍印、刻画、彩绘、附加堆纹、镂孔;从陶窑结构区分,有横穴窑与竖穴窑。正是这些风格迥异的类别,创造了新石器时代绚丽多彩的陶器文化。

彩陶罐　系双耳同心涡纹罐,高50厘米。

图 1-14　彩陶罐

瓷器是从陶器演变过来的。瓷器与陶器的区别,因其烧制的条件不同,主要有以下几点区别:使用原料不同(瓷器是以瓷土为原料)、釉料不同、烧成温度不同(瓷器的烧成温度必须高于 1100℃)、坚硬程度不同、透明度不同。瓷器质地致密,不吸水不渗水,制成后扣之能发出清脆的金属声音。在没有化工理论的指导和没有测试仪器的条件下,技术要求主要是靠制瓷工人的手艺和经验完成的。

中国瓷器的发展大致经历了青瓷—白瓷—红瓷—彩瓷的过程。

瓷器的前身是粗瓷,早在商代就已经出现了原始的瓷器。真正的瓷器出现在东汉,由于当时瓷器的釉色呈青色,所以称之为青瓷。青瓷的出现,是中国古代陶瓷史上的一个里程碑,它标志着中国古代真正的瓷器开始出现了。它经历了三国、两晋南北朝,一直到隋唐,持续生产了好几个世纪。

到了唐代,制瓷技术又有了较大的发展,青瓷质量越来越高。唐代越窑盛产青瓷。古人曾用"九秋雨露越窑开,夺得千峰翠色来"的诗句赞美它。五代的柴窑出产的青瓷更加精美,享有"青如天、明如镜、薄如纸、声如磬"的声誉。

白瓷产生于南北朝,到了唐朝,邢窑和昌南镇(宋代改称景德镇)生产的白瓷闻名中外,形成了"南青北白"的局面,即南方生产青釉瓷器为主,北方生产白釉瓷器为主。从呈色原理来说,从青瓷到白瓷是一次技术上的飞跃,只有在使釉中铁的含量大大地减少,掌握好高温技术,同时瓷胎含氧化钙又较多的情况下,才能生产出白瓷。白瓷的出现为后来青花瓷、彩瓷的发展打下了基础。

三彩陶器,也是唐代极富特色的一个品种。三彩有单彩、两彩、三彩之别,彩釉施于白陶,烧制而成,以河南省巩县隋唐窑址最负盛名。单色釉有黄、绿、蓝三色,一般施于碗、盆、瓶、罐、盘、水注等生活用具,两彩釉有黄釉绿彩、白釉蓝彩和白釉绿彩几种,多为器皿。三彩器物分为器皿与雕塑两类。器皿有罐、壶、樽、瓶、烛台及瓷枕等。雕塑有立佣、骑士佣、骑驼佣、抱狮佣、抱婴佣、马匹和骆驼等,造型多为写实。唐三彩传到日本,为日本人民所喜爱,后来日本匠人仿制唐三彩,制造出"奈良三彩"

宋元时期是中国瓷器发展的繁荣时期。除官窑外,民窑纷纷兴起。当时最著名的有钧、哥、官、汝、定五大名窑的瓷器,各窑烧制的瓷器工艺不同,釉色和造型各异,形成了各自不同的风格。这时还出现了五光十色的彩瓷,这是制瓷技术的又一次突破,因为它打破了以往青、白瓷的单色产品结构,就技术方面来说,它是对火焰不同的特性(氧化还原性和温度高低)恰如其分控制的结果,而釉的红色则是运用铜盐的呈色作用而形成的。

明朝和清朝初期是中国古代瓷器发展的黄金时期。当时江西的景德镇已成为全国造瓷业的中心。那里不仅有分工很细的御窑,而且出现了具有资本主义萌芽的民窑。明末清初时官、民窑总计已达3千余座,每年烧制瓷器达几十万件。明清时期生产的青花瓷、一道釉瓷、

图 1-15　青花瓷

彩瓷的烧制技术和工艺水平远远超过了宋元时期。这时的生产已能严格地掌握火焰的性质和配置釉药的准确性,同时还能很好地掌握瓷土的物理性能。清朝康熙、雍正、乾隆三个时期在色釉上有许多新的创造,制造出了各种各样、五彩缤纷的瓷器。这一时期,可以说是中国瓷器历史上"炉火纯青"的时代。

10. 纺织及提花技术

中国是世界上最早养蚕和织造丝绸的国家,曾以"丝绸之国"闻名于世。传说中黄帝的妻子嫘祖就是一个养蚕制丝的能手。纺织业是中国古代社会最主要、最持久的经济支柱之一。

在纺织机械方面,中国早在春秋战国时期就已出现了手摇纺车,两汉时期出现了脚踏单锭纺车,东晋时出现了三锭纺车,南宋时出现了32个锭子的水力纺车。其中提花技术是中国古代丝织技术的精粹。

早在春秋战国时期,中国已经掌握提花技术。这个时期的纹样呈几何形、对称纹,多是由直线和折线组成的菱形、回纹形,造型质朴大方。出土的织锦有相当复杂的大型花纹,如在湖南长沙的战国楚墓中出土有对龙对凤锦和填花燕纹锦,色彩斑斓,这样复杂的织锦纹样

是通过花楼束综提花机织造而成的。

秦汉至魏晋的纹样在几何纹的基础上,采用鸟兽、云气、山水、文字等,穿插组合,豪放活泼。西汉时发明一百二十蹑的多综多蹑织机用于织造比平纹、斜纹和缎纹更复杂的花纹。三国时,马钧改进绫机,设 12 根脚踏杆,采用"组合提综法",控制 60 多片综,既操作方便,又能织出奇妙无穷的花纹。

隋唐流行缠枝、团花、小朵花、小簇花等纹样,丰满肥硕,浓厚艳丽。宋元时纹样转向清秀精细,配色文静素雅,写生折枝式的花纹别具一格。

明清时纹样设计更注重形象的刻画和布局的合理,多用金线显花。工匠们在明代把旧的织布机改成了效率很高的"改机",农民中出现了一部分专以织布为业的机户。

11. 水利工程

水利是农业和交通的命脉,为了促进农业和交通的发展,中国从春秋战国时起,先后兴建了许多大型水利工程。

都江堰是中国历史上著名的水利工程。公元前 250 年,秦国太守李冰父子领导修建了位于四川成都境内的都江堰。它是由分水工程、开凿工程和闸坝工程组成的一个有机整体,在内江引水口还立有 3 个石人作为水位标尺,由此可以测知内江的进水流量,为整个工程系统调节水位提供依据,以达到周密合理的灌溉、防洪、分配洪、枯水流量的目的。其设计周密,布局合理,这项水利工程使成都平原成为旱涝保收的"天府之国"

郑国渠是秦国于公元前 246 年由名为郑国的人设计和领导修建的一个大型灌溉工程。它地处陕西省关中地区,是一个连接泾河和洛河的大型灌溉工程。郑国渠干渠东西长三百多里,干渠故道宽 24.5 米,渠堤高 3 米,深约 1.2 米,工程十分壮观。郑国渠的修建充分利用了地形、地势的条件,使整个水利工程从总体上自然形成了一个全部自流灌溉的系统。郑国渠建成后,关中 200 多万亩盐碱地变成了良田,它大大增强了秦始皇统一中国的经济实力。

南北大运河是世界上开凿最早、规模最大、里程最长的航运运河。为了南粮北运,公元605 年隋炀帝动用 200 万民工,用 6 年时间开通了以洛阳为中心,东北通向北京,东南到达杭州的大运河,全长 2700 公里,高度差达 40 余米,沟通了海河、黄河、淮河、长江和钱塘江五大水系。随着大运河的开凿和使用,杭州、镇江、扬州、淮安、济南等城市也得到了迅速发展。大运河的开凿,不但需进行闸坝等工程的设计,还要求掌握沿途地形、土质、水源、流量等情况,是一项复杂的水利工程,所以大运河工程的实践是水利工程技术发展的一个标志。

堤防工程的修建,是人们长期与洪水作斗争的经验总结,它涉及到测量、选线、规划、施工等工程技术方面,也涉及到对地质、水文、水流等知识的掌握。黄河千里大堤是中国古代巨大的水利工程,该大堤于秦始皇时代统一治理,宋明以来,出现了大批治黄专家,明朝潘季驯提出的"筑堤束水,以水治沙"的理论使大堤工程不断完善,至今还有一定的实用价值。

12. 冶金技术

从夏、商、周到春秋战国时期,中国古代青铜冶炼和铸造技术达到很高水平,这不仅表现为那时已制造出一大批世上少见的精致美观的青铜祭品,而且表现在战国时期的《考工记》对铜锡合金的配方所制定的"六齐"这一工艺上。"六齐"即六种不同比例的铜锡合金。有了"六齐"规律,对于不同用途的合金配比,就有了比较合理的依据。"六齐"规律是世界上最早的关于合金成分的研究成果。1965 年在湖北省江陵县楚墓中出土的战国时期越王勾践宝剑,穿越了两千多年的历史长河,但剑身不见锈斑,是这一时期冶铜技术的典型代表。

　　农业对生产工具的需要促进了冶金技术的飞速发展,冶铁技术始于战国时期,大量的出土文物证实,战国中期铁器已大量使用,其中包括鼎、兵器和工具,工具占其大部分。有关冶铁业的各种官税、官制和官吏也相应地陆续设置。到了东汉时期,国家采取了由国家经营统一冶铁业的政策,使人力、物力和财力比较集中统一,生产技术可以较快地在较大范围内得到推广和交流。当时,每一铁官下属的作坊,或以冶铁为主,或以铸造为主,或冶铸兼备,作坊面积达数万平方米,甚至数十万平方米,有的拥有炼炉十余座,可见当时冶铁业的规模和水平。这一时期冶铁术的进步,首先表现在采冶程序及工艺的完善化,以及炼炉、鼓风技术、耐火材料、熔剂等方面的改进。据考证,当时从开矿、冶炼到制出整套成品都有机地结合在一起。冶炼工序已包括有选矿、配料、入炉、熔炼、出铁等步骤。炼炉也出现多样化的发展,有块炼铁炼炉、并列成排的排炉、长方形炼炉、造型庞大的圆形炉、低温炒钢炉等等。鼓风技术也有了很大的提高,从人力鼓风发展到畜力鼓风、水力鼓风。炼炉的耐火材料也有了很大的改进,已掌握了多种耐火材料的配制和使用的知识。当时已能生产的灰口铁等优质铁正是炼炉巨型化、鼓风设施强化以及其他技术进步的产物。

　　中国古代炼钢技术在世界上也处于领先地位。战国晚期发明了渗碳钢;西汉后期又发明了炼钢技术。炼钢技术的发明与百炼钢工艺的日益成熟,是汉朝时期钢铁技术得到重大发展的一大标志。当时已有利用生铁"炒"成熟铁或不同含碳量的炒钢新技术,即将生铁加热成半液体、半固体状态,再进行搅拌,利用空气或铁矿粉中的氧进行脱碳,以获得熟铁或钢的新技术。这种新技术在一定条件下,能够有控制地把生铁"炒"到所需的含碳量,然后经加热、锻打等工艺措施得到不同的、质量较好的钢料。铸铁热处理技术在汉代有很大的发展,臻于成熟。当时已有黑心韧性铸铁、白心韧性铸铁或铸铁脱碳钢件,类似于现代球墨铸铁的铸铁。从铸造技术看,铸范的使用已大为普及,叠铸技术得到了进一步的发展。铸造工艺出现了更细的分工,分为制模、制范、烘范、熔铁、浇铸等作业,尤其是烘烤铸模、铸范以及铸模、铸范的制造精密,在铸造工艺中起着重要作用,保证了铸件的质量。

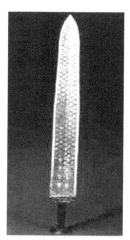

图 1-16
越王勾践剑

第三节　中外科技文化的交流

　　自从汉武帝于公元前 138 年和公元前 119 年先后两次派遣张骞出使西域,到达中亚和西亚的若干国家和地区,从而开辟了举世闻名的始自长安(西安)西达罗马帝国等地的"丝绸之路"。当时的"丝绸之路"分南北两条道路,南路经甘肃敦煌,沿昆仑山北侧的鄯善、和田,越过帕米尔高原,最后到达罗马帝国;北路经敦煌,沿天山南麓的吐鲁番、喀什,越过帕米尔北部,最后到达罗马帝国。另外,汉武帝时从四川往南开辟有两条通往印度的道路。

　　"丝绸之路"从汉到唐的 1000 多年间,基本畅通。秦汉时期,中国出口的主要物资是丝绸、铁器和漆器,与之相应的是丝帛生产技术、冶铁技术和髹漆技术的传播。与此同时,首蓿、葡萄等农作物也被引进中国。

隋唐时期，"丝绸之路"上的中外交流更趋频繁。通过"丝绸之路"，中国与中亚、南亚、伊朗、阿拉伯甚至欧洲都保持着密切的交往。伴随着各国间的密切交往，科学和技术的交流也得到了进一步的发展。唐代中外科技交流的盛况，一直为世界各国史学界所赞叹。日本著名史学家井上清教授在谈到古代日本学习中国唐朝文化时说，唐朝的文化是与印度、阿拉伯甚至西欧的文化都有交流的世界性文化，所以学习唐朝文化也就间接地学习了世界文化。公元7世纪时，日本以大唐国为楷模进行文化革新，以后，中日两国之间的经济文化和科技交流更进入一个新的高潮时期，奈良时代的日本统治阶级极其热衷于吸取中国文化，唐代时，日本共派遣19次遣唐使，大批留学生和学问僧随行来中国，把中国唐代的政治、经济、文化、科技成果和书籍大量带回日本。从南北朝起，中国的历法在日本连续使用了近1100年之久。唐代高僧鉴真（688—763年）于唐天宝年间应邀赴日，在奈良东大寺建筑戒坛，传授戒法，修建唐招提寺，传布宗律，并将中国的建筑、雕塑、医药学等介绍到日本，为中日两国文化交流做出了卓越的贡献。

中国与朝鲜山水相连，交往密切，唐代中国的天文、历法、算术、医药、丝织品和造纸技术等新工艺传到朝鲜，朝鲜的牛黄、人参、海豹皮等也大量输入中国。朝鲜派遣大批留学生和遣唐使来唐学习，并仿效唐代教育制度，在"国学"设立算学科。唐代的都市建设和寺院建设的模式也都传入朝鲜。

宋、元时期随着社会生产力的发展，国内商业远远超过唐代，海外贸易有了新的巨大发展，使中外交流达到了一个新的高潮。宋代官府十分重视海外贸易，把海舶通商收入列为国家一大财源。泉州及其他一些城市的阿拉伯人公墓和一些建筑，在南洋、印度洋、非洲一些国家出土的宋、元瓷器，都是海外贸易兴盛的历史见证。南宋时与中国通商的国家达50多个，海船开往20多个国家进行通商贸易。宋元时期，一些阿拉伯人来到中国工作。1266年元世祖忽必烈修大都（北京），设计师中就有阿拉伯人。

明朝是中国航海史及中外关系史上空前伟大的历史时期。自1405年郑和率领船队初次出使西洋，至1433年最后一次返航为止，郑和前后共计七次出使西洋，不仅在时间上要比意大利人哥伦布（1492年横渡大西洋）和葡萄牙人达·伽玛（1498年绕过非洲好望角横渡印度洋）早半个多世纪，而且在规模上他的船队远比哥伦布和达·伽玛的要大得多。这反映了明朝雄厚的国家经济实力、造船技术及先进的航海技术。郑和历时28年，先后到达东南亚、印度半岛、波斯湾、阿拉伯半岛、非洲东岸和红海海口，访问30多个国家，发展了海上交通，沟通了与亚非各国的贸易往来，促进了中国与各国文化技术的交流。

明末清初，代表欧洲宗教改革和基督教人文主义思想的耶稣会传教士来到中国，同时带来了西方近代科学技术，开始了近代中国西学东渐的历史过程。清朝后期，正当西方科学技术突飞猛进的时候，清王朝却采取了闭关锁国的政策，拒绝国外先进的科学技术，使得中西方科学技术的差距逐渐拉大，中国科学技术显著落后于西方。

从中外文化交流的历史事实来看，中国的文明是世界文明的一个重要组成部分，一方面当时处于世界领先地位的中国科学技术成就向外传播，在世界科学技术史和人类文明史上起到了应有的作用；同时在交往中又吸收各国各民族先进的科学技术成果，充实了中国的文明宝库。

一、中国古代对外科技文化交流

在数学方面,中国的许多数学成就经印度、阿拉伯国家而西传。如《九章算术》中的"盈不足术"就出现在九世纪阿拉伯数学家阿尔·花剌子模的著作中,此后,这种算法长期在阿拉伯世界中流传,直到 15 世纪,精通中国数学的阿拉伯学者,阿尔·卡西在他的《算术之钥》中依旧称这种算法为"契丹算法"(即中国算法)。十三世纪初,"盈不足术"成为意大利数学家菲波纳西《算术书》中的一个课题,在该书中依旧被称为"契丹算法"。在菲波纳西的《算术书》中,还有数据和《孙子算经》一致的"物不知数问题"和"百鸡问题"。菲波纳西是第一个将东方数学系统介绍到欧洲的数学家。在日本和朝鲜,宋元算书如《杨辉算法》、朱世杰的《算学启蒙》等著作都被翻译刻印,日本的算学家们还对这些书加了注解。元朝时,阿拉伯数码和阿拉伯国家通用的"土盘算法"(即用竹棒、树枝在沙土盘上笔算之法)传入中国,还有许多阿拉伯的数学著作也传入中国。

在天文历法方面,元初对回回天文便非常重视,元官府专设回回司天台,由穆斯林人主持天文观测。元朝时波斯人札马鲁丁等人由于精通历算,应召来到中国,同时带来了一批阿拉伯天文仪器,他还带来 23 种阿拉伯文的科学书籍,其中之一是希腊人托勒密的《天文集》的译本。1267 年,札马鲁丁撰写万年历,由元官府下令颁行。万年历是第一部正式受到政府许可获准使用的回回历。札马鲁丁在编制万年历的同时,在北京建立观象台,制造了星盘等仪器七件。与此同时,中国的天文学知识也传到中亚和西亚。纳速剌丁在马拉干建造天文台,并主持编纂《伊儿汗历》,其中就包含有中国历法的内容。明朝建立后(1369 年),麦加人马德鲁丁和他的两个儿子来到中国,精通天文的马德鲁丁被任命为钦天博士,他的儿子马沙亦黑和马哈麻后来也任回回司天监之职,并翻译过《回回历法》和《明译天文学》。

在医学方面,唐朝时期印度的医学特别是眼科医疗技术传入中国,如印度的金针挑白内障技术等,在中国产生了较大的影响。中国的人参、茯苓、当归等药物也传入了印度,对印度医药学的发展发挥了良好的作用。宋官府两次向朝鲜赠送《太平圣惠方》,并派遣医官带去药物百种。同时朝鲜药物也输入中国。宋代的朱砂、牛黄、茯苓、川椒等 60 多种药物运往欧洲。元代针灸医生赴越南治病,而越南治痢疾的医方及丁香、沉香等许多药物也输入中国。元代,中国的脉学、针灸疗法,以及姜茶、麝香等药材流传到阿拉伯。而阿拉伯著名医学家阿维森纳(980－1037 年)所著的《医典》也在中国流传。元代国内还设立"广惠司"和"回回药物院",专用阿拉伯药物治病。由于中亚医生的活动,某些新药和特殊的治疗方法在元代融汇到中国传统医药学中。同样,中国传统的医药学和针灸术也在中亚产生了很大的影响。

在农业方面,宋代农作物良种的繁育和交流有进一步发展。宋代原产于印度支那半岛的"占城稻"被移植到江淮、江浙地区。南宋时的"黄粒稻"是从朝鲜引进的优良稻种。此外,还引进了不少植物、果品等,如番荔枝、番石榴、番椒、番茄等。

在建筑方面,由于阿拉伯人大量来到中国,宋、元时期在广州、泉州等地出现了许多伊斯兰教建筑。如 1009－1010 年伊斯兰教徒在泉州建立清真寺,这是中国较早建立的伊斯兰教寺院,它完全是阿拉伯风格的建筑,具有叙利亚大马士革建筑式样。

在中外科技交流史上具有伟大历史意义的事件是中国古代的四大发明——造纸术、印刷术、指南针和火药的西传。中国的印刷术,唐代传到日本,日本印成木版《陀罗尼经》。传到朝鲜,朝鲜人首创铜活字。中国的印刷术还传到东南亚、西亚、波斯(今伊朗)。当时波斯已经用中国的印刷术印造纸币,并成为印刷术西传的中间站,继而传到埃及和欧洲。14世纪末,欧洲才出现木版雕印的纸牌、圣像、经典以及拉丁文的文法课本等。德国发明家谷登堡(1398—1468年)在1454年用活字印刷术印制《圣经》,是西方最早使用活字印刷的人,但他已比中国的发明家毕昇晚了400年。此后40年,印刷术传遍欧洲各国,对欧洲文艺复兴和宗教改革运动起了巨大的推动作用。大约在12—13世纪之交,指南针由海路传到阿拉伯,又辗转传入欧洲。指南针的传入,给当时已在欧洲兴起的航海业提供了全新的技术工具。它对于美洲新大陆的发现,加速资本主义的原始积累都起了重要作用。13世纪初,中国发明的火药在通商往返中经由印度传入阿拉伯国家。火药武器也在战争中西传。元兵西征,将火箭、毒火罐、火炮、震天雷等火药武器传入阿拉伯。14世纪,欧洲人在和阿拉伯人的战争中学会了制造火药和火药武器。关于中国古代的四大发明给欧洲进步所带来的影响,近代科学的奠基人培根在他的《新工具》中曾写到:"我们还应该注意到发现的力量、效能和后果。这几点是再明显不过地表现在古人所不知、较近才发现、而起源却还暧昧不彰的三种发明上,那就是印刷、火药和磁石。这三种发明已经在世界范围内把事物的全部面貌和事情都改变了:第一种是在学术方面,第二种是在战争方面,第三种是在航海方面;并由此又引起难以数计的变化来;竟至任何帝国、任何教派、任何星辰对人类事物的力量和影响都仿佛无过于这些机械性的发明了。"遗憾的是培根至死也不知道所有这些都是中国的发明。

二、西学东渐后中国的科学技术

16世纪以前,古老的中国文明由于内陆地域天然屏障的阻隔,沿着以儒学为中心,以统一的文字规范为基础的传统道路自我发展、传承延续。起始于明末清初(16—18世纪)的西学东渐彻底改变了中国传统文明的延续进程,使中国文明开始融入到人类近代文明的发展史中。

欧洲基督教于1534年创立耶稣会,其成员称为耶稣会士。1540年得到罗马教会批准,开始派大批教士到世界各地传教。16世纪下半叶(即明代中期)一大批耶稣会教士来到了中国。这也正是欧洲科学革命兴起的时期。从基督教的传播史来看,基督教早在唐朝和元朝曾两次传入中国,这次是基督教第三次传入中国。当时来中国传教的比较著名并掌握一定科学技术知识的耶稣会士有利玛窦(意大利人,1552—1610年,1582年来华,任会长)、汤若望(德国人,1591—1666年,1662年来华)、南怀仁(比利时人,1623—1688年,1659年来华)和艾儒略(意大利人,1582—1649年,1613年来华)等。他们来华后,与在朝做官的士大夫如徐光启、李之藻等人来往密切,也颇得自明代万历至清代乾隆时期一些皇帝的赏识。在传教的同时,他们也把西方近代的天文、数学、地学、物理学和火器等科学技术传到中国,这就是西方近代科学技术向中国移植的西学东渐过程。

1. 天文学

在天文学方面,首先是利玛窦介绍了有关日食和月食的原理、七曜与地球体积的比较、西方所测知的恒星以及天文仪器的制造等,著有《浑盖通宪图说》、《经天仪》和《乾坤体仪》等。1605年,利玛窦向罗马教皇献策,请派天文学者来华从事历法改革。明崇祯二年五月(1629年6月),徐光启被委任主持修改历法。徐光启聘请龙华民(意大利人,1559—1654年,1597年来华)等耶稣会士编译天文学著作,并完成了《崇祯历书》(137卷),比较系统地介绍了欧洲天文学知识。清初,传教士又略作整理进呈清帝,书名改为《西洋历法新书》(100

卷),对中国天文学发展产生了较大影响。《崇祯历书》采用了丹麦天文学家第谷的宇宙体系,这是个介于哥白尼的日心体系和托勒密的地心体系之间的折中体系,它认为地球是宇宙的中心,太阳带着月球和其他行星绕地球运行。书中介绍了哥白尼、第谷、伽利略和开普勒等人的天文数据和科学成果,引入了地球经、纬度概念,以及有关的测定和计算方法等。《崇祯历书》的编纂在中国天文学发展史上是一件重要事件。

魏源在《海国图志》中对西方近代天文学知识曾略作介绍。李善兰和伟烈亚利合译的《谈天》一书共 18 卷,则全面系统地介绍了包括哥白尼学说在内的西方近代天文学知识。《谈天》一书原名为《天文学概要》,是英国著名天文学家约翰·赫歇尔所写的一部科学名著。此书在西方曾风行一时,流传甚广。中译本 1859 年在上海出版。书中对太阳系的结构和行星运动有比较详细的叙述。对万有引力定律、光行差、太阳黑子理论、行星摄动理论和彗星轨道等都有叙述。对恒星系,如变星、双星、星团和星云等也有介绍。这样到 19 世纪 60 年代为止的西方近代天文学知识便大部分被引入中国。

2. 数学

从西方传入的数学知识主要有欧几里得几何学、算术笔算法、对数和三角学等。由利玛窦口译,徐光启笔述翻译出版的古希腊欧几里得的《几何原本》,是西方传教士来华后翻译的第一部科学名著,稿本用的是利玛窦的老师德国数学家克拉维斯的注释本,全书共 15 卷。利玛窦译完前 6 卷后,不再答应徐光启希望译完全书的要求。另外,利玛窦和李之藻合作翻译了西方笔算著作《同文算指》、几何学著作《圆容较义》和测量学著作《测量法义》。传教士穆尼阁(波兰人,1611—1656 年,1646 年来华)于清初在南京传教时传授了近代数学前驱之一耐普尔发明的对数。从西方传入中国的计算工具主要有耐普尔的算筹和伽利略的比例规。

在康熙皇帝的大力支持下,自 1690 年到 1721 年编成的《数理精蕴》(共 53 卷)是一部介绍西方数学知识的百科全书。它是在法国传教士张诚、白晋等人译稿的基础上,由梅珏成等人汇编而成的。它的主要内容是介绍从 17 世纪初以来传入中国的西方数学,包括几何学、三角学、代数和算术知识,在耶稣会士、波兰人穆尼阁传入对数及其用表之后,更详细地介绍了英国数学家耐普尔在 1614 年发明的对数法。书中还介绍了西洋计算尺。《数理精蕴》在中国出版后,流传很广,成为中国人学习和研究西方数学知识的重要书籍,对后来中国数学的发展产生了一定影响。

清初接受西方科技知识,积极开展天文学和数学研究工作,其代表人物有王锡阐(1628—1682 年)和梅文鼎(1633—1721)。江苏吴江的王锡阐和安徽宣城的梅文鼎对中、西科学技术都能采取批判继承的态度,去伪存真,取其精华,反对盲目崇拜西方。他们能"考正古法之误,而存其是,择取西说之长,而去其短"(《畴人传·王锡阐》)。王锡阐深入钻研西法,从实践和理论上都证明西法并非完善。他在对中、西之方法都作了透彻研究后,写成《晓庵新法》6 卷,吸取了两者的优点,并有所发明和创造。他提出了日、月食初亏和复圆方位角计算的新方法,发明了计算金星、水星凌日的方法等,都比中、西方法有所进步。梅文鼎以毕生精力从事天文学和数学研究,他的天文学著作有 40 余种,亲手创制天文仪器,并能够综合中、西历法的异同得失。他在数学方面著有《梅氏丛书辑要》(40 卷),内容涉及初等数学的各个分支,有算术、代数学、几何学、平面三角学和球面三角学等。这些数学著作,是作者学习西学的心得之作。他还唤起人们对明代几乎全部失传的宋元数学光辉成就的注意。王锡阐、梅文鼎二人的工作，使明代以来传统数学和天文学重获生机，使新移植过来的西方数学和天文学在中国这块土地上生根结果。他们对古今中外有关科技知识采取的批判继承态度，其严谨的治学精神以及理论与实践相联系的工作方法，使他们在科学上取得了重要成就。

近代在西方数学传入中国的同时，中国有一些数学家也独立地取得了一些研究成果。中国数学家项名达（1789－1850年）、戴煦（1805－1860年）和李善兰（1811－1882）等人在引入西方数学和发展中国数学的工作中取得了可观的成果。

项名达的代表作是《象数一原》，他曾对三角函数的幂级数展开式深有研究，后因年老多病，该书由戴煦补写完成。他们得出了两个计算正弦值和正矢值的公式。项名达还著有《椭圆求周术》附刊于《象数一原》之后，给出了椭圆周长的正确公式。戴煦独立地得到了著名的二项式定理展开式、对数函数的幂级数展开式和一些三角函数幂级数的展开式，并著有《求表捷法》一书。这期间最著名的数学家是李善兰，他是

图 1-17　李善兰与同文馆学生合影

浙江海宁人，从小喜爱数学。其数学研究成果收集在他自己编辑刊刻的《则古昔斋算学》中，内有他的数学著作13种，34卷。其中《方圆阐幽》、《弧矢启秘》、《对数探源》三种是关于幂级数展开式方面的研究成果。李善兰最重要的数学研究成果是他创造了"尖锥术"。他用求诸尖锥面积之和的方法求解各种数学问题，这实质上已接触到了定积分问题。李善兰另一部独具特色的著作是《垛积比类》，内容是有关高阶等差级数求和方面的问题。李善兰的工作发展了沈括、朱世杰对"垛积问题"——高阶等差级数求和问题的研究，得出了一系列高阶等差级数求和的公式，被国际数学界誉为"李善兰恒等式"。对于项名达、戴煦、李善兰等人在数学方面的研究工作，当时在中国从事科学技术书籍翻译出版工作的伟烈亚利曾给以很高的评价。他指出，微积分在传统中国数学中虽然没有，但是在当代中国数学家如戴煦、李善兰等人的著作中，其理却有甚近微积分者。他们还把戴煦的研究成果，译成外文，寄往国外数学界，这是中国近代数学家的工作被介绍到国外的最早记载。从19世纪50年代开始，李善兰与伟烈亚利合译了《几何原本》后9卷、《代数学》13卷和《代微积拾级》等书。这样，古希腊数学名著欧几里得的《几何原本》15卷就有了完整的中文译本，并使西方近代的符号代数学以及解析几何和微积分第一次传入中国。李善兰还创造了不少数学名词和术语，如"代数"、"微分"、"积分"等都一直沿用至今。

3. 地学

世界地图是利玛窦带入中国的。其中尤以1602年由利玛窦绘制并用汉文注释，在中国刊行的《坤舆万国全图》最为完善。他在改绘世界地图中，把西方的经纬度制图法、五大洲（亚洲、欧洲、南北美洲、非洲、南极洲）的知识、地球说和五带（热带、南、北温带和南、北寒带）的划分法等传入中国。图中的译名如亚洲、欧洲、大西洋、地中海、罗马、古巴、加拿大以及地球南北极、南北极圈和赤道等一直沿用至今。

康熙皇帝亲自领导完成的中国全图的测绘，不仅在中国，而且在世界测绘史上也是前所

未有的创举。这项工作,康熙自己说花费了"三十余年之心力,始克告成"。测绘工作经过数年准备之后,从康熙四十七年(1708 年)正式开始,测量队由法国教士白晋等人率领。先从长城、直隶(即今河北)一带测起,经过由传教士和华人组成的测量队的数年工作,于康熙五十七年(1718 年)终于绘成了具有相当水平的《皇舆全图》,走在了世界各国

图 1-18　利玛窦与汤若望

的前列。后又在乾隆二十六年(1761 年)完成了《西域图志》。以后乾隆又组织绘制了《乾隆内府舆图》,范围涉及北至北冰洋,南至印度洋,西达红海、地中海和波罗的海。康熙年间的测绘工作,主要进行的是大规模的三角测量,测定全国三角网,也作了一些经纬度测量,绘图采用梯形投影法。清初测绘全国地图的情况和资料被传教士们带回西方,1735 年巴黎出版有杜赫德著《中国地理历史政治及地文全志》一书,其所有资料,均来自从中国回去的传教士的文稿。

4. 物理学与机械

在光学方面,汤若望著《远镜说》,书中介绍了望远镜的用法、制法和原理,对于光在水中的折射和光经过凸透镜使物像放大等现象都作了解释。在力学方面,有邓玉函(瑞士人,1576—1630 年,1621 年来华)口授、王征笔译的《远西奇器图说》。书中讲到重心、比重、杠杆、滑车、轮轴、斜面等的原理,以及应用这些原理以提起重物的器械。熊三拔和徐光启合译的《泰西水法》,主要介绍了取水、蓄水等方法和器具。明末清初,由于军事上的需要,汤若望和南怀仁都先后奉命设计铸造铳炮。明崇祯十六年(1643 年)完成的著作有汤若望口授、焦勗笔录的《火攻挈要》,书中讲到各种火炮的铸造法、运用法和安置法以及子弹和地雷的制造等。清初,南怀仁还编译有《神武图说》,书中叙述了铳炮原理并有附图。

5. 西方近代医学知识的早期传入

西方近代医学知识的传入可追溯到明末清初。当时除有关人体解剖学知识外,对西医、医院和医学教育等也略有介绍。清代康熙年间(1662—1722 年),传教士石铎琭著《本草补》1 卷,这是一部最先把西药介绍到中国的专著。康熙本人也曾接受西医治疗。传教士在传教的同时也为人们治病。进入 19 世纪以后,西方医学有很大发展。特别是外科、产科和眼科等手术疗法已有明显疗效,到 1840 年的鸦片战争前后,这些新的西医、西药知识便进一步伴随着贸易活动和传教活动传入中国。1820 年英国传教士玛礼逊、东印度公司医生李文期敦在澳门开设诊所。1827 年东印度公司医生郭雷枢在澳门开设眼科医院,翌年又在广州开设医院,1835 年美国医生伯驾也在广州开设一所医院。这些就是西医医院在中国开始出现的早期情况。到 1876 年,全国教会医院已发展到 16 处,诊所 26 处,到 1919 年全国的教会医院更发展到 250 处。教会在开设医院的同时,也都在医院附设学校。如合信在香港就曾设医学校招收少量学生培养为助手。1854 年美国嘉约翰夫妇在广州设立博医局,附设医学校,这是近代西医学校在中国开始的标志。这类西医学校在 19 世纪末和 20 世纪初在中国设立的最多,其中比较著名的有:广州夏葛医学校(1901 年)、上海震旦医学院(1903 年)、北京协和医学校(1906 年)、上海同济德文医学堂(1908 年)、四川华西协和大学医学校(1910

年)和沈阳南满医学堂(1911 年)等。1840 年以后,传入中国的西方医学著作,是从合信所编译的《全体新论》开始的。其后嘉约翰在 1859－1886 年编译出版的西医西药著作有《西医略释》、《内科全书》等 20 余种。再后,傅兰雅在江南制造局编印介绍西医西药的书籍有:《西药大成》、《全体图说》等多种。同时,德贞在北京同文馆也编译了多种西医西药著作,如《英国医药方》等。早期介绍西医的较重要的刊物主要有:1880 年嘉约翰在广州出版的《西医新报》和 1888 年在上海出版的《博医汇报》等。外国人在中国开设的西药厂以上海老德记药房(1853 年)为最早。其后还有德国人开的科发药厂(1868 年)和英国人开的屈臣氏药房(1886年)等。西方在华兴办医学、医药事业,在客观上传播了西医西药知识,为中国近代医学的发展注入了不少新内容。

中国自办的西医教育事业起始于 1865 年同文馆内设立的医学科;1881 年天津设立医学馆,1891 年改名为北洋医学堂;1902 年天津创办北洋军医学堂;1903 年京师大学堂设立医学馆,1906 年改为京师专门医学堂。辛亥革命后,北京、杭州、江苏、河北、山西等地也都先后设立了医学专门学校,使西医教育逐渐在全国推广。鸦片战争后,中国派出的医学留学生后来都成为进一步发展中国现代医学的重要力量。到 20 世纪 20 年代,在中国一些大城市已形成中西医同时并举的局面。而在广大乡镇和农村,中医仍占绝大比例。在对待中西医的问题上,当时存在三种不同的态度:其一是一些人迷信国故,尊经崇古,顽固地拒绝与否认西医的科学成就;其二是另一些人肯定西医,否定中医,认为中医不科学,主张"废医存药";其三是一些人尝试吸取西医和中医的优点,用中药、西药配合治疗,但终因他们缺乏西医知识而成效不大。中西医结合开创中国医学新局面的问题,只有到 1949 年中华人民共和国成立后,才逐渐走上健康发展的道路。

在中国公开刊出的第一部介绍西方生理解剖学方面的著作,是由英国医生合信和陈修堂共同编译的《全体新论》,于 1851 年出版。生理解剖学当时在中国被称为"全体学"。合信的译本还有 1857 年出版的《妇婴新说》、《西医略论》等医学著作。这期间关于生理解剖学方面的译著,还有北京同文馆出版的英国德贞著的《全体通考》18 卷,附图 2 卷,1881 年在福州出版的《全体阐微》6 卷。书中对大脑和神经系统有较详细的介绍。中日甲午战争之后,在向西方学习维新变法的背景下,由中国近代启蒙思想家、翻译家严复(1853－1921 年)开始把达尔文的进化论介绍来中国。在中国近代史上,严复是不借外国人之手,由中国人自己来介绍西方先进科学技术知识的第一人。严复在 1895 年发表《原强》,是中国最早介绍达尔文《物种起源》和进化论学说的著作。接着严复又翻译英国科学家、达尔文进化论的热情支持者赫胥黎著的《进化论和伦理学》,并于 1898 年以《天演论》的译名在严复自己创办的天津《国闻报》上分期刊登,后来又正式出版。达尔文进化论在中国传播的历史意义在于,它不仅传播了先进的生物学知识,而且为变法维新提供了思想武器。"物竞天择,适者生存","优胜劣败,弱肉强食"成了当时人们进行反对帝国主义,反对封建主义,为争取生存而斗争的深入人心的鼓动口号。这种情况一直持续到"五四"运动。

传教士在中国的活动不但把新鲜的欧洲科学技术知识带给了中国,也通过书信和来往把中国古老而丰富的各种知识输向了欧洲。在这方面最重要的要数传教士和德国人莱布尼茨(1646－1716)的来往。这位微积分的发明人之一,受到了中国学术思想的深刻影响,曾经和在中国的传教士保持着密切联系。自康熙六年(1667 年)起,他和许多到过中国的传教士讨论过中国传统文化问题。从康熙二十八年起,他和传教士闵明我(1639－1712)建立了稳定的联系。莱布尼茨于康熙三十六年编了《中国最新消息》,内容涉及中国的哲学、自然科学、医学、伦理学、政治和艺术等。当时在法国度假的传教士白晋读到这本书后,把他写的《康熙皇帝》《中国现状》两本书寄给了莱布尼茨。莱布尼茨在了解中国学术的过程中认识到,二进制算术和中国古代八卦的六爻有着明确的关系。1703 年他在法国皇家科学院《纪要》上发表的论文的名称为《二进制计算的阐述——关于只用 0 和 1,兼论其用处及伏羲氏所用数字的意义》。

因此,在叙述西方科学技术于明末清初大批传入中国的同时,我们应通过更大的历史跨度来看一看东西方的技术文化交流。自从西汉张骞于公元前 115 年打通丝路以来至郑和航海的明朝前期,中国的科学技术在整体上始终处于古代世界的最前列。在这 1500 多年的时间内,从中国经中亚和海路传到西方和中国周围各国的技术发明曾对亚洲和欧洲文明的发展起到了极其重要的作用。根据李约瑟博士的研究结果,从汉代至明代从中国辗转传向西方的中国古代伟大发明包括缫丝、纺丝和调丝机(远古发明)、平放织机(也可能是印度的发明)、提花机(商代发明)、铸铁技术(春秋时开始采用)、弩(战国时发明)、石碾(汉代前发明)、水力石碾(汉代发明)、船尾方向舵(汉代出现)、水排(汉代发明)、龙骨水车(汉代发明)、风扇和簸扬车(汉代发明)、纸(汉代发明)、瓷器(汉代出现)、风筝(汉代出现)、独轮车(三国时发明)、马镫和马蹄铁掌(三国至晋代发明)、火药(唐代发明)、雕版和活字印刷术(隋至宋时发明)、活塞风箱(宋代发明)、高效的车马系套方式(宋代发明)、走马灯(宋代发明)、指南针(宋代发明)、游动常平悬吊器(宋代发明)、水密封船舱(宋代发明)、深钻技术、铁索吊桥、高效动力帆、弧形拱桥、竹蜻蜓(明代发明)……欧洲人在他们的生产和生活中吸收了古老东方的这些伟大发明,在他们的土地上开始了新的技术创造。从元明时代开始,欧洲的科学技术发展速度加快了。中国逐步由先进的技术输出国变成了潜在的技术输入国,欧亚大陆两端的伟大东方古代文明和近代欧洲文明的天平开始偏向西方。这种趋势一直持续到 1840 年前后,中国在技术上逐步落后的结果突然暴露在国人面前,以至使人们改变了对整个世界的看法。

第四节　比较与反思

一、中国古代科学技术的发展特点

中国古代科学技术的突出特点表现为独创性、实用性和继承性。

1. 独创性

中国古代科学技术所取得的辉煌成就几乎全是中国人自己独自创造出来的。正是这种独创的科技成就经过长期发展,历代继承,形成了中国古代的科学技术体系。不论在古代天文学、数学、医学、地学、农学,还是在冶金、机械、建筑、水利工程、纺织、化工、造船等各个领域中,属于中国首创的成果,其数量之大,水平之高,乃是世界上任何一个国家或民族所不及的。李约瑟博士在他所著的《中国科学技术史》的序言中曾对此做出了公正的评价,他说:"中国的这些发明和发现往往远远超过同时代的欧洲,特别是在 15 世纪之前更是如此。"这充分体现了中国人民的聪明才智和创造精神。

这一点与古希腊科学技术的发展不同,古希腊早期的科学,如几何学、天文学中的很多东西是从两河流域及埃及等文明古国那里学来的。由于古希腊地处巴尔干半岛，航海和海外贸易比较发达，一些古希腊学者去巴比伦、埃及和其他东方国家游学，汲取了其他民族的文化成果，这也是古希腊科学得以迅速发展的重要原因。英国科技史家梅森曾说："古希腊人也具有旅行家那种关于各种不同文化和传统的知识，这就使得他们能够从每一种文化和传统中汲取真正有价值的部分，而不刻板地遵循任何一种特殊的文化和传统。"英国的丹皮尔也曾说："古代世界的各条知识之流都在希腊汇合起来，并且在那里由欧洲首先摆脱蒙昧状态的种族所产生的惊人的天才加以过滤和澄清，然后再导入更加有成果的新的途径。"

罗马人也善于继承和吸收先进的科学文化，正如丹皮尔所说："到公元前一世纪，罗马人就征服了全世界，但是希腊的学术也征服了罗马人。""他们的艺术，他们的科学，甚至他们的医学，都是从希腊人那里借来的。"

2. 实用性

中国古代的科学技术，在春秋战国时期，其理论研究和应用研究两者是并重的，但在封建社会漫长的发展过程中，应用研究得到加强，而理论研究有所削弱，逐渐形成了自己独特的实用科学技术体系。实用科学特别注重生产实践和直接经验，把研究的最终目的放在应用上。无论是自然科学还是工程技术，都强调为政治、军事和经济服务。"经实致用"是中国古代科学技术不断发展的主要动力。

例如，中国自古以农业立国，民以食为天，历代农学家都是在农本思想的指导下，潜心研究农学，编撰农书，指导农业生产的；古代天文学的实用性也表现为编造历法，授民以时，指导农耕，直接为农业生产服务；中国古代医学也基本上是以临床医学为主。据不完全统计，现存中医药文献近8000种，其中以临床医学占绝大多数，详细记载了几千年来所积累的医药科学知识和医疗实践经验。

数学自古作为一门工具性学科，广泛应用于地图的测绘、土地的丈量、赋税的计算、财政的收支、货物的交易、建筑与水利工程的设计和施工、音律的制定等，非常实用。而《九章算术》是中国古代实用数学体系形成的显著标志，即以计算见长，以解决实际问题见长。《九章算术》在数学命题和叙述方法上是从实际问题出发，而不是从抽象的定义和公理出发，这使得它在解决实际的计算问题方面远远胜过古希腊的数学体系。不过，它缺乏理论的抽象性和逻辑的系统性，这却是古希腊欧氏几何的长处。

满足于实际上的应用，没有形成理论上探讨和深思的风气，对自然现象的观测入微，是中国学者的一大特长。比如，人人都看到过下雪现象，而中国古代的学者却能首先发现雪花的结晶体是六角形的几何体，这是一个了不起的发现。但是，每一个角之间的关系，中国学者却从不深究，更未从几何学的角度去作探讨。这和古希腊欧几里得几何学形成鲜明对照。

3. 继承性

总体上，中国传统科学技术代代相传，从未因为朝代更迭、外族入侵和战火而中断，具有独特的连续性和继承性。造纸术和印刷术为中国古代科学技术知识的传承提供了技术手段。历代知识分子引经据典，调查研究，著书立说，使传统科学和技术不致湮没。同时，能工巧匠通过血统延嗣，使工艺代代相传。

在科技典籍的流传过程中，中国历代科学家和学者特别重视前人的研究成果，遵循经典著作的体例和方法，总是在前人著述的基础上继承、沿袭、注疏、注解、补充和改进。例如，历代医学家把《黄帝内经》奉为经典；历代修历都仿效《大衍历》；地学家们奉《汉书·地理志》为经典;数学家们把《九章算术》尊为经典;农学家们把《齐民要术》视为经典。

中国古代科学技术的继承性与中国悠久的历史及源远流长的编史传统密切相关。自司马迁《史记》开创的历代正史体系便是一个明证;《二十四史》追溯到公元前90年,集历史文献之大成。英国著名科技史学家李约瑟在叙述中国历史编撰法时指出,中国的历史资料不但记载确切,而且"中国所能提供的古代原始资料比任何其他东方国家,也确实比大多数西方国家都要丰富"。但是,对先哲典籍的过分推崇导致中国古代知识分子和工匠墨守成法,缺乏创新精神和变革勇气。同时能工巧匠通过师傅带徒弟来传授技艺,祖传秘方和绝技只传嫡系,不传外人,使得有些绝活在流传过程中失传。因此,当欧洲得益于文艺复兴和产业革命,科学技术呈跃进姿态、以前所未有的加速度突飞猛进的关键时刻,中国的科学技术却只能沿着传统的道路缓慢地发展,迟迟难以进入近代科学的大门。

如果没有近代来自西方的压力和挑战,中国传统科学技术也许仍能沿着低能耗、低污染、可持续发展、"天人合一"的独特道路,继续缓慢地向前发展,用科学技术手段解决中国自身面临的难题,其局限性可以忽略不记。但是随着近代科学革命和工业革命带来的巨大变化,中国不可能永远在一个相对封闭的状态下生存和发展。

二、近代科学技术史上的两种转变

一般说来世界近代史(实际上是西方近代史),是从16世纪文艺复兴到20世纪初的俄国十月革命(1917年)。中国近代史则是从19世纪中叶的鸦片战争(1840年),到20世纪初的五四运动(1919年)。但从科技史的角度考察,有的学者认为,中国近代科技史应追溯到16世纪,明代中叶资本主义的萌芽和西方近代科技知识的传入。从这一时期中西科技发展的比较中,我们清晰地看到两种相反的转化:一种转化是西方的科学技术由中世纪落后停滞状态,迅速地转化为先进状态;另一种转化与此相反,中国的科学技术却由先进逐渐转化为落后,甚至处于停滞状态了。

西方的中世纪,由于封建的统治和宗教的桎梏,在科学技术上与古希腊的巨大成就相比相去甚远。恩格斯在《自然辩证法》一书中的"导言"里,作了这样的比较和评价:"古代留下欧几里得几何学和托勒密太阳系;阿拉伯人留下十进位制、代数学的发端、现代数字和炼金术;基督教的中世纪什么也没留下。"当然也不能说在欧洲中世纪就没有科学,科学技术也毫无进展。实际状况是,在欧洲中世纪,科学受到宗教的严重束缚,成为神学的奴婢,教会把修辞学作为传授雄辩术的课程,以便为上帝的存在作有力的辩护;把逻辑学作为帮助教会战胜无神论者和其他宗教异端的工具;天文学是规定宗教节日和占卜凶吉的学问;数学则降低到仅仅用算术来计算复活节和其他宗教节日的日期,统计寺院财产和宗教收入的工具。他们荒唐到连地球是圆的都不承认,并诡辩说,如果地球呈球形,怎么不见人们头朝下走路呢?僧侣们甚至武断地宣称:"在基督之后,我们不需要任何求知欲,不需要作任何研究。"盲从代替思考、谎言代替真理、迷信代替科学、这怎能不使中世纪的欧洲处于"长夜漫漫何时旦"的黑暗之中呢?但从15、16世纪意大利文艺复兴运动的勃兴,便带来了欧洲的黎明,使西方跨进了近代科学技术的大门,建立了以观察实验为基础、有着严密逻辑体系的理论科学。从此,西方科技以快马加鞭的迅猛之势向前发展。其近代科学从16、17世纪的初创时期,到18世纪的迅速发展时期,再到19世纪作为"科学世纪"而被载入史册。在技术上,经过18世纪以蒸汽机的广泛使用为主要标志的第一次技术革命,19世纪以电磁学为标志的第二次技术革命,由"蒸汽时代"进入了"电气时代",在20世纪又大踏步地向"原子时代"迈进。

古代中国青铜时代的辉煌成就,曾使其跻身于世界四大文明古国的行列。古代中国在春秋战国时代科学文化上的成就,与古希腊交相辉映,成为东西方世界两颗璀璨的明珠。铁器时代,即封建时代科学文化的不断发展,与西方中世纪落后停滞状态形成鲜明的对照。中国在冶炼、纺织、陶瓷、建筑等技术上的杰出成就;在农学、生物学、医药学、天文学、数学、地学等科学上的巨大贡献;在科学思想、哲学思想、文化思想上创造的宝贵财富,无不充分反映出中国古代科学技术的高度发展水平,这在西方中世纪的黑暗时代,是无可比拟的。李约瑟就十分客观地说道:中国古代的科学技术,"在公元3世纪到13世纪之间保持一个西方所望尘莫及的水平。"在谈到中国古代科学技术上的许多极有价值的发明和发现后又说:"中国的这些发明和发现,远远超过同时代的欧洲,特别是15世纪之前更是如此"。大量科技史料也有力地说明,16世纪之前在科学技术的成就和水平上,较之西方,中国是处于遥遥领先的地位的。只是从16世纪开始,由于中国自身科学技术发展缓慢下来,与飞速发展的西方近代科学技术相比,才处于相对落后的状态。19世纪中叶后,由于近代科技武装的西方资本主义势力的侵入,使中国沦为半封建、半殖民地,科学技术的发展更处于极其缓慢以至停滞的状态,与西方科学技术的迅猛发展相比,就显得更加落后了。

三、李约瑟及"李约瑟难题"

英国科学家、中国科技史学家李约瑟博士(1900-1995年)本来是一位成就卓越的生物化学专家,本名约瑟夫·尼达姆(Joseph Needham),因为景仰中国古代哲学家老子李聃,改名为李约瑟。1939年,李约瑟在几位中国留学生的影响下,转向研究中国科学技术史,并开始自学汉语。李约瑟在抗日战争时期曾担任英国文化委员会驻华代表、英国大使馆科学参赞,在重庆建立中英科学合作馆,结识了一批中国科学家。他钟爱、敬佩古代中国科学家的创造精神和无与伦比的伟大成就,于1948年着手撰写《中国科学技术史》。他的研究艰苦卓绝、工程浩大。他广泛研究了卷帙浩繁的文献,考察中国历代的文化遗迹,甚至骑马赴西北实地考察,为撰写他的科学巨著

图1-19 李约瑟

打下了坚实基础。中国解放后,李约瑟担任英中友好协会会长,先后多次来中国考察旅行,大规模地搜集中国科技史料,实地了解中国的政治、经济、科学和文化的发展情况。在引导他对中国科技史产生巨大兴趣的鲁桂珍博士等人的协助下,1954年,他出版了煌煌巨著《中国科学技术史》第一卷。巨著震动了西方汉学界,鼓舞了中国人的民族自豪感和创造精神。目前全书七卷已基本完成。

李约瑟在研究中国科技史时提出了这样一个问题,即尽管中国古代对人类科技发展做出了很多重要贡献,但为什么近代科学,尤其是对自然的数学化假设及其所蕴含的所有先进技术,只产生在伽利略的西方?李约瑟难题还有另外一个表述方式,这是李约瑟于1964年最先在《东西方的科学与社会》一文中提出的,他的问题是:"为什么在公元前1世纪到公元15世纪期间,在应用人类的自然知识于人类的实际需要方面,中国文明远比西方更有成效得多?""为什么近代科学只在欧洲,而没有在中国文明(或印度文明)中产生?"

其实,早在17世纪,到中国的传教士们就已经注意到中国科学的"落后问题"。利玛窦

在融入中国社会之后,就对中国虽拥有悠久文明史却丝毫不了解西方科学体系的原因进行了深思。传教士巴多明在 1730 年写给法国科学院的信中主要谈到了中国科学"落后"的原因问题。巴多明在信中写道:"虽然中国人致力于理论科学已有很长的时间,但他们从未向前迈进一步,这一点看起来不可理解。我认为这不应归罪于中国人的心智。如果他们真的缺少追求知识的聪明才智,那他们在其他领域里所表现出来的天才还会比天文学和几何学所需要的更多吗?有许多原因纠缠在一起,它们都阻碍着科学按人们所期待的进程发展。"对于这些原因,巴多明相信"首先,那些希望表现其才能的人不一定会受到奖赏";"科学发展道路上的第二个阻碍因素是这个国家的内部和外部都缺少竞争"。他还指出,临近国家天文学不足以发现中国天文学的错误,而中国皇帝仅仅希望他的臣民保持沉默并接受王朝的正统观念。通往财富和权利的道路是背诵经籍和学会文绉绉地讲话,而不是研究天文学。

18 世纪,一些欧洲的思想家和科学家也对中国的科学和文明表现出强烈的兴趣,他们中的一些人试图寻找对中国科学"落后问题"的合适解释。莱布尼兹指出,虽然中国人发展起自己的学术已有几千年,并且神奇地将其应用于实际需要中,在这一点上中国学者应被充分地肯定,但是,他们对人类理性和证明艺术的理解是绝对不足的。他论证说,根本原因在于中国人缺少欧洲人从数学中得到的洞察力。这是因为数学应被看作完全是哲学家而不是匠人的事,而中国人似乎忽略了证明的艺术并满足于得自实际活动的数学。显然,莱布尼兹是从科学本身的观点来分析这一问题的。与此相反,休谟采取了一种社会学的观点。他认为一些有着贸易往来但又独立的邻国有助于耕种和学术的进步。在外部,中国缺少商业组织以促进贸易和文化的交流;在内部,中国处于一个王朝统治之下,所以中国人说共同的语言,有共同的生活方式,并为同一个体系所统治。这种情况使得每一个中国人都尊重权威,使他们失去活力和勇气,从而阻碍了过去几个世纪的发展。

20 世纪初,当新文化运动达到高潮时,"落后问题"也日益成为中国学者讨论的热门话题。1915 年,任鸿隽(1886－1961 年),这位中国现代科学的先行者、《科学》杂志的创始人,在《科学》杂志第一卷上发表了一篇题为《论中国无科学之原因》的文章,宣称中国科学落后的原因在于中国人没有使用归纳法。此后,许多中国学者加入了讨论,分别从自己的背景和经验出发提出了不同的答案。梁启超在 1920 年出版的《清代学术概论》中称,清代的考据学是非常"科学的",而自然科学之所以落后,应归罪于传统伦理对科学的忽视。四年后,在《中国近三百年学术史》中,他进一步强调了科举制的恶果。与此同时,冯友兰(1895－1990 年)发表文章《为什么中国没有科学——对中国哲学的历史和影响的解释》。在这篇文章中,冯友兰称,自汉代以后,中国人就失去了征服自然的理想并完全从外部世界撤退回来。

1944 年中国科学社庆祝成立 30 周年,李约瑟发表了《科学与中国文化》的演讲。在演讲中,他首次批评了一些西方和中国学者此前提出的关于中国古代没有科学的论证,指出中国古代哲学非常接近于科学解释,中国人的发明创造对全世界都产生了巨大影响。因此,基本的问题是为什么近代实验科学,以及与之相关的理论体系产生在西方,而不是在中国。至此,"李约瑟问题"的含义已基本清晰,而李约瑟本人对这一问题的回答是:近代科学未能在中国兴起,是由于"亚细亚的生产方式"的影响,即由于地理、气候、经济与社会四个抑制因素所致,后两者乃由中国之无商人阶级所致。

新中国成立后,这一问题曾多次被讨论,尤其是 20 世纪 80 年代以来。1982 年在成都举行的关于"中国近代科学落后原因"的讨论会,再一次引起知识界对"李约瑟问题"的强烈兴趣。一些学者认为近代科学技术未能在中国产生主要有两方面的原因：

（一）中国的科学技术只停留在经验的形态上，缺乏像古希腊哲学中的那种形式逻辑体系。希腊人处理数学的方法，即在定义和公理基础上的抽象逻辑体系，是希腊精神对于数学发展的完全独创的贡献，尤其是欧几里得几何的逻辑模式在西方科学史上的影响最为深远。阿基米德对于杠杆原理的证明，也是按照欧几里得的方法在一系列预想的定义和公理基础上提出的。阿基米德力学研究的主要特点在于，他第一次把实验的经验研究方法和数学的演绎推理形式结合起来。他常常首先通过观察和实验获得一种知识，然后再通过严格的逻辑推理为这种认识提供论证。这种实验方法与逻辑方法、数学方法相结合的做法，已经以萌芽的形式预示了以后科学发展的方向。

当然，中国古代科学应用性强这一特点并不排除中国古代在自然观的研究上具有较高的理论性，也不排除各门科学技术中都有理论性的探讨。但从总体上，从主导方面看，中国古代科学基本上属于经验科学，其应用性主要是同经验性联系在一起，而不是同理论性相联系的。这一特点既是优点，在一定条件下，又变成了忽视理论的缺点。这种实用性使中国古代科学没有对大量的经验材料进行理论概括，长期停留在经验形式上，它表现在中国古代科学发展过程中，真正形成定律、原理的学说不多。这一缺点在中国古代实用科学体系终于走到了经验科学形态的尽头之后便暴露出来，使中国古代科学迟迟难以过渡到近代科学形态上来。

（二）中国缺乏西方文艺复兴以来所提倡的那种通过系统实验以找出自然现象得以发生的因果关系的思维方式。众所周知，科学实验是近代科学建立的基础。通过科学实验，才能由表及里，发现事物内部的运动规律。实验是受控的，只要掌握受控条件，任何人都可以得出同样的预期结果。中国古代的学者缺少这方面的传统训练。一个典型的例子是王阳明"格竹子"。王阳明是影响几代人的大学问家，他的朋友坐在亭子里观察竹子生长的机理，一连坐了3昼夜，终于病倒。他继而静观7天，仍无所获，于是他便悟得其中的道理，认为"其格物之功只能在身心上做"。这些大思想家认为，"致知在格物，非由外铄我也，我固有之也"。研究自然事物变成了心性之学。在长期的发展过程中，中国古代学者逐渐形成了"天人合一"的世界观，这种世界观中包含一些人与自然协调的正确思想，但是也会妨碍对自然的研究。中国有对太阳黑子、彗星、陨石雨、日晕、月晕、新星、超新星的最早观察和记录，然而长期以来，却把它们与人事祸福联系在一起，纠缠不清。这种世界观深刻地影响着中国古代学者们的思路，使他们很难进一步去揭示大自然中的奥秘。

以上说的是中国古代科学技术自身的弱点和缺陷。当然，近代科学之所以不能在中国产生，不仅仅是中国古代科学技术体系内部的原因，也不仅仅是科学方法论的问题。影响它前进的外部因素，是中国的文化背景。外部因素的影响，可能要比内部大得多。

中国是世界上最早完成由奴隶制向封建制转变的国家，也是世界上封建社会经历时间最长的国家。在封建社会的长期发展过程中，逐渐形成了一整套有利于封建社会发展延续的体制、生产方式及意识形态。封建的中央集权制既是统治、镇压机器，又兼有保护农民免受外敌入侵、赈济自然灾害和修建、维护公共工程的职责。在皇权的庇护下，分散的农民按地域组成村社，过着农业与家庭手工业相结合的、自给自足的田园生活。这种社会框架，任凭政治风云如何变化，却丝毫改变不了它的基础。如果不是西方用大炮和商品轰开中国大门，中国还是照例按自己的运行轨道发展下去。从欧洲的历史经验来看，自然科学突飞猛进地发展,同资本主义生产的刺激和推动有着密切的关系。中国古代社会也有一些资本主义的萌芽,但还没等它继续萌发,中央集权制便以强本抑末的方式将其剪除。另外,维系一个社会的存在,还需要一整套与之相适应的意识形态来和它相配套。春秋战国之际的思想相当活跃,私学盛行,学派林立。然而自西汉董仲舒提出"罢黜百家、独尊儒术"以来,儒家与道家相互对立和补充,形成了统治中国社会的主导思想。儒家主张"大一统",强调统一。因为只有统一才能得到最终稳定。儒家主张"己所不欲,勿施于人",主张"仁政",因为只有实现了仁政,人民才能有一个宽容、宽松的社会环境。儒家主张"格物致知",但随着历史的发展,儒学愈来愈远离格物致知的方向,而偏向于人文方面去了。"诚意、正心、修身、齐家、治国、平天下",格物致知、诚意正心,是为了修身,修身的目的是齐家、治国、平天下。一切以修身为本。在儒家思想统治中国两千年的历史格局中,便形成了伦理治国的趋势。又由于采取了科举制度,科举又以儒学为内容,所以许多时候科学家和发明家就被摈弃于仕途之外。这种情况也就抑制了中国科学技术的进步。

综上所述,我们看到众多中外学者分别从不同角度探讨了中国近代科学技术的历史性空缺问题。尽管学术界至今对"李约瑟问题"是否成立、最终能否完全破解这个复杂性难题还存在着多元化的见解,但是,对"李约瑟问题"的探讨不仅代表了人们对中国近代科技史根源问题的追寻,也启发了人们对人类多种文明的差异和发展模式等问题的进一步深思。在21世纪,如何继承中国传统科学的优良传统,吸收外来先进科学文化,融入世界科学发展的主流,为人类文明的进步作出新的贡献,是当今中国科学界面临的艰巨任务。

思考题

1. 中国古代科学技术的发展主要经历了哪几个阶段?
2. 中国古代的科学技术是在怎样的社会背景条件下产生和发展起来的?
3. 简述中国古代科技发展的特点。
4. 如何评价中国古代的科技成就,谈谈你的看法。
5. 简述中国近代的西学东渐过程及特点。
6. 中国学者在西学东渐过程中起到了什么作用?
7. 为什么中国传统科学没有自发地向近代科学模式转变?
8. 关于中国科学技术的发展状况,学术界和社会上曾产生过如下的讨论:中国古代是否有科学? 谈谈你的看法。

第二章

世界古代的科学与技术

▷▷▷

　　近代科学是在文艺复兴运动以后即 15－17 世纪诞生于欧洲,按照"科学"的严格界定,科学史只能从这一时期谈起。然而科学是源远流长的,在人类文明演进的历史长河中,有其历史的根源。首先是技术传统,它将实际经验与技能一代代传下来,使之不断发展。其次是哲学传统,它把人类的理想和思想传下来并发扬光大。一直要到中古晚期和近代初期,这两种传统的各个成分才开始靠拢和融合起来,从而产生了一种新的传统,即科学的传统,从此科学就比较独立地发展起来了。虽然在近代历史以前很少有独立于哲学传统和技术传统之外的科学传统,但是我们总可以从工匠或学者的知识中发现某些带有科学性的技术、事实和见解,所以只有从各文明地区早期科学技术的起源讲起,才能形成一副完整的历史图景。

　　本章简要记述了从文明社会开始到文艺复兴运动这段时间里,中国之外的世界各主要地区科学技术发生、发展的历史背景和主要成就。按照学术界公认的,对后世产生重要影响的古代几大文明有:古埃及、古两河流域、古印度、古希腊、古罗马以及古代阿拉伯文明。这里以时间为线索,就各个地区农业、手工业、建筑、天文历法、数学、物理学、医学、化学等方面的成就做分门别类的介绍,并力求揭示科学技术发展与社会发展诸因素的相互关系。

第一节　古埃及和古两河流域的科学与技术

　　在尼罗河中下游两岸有一块狭长地带,在尼罗河三角洲附近向地中海冠状展开,这就是古埃及的国土,在这片土地上产生了古埃及文明。与此同时,在它的东北方向,发源于亚美尼亚高原的幼发拉底河和底格里斯河流经的土地上,孕育出了古代两河流域文明,又称美索不达米亚文明。尼罗河流域、底格里斯河和幼发拉底河流域,因为河水一年一度的天然泛滥带来一层肥沃的新淤泥,土地肥沃,雨水充足,气候温和,在这些流域就有比较多的定居村社繁荣起来,人们兴修水利,灌溉土地,使固定耕作的面积有了相当大的发展。这些村社的规模不断增大,从村社发展为乡镇,从乡镇发展为城市。这样,在公元前 3000 年的一个世纪左右的时间里,在底格里斯河和幼发拉底河流域以及尼罗河流域就出现了最早的一些城市文明。

早在公元前3100年古埃及就形成了统一的国家,由于其独特的地理位置可以避开外族的侵扰,数千年基本上都是由古埃及人自己统治的,一共经历了30多个王朝,发展成为自己独特的文明。直到公元前525年被波斯帝国灭亡,后来又被希腊人统治。大约在公元前3500年,就有苏美尔人在两河流域建立了许多奴隶制城邦,甚至在最后一个时期内形成了以一个城市为中心的苏美尔王国。到公元前19世纪中期,亚摩利人统一了两河流域南部,建立了古巴比伦王国,这一时期青铜器已经广泛使用,水利灌溉进一步发展,经济文化达到空前的繁荣,古巴比伦第六代国王汉谟拉比颁布了著名的《汉谟拉比法典》。2.25米高的玄武岩石柱上刻满了282条法律,规定了司法行政、土地房屋、商业债务、私产保护、婚姻家庭、职业、农牧、租赁、伤害和奴隶买卖及处罚等多方面事宜。《汉谟拉比法典》中还提到了纺织、冶金、制砖、建筑等各个方面,说明当时的手工业也很发达。随着古巴比伦王国的衰落,公元前746—前612年,两河流域北部崛起的亚述帝国统治着这一地区,亚述帝国范围包括了全部两河流域、叙利亚、巴勒斯坦和埃及,在亚述巴尼拔在位时国力达到鼎盛,已经进入铁器时代。到公元前605年亚述帝国又被两河流域南部的迦勒底人所灭,建立了新巴比伦王国,这一时期无论农业、手工业还是工商业都相当发达,并且修建了空中花园,重建了马尔杜克神庙。到公元前6世纪,新巴比伦王国被波斯人推翻。

一、农业、手工业和建筑

古埃及的主要生产部门是农业和畜牧业。人们在尼罗河两岸的谷底耕种农作物,慢慢地懂得了开发和利用水利资源,开始修筑渠坝,河水泛滥时蓄水,水退之后灌溉农作物。随着大规模灌溉工程的组织以及贸易往来,使得尼罗河流域的人们逐渐打破了原来封闭隔绝的状态,人们的联系越来越紧密,进一步发展了农业生产。到公元前2000年古埃及就发明了犁、耙和金属镰刀,并且利用家畜代替人力来拖犁。最早使用的犁是木石结构,就是在木制的犁架上装上石制的犁头,到了青铜器时代又用上了铜犁头。随着炼铁技术的提高,最后发展到用铁制的犁头,从而由新石器时代的小块耕作过渡到大规模田地上的农业生产。底格里斯河和幼发拉底河流域的苏美尔人也特别注重水利设施的修建和维护,水利设施是两河流域农业生产的命脉,很早就发展了灌溉网络,形成以许多城市为中心的农业社会。他们的生产设备和古埃及也差不多,他们还制造出了用动物拖动的带有播种器的轮车。这一时期两地区的主要粮食作物有小麦和大麦,蔬菜和水果种类也不少。古埃及人种植的有蓖麻、豆类,蔬菜有胡萝卜、葱、蒜、黄瓜等,还有葡萄、无花果、石榴和枣椰等。当时他们饲养的牲畜有牛、马、羊、猪、驴、骆驼、鸭、鹅等。另外,船舶的建造使得水、陆两路的交通运输也得到了很大的发展。

冶金业的发明与发展是人类进入文明时期的一个重要标志。约在公元前3000年左右,苏美尔人在冶金方面已经达到了青铜时代的最高水平。他们懂得将某种矿石放在火中还原就能获得铜,铜能熔化并铸成各种形状的器物,铜也能和锡制得更硬和更易熔化的青铜合金。人们用青铜制造了犁头、斧头、刀、叉、剑等工具和武器。但是这个地区的铜矿资源比较贫乏,铜料须通过贸易从外地输入,甚至不惜发动战争,这使得他们在军事方面得到了发展,发明了马拉的战车,铜制的头盔、长矛、大斧、弓箭和盾等。古埃及及其周边地区铜矿资源丰富,但是锡矿比较贫乏,所以埃及人使用青铜工具较苏美尔人略晚一些。从古埃及的一些坟墓里的壁画和浮雕中,可以大致了解那时人们冶铜的情形。他们最初是通过管子用嘴吹来鼓风,后来发明了脚踏鼓风,通过改进鼓风技术提高炉温,从而大大提高了生产效率。自宇宙空间偶然落下的陨石(陨铁),使得人类又认识了另一种金属:铁,从此人类的文明又向前跨了一大步。据资料介绍,最早发明炼铁技术的可能是居住在亚美尼亚山区的基兹温达人,他们大约在 4000 年前就炼出了铁。原始的炼铁方法是块炼法,把成块的铁矿石放在炉内烧红,然后取出锤炼,经过多次反复,即可炼成铁。这样炼出的铁虽然杂质多,性能不好,但是比铜还是好得多。所以,铁矿石储量较多的地方,冶铁业迅速地发展起来,铁制工具、农具的大量使用,使得大面积的农田耕种、开发荒地成为可能。先进的铁制武器、骑兵等的应用,使得这些地方建立了强大的军事力量,所以在两河流域北部崛起的亚述帝国,能够轻而易举地征服了手持青铜武器的埃及法老,统治了整个西亚地区,在近东第一次建立了一个军事大帝国。

除了冶铜和冶铁技术,古埃及和古两河流域还有其他一些手工业技术也比较发达,如纺织、木作、皮革、刻石、珠宝、制陶和玻璃等。据《汉谟拉比法典》记载,古巴比伦王国时期的手工业已有二三十个门类,他们的纺织品主要有亚麻和羊毛,所用的纺织工具有卧式织机和立式织机两种,纺织品的经纬密度已达到每平方厘米 6373 根,可见其纺织技术之高。陶器是当时人们的主要生活用具,制陶业也就成了当时主要的手工业之一。距今 4000－5000 年在古埃及和两河流域就出现了红陶、黑陶和彩陶器物,上面还有雕刻的花纹或各种动植物及人物图案,制作十分精巧。在制陶过程中,两河流域的人们发现,将石英

图 2-1　玻璃杯

沙和天然碱混合,在高温下熔化后会产生另外一种明亮的物质,这就是最早出现的玻璃,并把它制作成各种玻璃器皿。最早玻璃器皿的制作使用沙心法,即用麻布包上沙子做成模子,内外沾上玻璃液,冷却后将沙子去掉,就形成了独立的玻璃容器。后来又发展到铸造法,采用模浇、模压和模烧等方法。

古埃及农业的优越条件是举世无双的,因为尼罗河谷土地肥沃,杂草不多,只要稍微翻翻土,把种子播下,在生长期灌溉就能取得丰收。优越的农业条件使得古埃及人用在农田上的劳动力很少,剩余的劳动力就可以解放出来进行其他方面的工作,如兴修水利、建造神庙、金字塔等。埃及木料奇缺,石料易得,所以建筑多用石料,留下的遗迹我们最熟悉的莫过于金字塔和狮身人面像。考古学家已发现 96 座金字塔,大多数位于尼罗河两岸可耕地以西的沙漠边沿。矗立在开罗西南 10 多公里吉萨的金字塔大大小小共有 70 多座,其中最大的古王国第四王朝法老胡夫金字塔约建于公元前 2600 年,被列为世界八大奇观之首,占地52000 平方米,高 146 米,底边长 230 多米,共用了约 230 万块磨过的大石,每块重 2.5 吨,有的达 15 吨。在当时没有机械设备的情况下,这样巨大的石块,古埃及人是用什么方法搬运的,到现在依然是个谜,人们怎能不佩服古埃及人民的伟大力量和智慧! 这些石块都经过认真琢磨,石块间砌缝严密,无任何粘着物。塔内还有甬道、石阶、墓室、通风道等,全部工程由 10 万劳力历时 30 余年才完成。胡夫大金字塔外形庄严、雄伟、朴素、稳重,与周围无垠的高地、沙漠浑然一体,十分和谐。它的内部构造复杂多变,匠心独具,自成风格,凝聚着非凡的智慧。该金字塔历经数千年沧桑,地震摇撼,不倒塌,不变形,显示了古代不可思议的高超

科技水平与精湛的建筑艺术。金字塔是古代埃及人民智慧的结晶,是古代埃及文明的象征。胡夫以后的一个法老哈佛拉还在他的金字塔附近建了一座狮身人面像,高 20 米,长 57 米,仅一只耳朵就有两米高。除狮爪是用石头砌成之外,整个狮身人面像是一块天然的大岩石凿成的。除了金字塔,埃及人还留下了许多惊人的神庙建筑,现存经过历代修建的埃及卡尔纳克神庙最为突出,主殿占地约 5000 平方米,有 134 根圆柱,中间的 12 根高 21 米,直径 3.6 米,上面还雕刻有象形文字和图形。这样宏伟的建筑在距今 3000 多年前建成真是个奇迹,这些神奇的建筑令我们叹为观止。

图 2-2　胡夫金字塔

图 2-3　狮身人面像

在两河流域正好相反,平原上石材缺乏,建筑多用木材和泥砖,他们发明了拱门、拱顶和穹隆结构。在新巴比伦王国时期建筑技术达到了顶峰,新巴比伦城的建筑非常壮观,该城的大道上铺砌了白色、玫瑰色的石板。主要城门多以神的名字命名,城门和城墙上面有用玻璃砖砌的精美图案。护城河还设有放水机构,可以用来抵御外敌的入侵。另外还有塔式的神庙建筑、宏伟的国王宫殿、空中花园等等。被誉为世界八大奇观之一的空中花园为立体结构,共 7 层,高 25 米。基层由石块铺成,每层用石柱支撑,层层都有奇花异草,蝴蝶在上面翩翩起舞。园中有小溪流淌,溪水引自幼发拉底河。其结构之复杂、规模之宏伟不能不令我们叹服,所有这些遗迹无不展现了古代两河流域人在建筑技术上的辉煌成就。

二、天文历法

在长期的农业生产活动中,人们认识到确定季节是非常重要的,因为备耕需要掌握河水泛滥的准确日期。而且人们认识到河水泛滥和天象有一定的联系,这样天文学就诞生了。尼罗河每年的泛滥是有规律的,可以预计的。古埃及人在公元前 2781 年采用了人类历史上最早的太阳历,根据这个历法,每当天狼星和太阳共同升起的那一天,尼罗河就要开始泛滥,他们把这一天定为一年的开始。古埃及人按照农作时间把一年分为 3 个季节、12 个月,每个月 30 天,年终又加上 5 天,所以一年差不多是 365 天。这也是我们现在使用的阳历的来源。古埃及人的天文观测记录没有保存下来,但我们从棺椁盖上的铭文和所画的天象图发现,古埃及人将天球赤道带的星分为 36 群,将一年分成以 10 天为周期的 36 段,每当一个星群在黎明前恰好升到地平线上时,就标志着一个 10 天周期的开始。

在天文学方面,古埃及人的成绩不如巴比伦人。大概是因为底格里斯河和幼发拉底河泛滥的日期不能确定,它使人们害怕,而天上星星的运行却有规律,所以巴比伦人相信占星术,认为天上的星星是神的化身,它主宰着人世间的祸福,从而更加注重天象的观测,遗留下不少天文学记录。巴比伦人没有法定的纪年,他们利用月亮的盈亏制定了太阴历。在公元前 2000 年左右,巴比伦人的一年是 360 天,一年分为 12 个月,每个月是 30 天。为了使这种历法同季节性的农业节日符合,他们就每隔几年再加上一个月,也就是置闰。开始依靠经验置闰,后来先后有 8 年 3 闰和 27 年 10 闰的规定。这和我国所用的阴历非常相似。除此以外,巴比伦人的另一重要贡献是给我们提供了另一个时间单位,即星期。他们把一个月分为 4 个星期,用太阳、月亮和五大行星的名字来称呼星期中的七天,这种用法一直延续到今天。这和我国及东亚所用的"七曜"也非常相似。他们还将一天分成以 2 小时为单位的 12 时,每小时分为 60 分,每分分成 60 秒。

古代两河流域的天文学知识是建立在对星象的观测基础上的,最精确的要算是行星的运动。早在公元前 2000 年,他们就能区分恒星和行星,并且确定了它们的运行轨道,制定了星表,按照方位分为星座并命名,这些星座的名称一直沿用到今。从大约公元前 1000 年起,两河流域人们的观测就相当精确,而从公元前 700 年起,这种观测就被系统地记录下来,如图的泥板书上系统地记载了公元前 19—公元前 18 世纪古基什城观测金星的升落情况。两河流域的人们还发现了一些天

图 2-4 泥板上的金星观测记录

文学上的周期性现象,它们注意到金星在八年中有五次回到同样的位置。他们能计算出行星运动周期的正确平均值,对天文现象能作出准确的预测。例如,他们发现了"沙罗周期",即日食每隔十八年发生一次。后来在公元前 4 世纪时,他们还发现了一种代数方法,能将复杂的周期性天文现象分解成许多简单的周期效应。例如,他们发现太阴历每月平均是 29 又 1/4 天,而相对于这个平均数的偏离也是有规则的和周期性的。后来希腊人把这种方法表现为几何形式,这在近代以前一直是分析天体运动的主要方法。

三、数学

在两河流域和古埃及很早就有了丰富的数学知识,这些知识来自于社会生产、贸易和天文的计算。古代两河流域的主要数学成就有:记数法采用十进制和六十进制相结合;为了计算方便,编制了许多数学用表,从一些泥板书上我们看到有乘法表、倒数表、平方表、平方根表、立方表、立方根表等;在代数学方面,他们不但能解一元一次方程、多元一次方程组,而且能解一元二次方程和一些特殊的三次方程和四次方程,甚至还有指数方程的记载。在几何学方面,巴比伦人知道半圆的内接三角形是直角三角形,还知道直角三角形的勾股定理,能够计算直角三角形、等腰三角形和梯形的面积;在计算圆的面积和圆柱体的体积时,他们取 π 值为 3 或 3.125,还把圆周分为 360°,1° 分为 60′,1′ 分为 60″,和现在世界上通用的圆周分度法完全一致。相比之下,古埃及的数学成就稍微逊色一点,不过古埃及人关于 π 有了更接近的值,即 256/81。但是他们只能解简单的线性方程,也不知道关于直角三角形的各种性质。大约从公元前 3000 年开始,古埃及人使用以十为基数的记数法,个位数用重复一个笔划的办法来记下,到九为止,十、百、千则用其他符号表示,并且也用重复的办法来表示它们的倍数,但是这种记数法使计算工作很复杂。在几何学方面古埃及人的成就是突出的,大概是因为尼罗河每年一次的泛滥,冲毁了土地原有的界限,水退后人们又得重新丈量和划分土

地,然后才能下种。年复一年的土地丈量和堤坝修筑,使得古埃及人在几何学方面很早就积累了许多数学知识,同时神庙和金字塔的建造又推进了这些知识的发展。他们能计算三角形、矩形、梯形和圆形的面积,能计算立方体、圆锥体甚至平截头正方锥体的体积。古埃及的几何学是建立在实用的基础上,没有严格的理论证明,所以没能形成一套完整的理论体系。

四、医学

早期的医学往往和迷信、巫术纠缠在一起,而且有的医生同时又是巫师。在古埃及人和古两河流域人的医学文献中,用"妖魔"来解释疾病,医生使用药物的目的是将妖魔从病人身上驱除掉。古埃及人虽然在天文学和数学方面落后于古两河流域人,但是在医学方面恰恰相反。他们关于医学问题的纸草书可以追溯到公元前2000年,其中还含有被奉为神圣的伊姆荷太普时代的更早材料。如《埃伯斯纸草书》、《柏林纸草书》和《埃德温·史密斯外科学纸草书》等文献,其中最著名的是《埃伯斯纸草书》,成书于公元前1600年左右,对约47种疾病作了描述,指出病人的症状以及诊断与处方,其中包括内科、外科、眼科、妇科等许多方面。书中还记录了一些生理学、病理学和解剖学方面的知识。《埃德温·史密斯外科学纸草书》成书于公元前1700年左右,是一部外科教科书,记载了45种外伤和喉部外科术。古埃及人有制作木乃伊的习俗,专门有一批人以制作木乃伊为职业,形成了规模很大的行业系统,这一行业的存在表明古埃及人在制作实践中已具备了一定的解剖学知识和尸体防腐技术。他们还做动物解剖,在古埃及的象形文字中用来代表身体各种器官的符号,都是取自动物的内脏。他们还知道心脏是血液的中枢。虽然古埃及人在治疗疾病时也包括一些迷信方法,比如使用咒语来治疗,但是他们的医学比较合乎理性。相比之下,古代两河流域在医学方面没有多大成就,虽然有一些医学文献的记载与医疗有关,也有一些关于疾病的诊断、药物和处方,但是他们主要是采用降妖驱魔的方法来给病人治病。

五、文字和书写技术

文字是人类文明发展中不可缺少的东西,只有文字才可以把各种各样的知识记录下来。在古代,人们之间的交流最初是口耳相传的方法,但是这种方法在时间和空间上都受到了很大的限制,有一些重要的东西必须要记下来,人们就采用结绳、堆石、刻木为契的方法来记录,慢慢地记录语言的图形符号就出现了,从实物文字、图形文字、象形文字一直发展到现在的书写和拼音文字。世界上最古老的文字有:苏美尔文、埃及文、印度梵文和中国汉文。

在古埃及和古两河流域,最早出现的脑力劳动者是祭司,他们掌握组织和分配工艺技术的产品。随着祭司要处理的物资数量、种类越来越多,光凭记忆来记账是不行的,因此就在泥板上刻下记号,再将泥板晒干并保存起来以备查考。这些记号包含数字以及所记数的产品略图,我们就是通过他们书写的这种泥板获得了最古老的记数制和图画文字。苏美尔人的最早记录是在公元前3000年左右,记的只是寺庙中仓库里物品进出的账目。后来的记数制和图画文字都变得固定化了,关于数学、天文、医学、神话、历史和宗教的文献也就开始出现了。到了青铜时代,早期记录中的图画符号简化成表意符号,至于那些无法描绘的东西则用任意指定的办法来表达。在苏美尔的最早记录中,使用的符号约有2000个左右,后来用几个表意文字合在一起代表一个复杂的词或短语,而且还用表意文字来代表它所表示物体的声音,这样就减少了符号的数目,在公元前2500年左右时,符号的数目已经削减到600个左右。两河流域缺乏木材和石料,但有取之不尽的来自两河冲积平原上的黏性泥土,苏美尔人将之制成泥版,用芦苇做成的书写工具在上面刻字或画图,形成的文字符号的每一笔按压的部分痕迹宽深,拖出的部分窄浅,就像木楔一样,所以叫"楔形文字",又叫"钉头字"或"箭头字"。历史上在美索不达米亚建立统治的多个民族都使用楔形文字。

大约在公元前3500年,古埃及人就发明了象形文字,后来又发明了拼音文字。古埃及文字由表意符号、表音符号和限定符号三部分构成。表意符号是用图形表示词语的意义,特点是图形和词义有密切关系。例如:表示水就画了条波形线"≈",画一个五角星"★"表示"星"的概念。表音符号是把词语的发音表示出来,取得了音值。例如:猫头鹰的图形用作音符时,读[m]音,已失掉"猫头鹰"的含义。限定符号是在表音符号外加上一个新的纯属表意的图形符号,置于词尾,以表明这个词是属于哪个事物范畴的,而限定符号本身不发音。例如:在象形文字中,"犁杖"和"朱鹭"这两词的音符完全相同,都由两个辅音组成,读音为hb。区别词义的方法是:在hb后分别加上表示"犁杖"和"朱鹭"的限定符号。把表意符号、表音符号和限定符号适当组合起来,便可构成完整的句子。古埃及人的文字是写在纸草上的,因为在尼罗河三角洲一带盛产一种植物——纸莎草。到公元前13世纪,居住在地中海东部的腓尼基人在吸收古埃及象形文字和古两河流域楔形文字的基础上,发明了一种包含22个辅音字母的字母文字,称为腓尼基字母。腓尼基字母传入古希腊发展成希腊字母,而由希腊字母产生了拉丁字母和欧洲其他一些文字字母。

第二节　古代印度的科学与技术

古代印度是指喜马拉雅山以南整个南亚次大陆,北面以喜马拉雅山为界,东濒孟加拉湾,西有阿拉伯海,南临印度洋。其区域包括现在的巴基斯坦、印度、孟加拉、尼泊尔、锡金、不丹和斯里兰卡。发源于冈底斯山的印度河,从东北向西南方向穿过巴基斯坦的领土,注入阿拉伯海;发源于喜马拉雅山的恒河,由西北向东南横贯次大陆的北部,在孟加拉国境内注入孟加拉湾。这两条河流的中下游地区土地肥沃,气候温和,雨水充足,适合进行农业生产,这里就是古印度文明最早的发祥地。根据考古发现,大约在公元前6500年到公元前4000年之间,生活在印度河中下游的达罗比荼人已经开始从事农业生产和畜牧活动,到公元前3000年,过渡到了奴隶社会,已经有了图形文字和铜器。他们创造了古印度最早的文化——哈拉巴文化。哈拉巴文明是世界上最早的文明之一,其成就可以与同时代的古埃及文明及古两河流域文明相比。它不仅是印度文化的源头,也是人类文明史的重要一环。考古出土了大量印章,但印章上的文字无人能够解读,它的谜底至今未能解开。哈拉巴文明繁荣了近1000年,公元前2000年前后是哈拉巴文明的鼎盛时期。大约在公元前1750年,哈拉巴文明衰落了,其原因后人推测可能是河水泛滥、瘟疫、经济衰败,抑或国内秩序的崩溃等等,还没有最后定论。在哈拉巴文明衰落之前不久,处于半游牧部落的雅利安人由亚洲西部进入印度,与本地居民互相融合,建立了更为持久的文明,史称吠陀时期。吠陀时期的早期主要活动范围是印度河中上游,不久就扩展到恒河流域和南印度广大地区。大约在公元前8世纪到公元前6世纪,在印度北部和中部形成了以部落集团为基础的16个主要政体,俗称"十六国"。在这个时期,佛教产生了,它是由古印度北部迦毗罗卫王国王子乔达摩·悉达多(即释迦牟尼)创立的,他虽然过着贵族的生活,但是精神上很苦恼,于是抛开一切世俗观念,去寻找人生的真谛。经过许多磨难和苦思冥想,使他认识到每个人都是平等的,痛苦出自个人的贪欲和自私。佛教最初本来是人们在战乱中寻求精神寄托的一种心理慰藉,到公元前3世纪时,在阿育王的信奉支持下,在印度本土广为流传,并在国家形成中起着主要作用,先后流传到缅甸、泰国、柬埔寨、老挝、越南、中国、朝鲜、日本等国,对亚洲各国产生了极大的影响。

公元前6世纪,波斯的阿契美尼德王朝入侵了印度河流域,公元前4世纪末,古希腊人和马其顿人一度占领印度西北地区。其后,当地的摩揭陀人兴起,于公元前321年建立起孔雀王朝,统一了次大陆的大部分领土,建立了古印度历史上第一个大帝国。之后,次大陆几经统一和分裂,经历了笈多王朝、戒日帝国、伽色尼王朝、曷利沙帝国、突厥人建立的德里苏丹国、蒙古人建立的莫卧儿帝国,直到1849年沦为英国的殖民地,古印度的历史结束。

一、农业、手工业和建筑

大约在公元前4000年,次大陆北部的居民已经开始农业生产,而且有了相当的规模。哈拉巴文明时期农业作物主要有大麦、小麦、水稻、豌豆、扁豆、甜瓜、枣椰和棉花等,其中豌豆、扁豆、稻米、棉花是在印度本土培育出来的;并且驯养了水牛、山羊、绵羊、马、驴、猪、狗、骆驼和大象等家畜。印度河平原为农业和牧业的发展提供了极有利的条件,一年一度的河水泛滥给沿河地带带来充足的水量和足够的淤泥,土地肥沃,雨水充足,这里不需要很发达的农具就能收获庄稼。所以印度河流域的古代农具比较简陋,主要以石器为主,铜器的出现比两河流域晚将近1000年。随着铜制农具的出现、畜力耕作的应用以及水利设施的建设,农业生产有了相当大的发展。

哈拉巴文明中断以后,雅利安人重新发展了农业,吠陀时期他们已经使用畜耕,并且修筑水库引水灌溉农田。进入封建社会以后,铁制农具的使用,大规模兴修水利,使得生产力得到了更进一步的发展,农业生产达到了空前的繁荣景象。中国唐代僧人玄奘7世纪在印度居住多年,回国后写了《大唐西域记》,记载了许多反映古印度农业经济繁荣的景象。

古印度农业方面的进步比较缓慢,但是手工业比较发达,其中制陶、金属加工、玉石装饰品的加工、玻璃珠饰的制作等技术都是很有特色的。哈拉巴文化遗址中出土了大量铜器,从出土的各种美妙绝伦的手工艺品和奢侈品中,可见当时工匠的精巧技艺。制陶和纺织是哈拉巴文化的两个重要部门,染缸的发现表明当时已掌握纺织品染色的技术。城市的繁荣使哈拉巴的商业盛极一时,不仅国内贸易活跃,国际贸易也特别频繁,大量古迹遗址的发掘充分证明了它与伊朗、中亚、两河流域、阿富汗,甚至缅甸和中国都有贸易往来。

制陶 印度次大陆的制陶业历史悠久,早在新石器时代已开始生产手工制作的陶器。哈拉巴文明时期的陶器已采用轮制,陶器表面多是暗红色,绘有黑色和白色的纹饰,烧制温度已相当高。后来逐渐出现了赭陶、彩绘灰陶、黑红陶,黑精陶等,这些陶器各具特色,无论从制作工艺还是形状特点都可以领略到古印度制陶技术的不断发展和完善,所以科学史上往往按照陶器发展的历史来定义古代社会的发展过程。随着城市的兴起,陶器市场的需求大大增加,次大陆的制陶技术也在不断地进步,而且有些制陶技术一直使用到今天。

冶金 次大陆的南部是德干高原,这里森林茂密,矿藏特别丰富。哈拉巴文明时期的冶金技术就很发达,他们制造的铜器种类很丰富,有刀子、凿子、箭头、矛头、斧头、鱼钩,此外还有铜锅、带齿的锯子等。印度次大陆富有高质量的赤铁矿、磁铁矿和褐铁矿等资源,根据印度乌贾因出土的一些铁制的工具和武器,考古学家发现古代印度在公元前 5 世纪便开始炼铁了,他们已经掌握了铸造、锻打、焊接等方法和技术。此外,黄金在印度的矿藏也很丰富,哈拉巴文明时期的匠人已掌握了黄金拉丝、焊接和制造中空的黄金饰品的工艺。

珠宝业 古代印度的珠宝加工业特别发达,尤其是制珠业。哈拉巴文明时期是珠饰加工的鼎盛时期,所用的材料多种多样,有贝壳、磁铁、玛瑙、红玉髓、陶珠、宝石等。工匠们除了在珠子上面雕饰花纹外,还流行釉陶珠和费昂斯珠。釉陶珠是陶胎,表面涂有釉彩,再经过加热,费昂斯珠是一种二氧化硅的人工材料。

纺织业 古印度是棉花最早的培育地,也是棉纺织业的发源地。考古学家根据出土的棉织物发现,古印度人在哈拉巴文明时期就能纺棉,笈多王朝时期棉纺织业已经相当发达,棉纺织技术达到较高的水平,产品远销中亚和东南方许多国家。在这一时期也出现了养蚕和丝织技术,这是由中国传入的。手工业的发展使得商品贸易进一步发展,而商业的发展又进一步带动了其他行业的发展,如造船业、交通运输业等。

次大陆居民在城市建筑方面有许多独特的成就。古印度人最早使用烧制过的砖建造房屋。在发掘出的遗迹中,大多数建筑都是砖木结构,无论城市规划还是神庙建筑都是特别宏伟的。在考古发掘的印度河文明城市遗址中,摩亨焦达罗是迄今为止发现的最大城市,位于卡拉奇东北约 225 公里处,面积约 100 平方公里。它由两部分组成,分西侧的城堡和东侧的广大市街区。城堡内有许多公共建筑物,其中有一座 1800 平方米的砖砌的大浴池,很可能是宗教场所,是为虔诚的人举行仪式性入浴典礼的地方。还有一座 1200 平方米的大谷仓和一座 800 平方米的会议室,都颇具规模。下城是居民区,布满十字交叉的街道,市民的住房家家有井和庭院,房屋的建材是烧制的砖块。房屋住宅的给水、排水系统都很完善,从各家流出的污水在屋外蓄水槽内沉淀污物再流入如暗渠的地下水道,地下水道纵横交错,遍布整个城市。当时已有两层的楼房,有的人家还有经高楼倾倒垃圾的垃圾管道。总之,这是一个十分注重市民生活公共设施的城市,城市的精心设计、整齐规划不能不让后人惊奇。让人感到费解的是在这里没有豪华的宫殿建筑,所有的住房标准都一样,究竟是什么人创造了这个文明,这一文明又是怎样被废弃的? 是什么力量在控制这一纪律严明的社会? 这在很长时间内仍然是一个谜。

发掘出的城市建筑遗址中除了摩亨焦达罗还有著名的哈拉巴、卡利班甘等,这些城市都具有共同的特色,所有的城市都分为两部分:城堡和下城,城市街道都是南北向和东西向的,将城内分成许多街区,每个街区内都有居民的住宅房屋。

在孔雀王朝初期,印度佛教盛行,一些佛教建筑如庙宇、佛塔、石窟以及婆罗门教的寺庙等出现了,这些建筑无论在建筑构思还是在建筑规模上,都足以让人惊叹。最具代表性的建筑是公元 17 世纪莫卧儿帝国时期建造的泰吉·玛哈尔陵墓,也是我们现在看到的古印度最华丽的建筑,据说该建筑是由许多建筑师设计,经过 20 年的时间才建成的,以规模之宏大、设计之精巧、技术之精湛著称于世。

二、天文历法

古印度人很早就开始了天文历法的研究。吠陀时期把一年定为 360 日 12 个月,并有置闰方法。他们认为天地中央是一座名为须弥山的大山,日和月都绕着此山运行,太阳绕行一周即为一昼夜。还把黄道附近的恒星划为 28 宿。在古印度的天文历法史上先后出现过 4 部著名的天文历法名著,《太阳悉檀多》是其中最著名的一部,据说它成书于公元前 6 世纪,后人又有增改。书中记述了时间的测量、分至点、日食、月食、行星运动和测量仪器等问题。《太阳悉檀多》提出大地为球形,北极为称作墨路山的山顶,那里是神仙的住所,日、月和五星的运行是一股宇宙风所驱使,一股更大的宇宙风驱动所有天体旋转。另一部著名著作是生活于公元 475 年左右的天文学家圣使写的《圣使集》,其中提出了推算日、月食的方法,讨论了日、月、行星的运动,并认为天球的运动是地球自转的结果,但是这一思想在当时是无人接受的。

三、数学

古印度在数学方面的成就是辉煌的,在数学发展史上占有重要的地位。在哈拉巴文明时期,古印度人就使用十进制记数法,到了公元 7 世纪,有位值法记数,到了公元 9 世纪,创造了"0"的符号,便有了完整的位值制记数法,这是古印度人在数学方面对人类作出的最大贡献之一。

现存最早的古印度数学著作是《准绳经》,产生于公元前 400—公元前 300 年间,这是一部讲述祭坛修筑的书,其中涉及到一些几何学知识,如勾股定理、三角函数表,圆周率的取值为 3.09 等。《圣使集》中也涉及到一些算术运算、乘方、开方等数学知识。

公元 5—12 世纪印度数学得到迅速发展,先后出现了一批有名的数学家:阿耶波多(Aryabhata,约 476—550 年),波罗摩笈多(Brahmagupta,598—665 年),摩诃毗罗(Mahavira,约公元 9 世纪),婆什迦罗(Bhaskara,1114—1185 年)等,使得这一时期印度数学在许多方面取得了辉煌的成就,为世界数学作出了重大贡献,也为印度在世界数学史上争得了一席之地。

古印度的数学成就有两个方面对世界数学发展影响较大:一是最先制定了现在世界上通用的数码及记数制度,即"阿拉伯数字 1、2、3、…、9、0"和十进制位值记数法,其中"0"是印度人的卓越发明,没有"0"就没有完整的位值制记数法。关于零的含义和计算,婆什迦罗做了详细的说明,他说任何数加上或减去零还是这个数,零乘以任何数都等于零,一个数除以零为无穷量。另一方面,印度人建立了使用分数、无理数以及负数的代数学,并给出了二次方程的一般解法。最早使用负数的是波罗摩笈多,他提出了负数的四种运算,并且指出正数的平方根有两个,一正一负。他也提到负数的平方根的问题,但他说负数没有平方根,因为负数不能是平方数。印度人在算术上正视了无理数问题,开始按正确的方法来运算这些数,婆什迦罗还给出了两个无理数相加的法则。印度人找到了二次方程的一般解法,已认识到二次方程有两个根,而且包括负根和无理根,波罗摩笈多给出了求根法则,这也是一项很重要的工作。

除此以外,印度人在几何方面也有一些成就,如给出了求四边形面积、球面面积和球体体积的公式,给出圆周率等。另外在三角学方面也作了一些工作,他们计算了半弦弦长,编制了正弦表等。总的来说,古印度在代数学上的贡献比几何学上的贡献大得多。到 1200 年左右,古印度科学活动衰落了,数学上的进展也停止了。

四、医学

医学是古印度颇受重视的学科之一。我们现在知道的古印度最早的医学历史文献是《阿达婆吠陀》，书中记有许多疾病的名称，如发烧、咳嗽、水肿、肺病等，并记载有一些治病的方法，当然其中也不乏许多驱鬼的巫术迷信内容。公元1世纪出现的一部医学著作是《阿柔吠陀》，书中巫术成分已不多，有关于内科、外科、儿科等许多疾病的治疗方法和药物的记载。书中提出躯干、体液、胆汁、气和体腔是人体的五大要素，与自然界中的地、水、火、风、空五大元素相对应。躯干和体腔是稳定因素，而体液、胆汁和气则是活泼因素，如果这些因素失调，人就生病了。这些论述成为古印度医学理论的基础。

大约生活在纪元前的妙闻是古印度最著名的医生，《妙闻集》也是古印度最负盛名的医学著作，内容包括生理学、病理学和解剖学，其中解剖学方面的知识更为丰富。《妙闻集》中详细记载了医生做外科手术时应准备的各种外科器械，其中有刀类、烧灼器、杯类、锯、灌洗器、剪、钩、镊子、套管针、导管、窥器、探子、缝合针等。书中记载的外科手术有拨白内障、剖腹产、除疝气、治疗膀胱结石等。此外，《妙闻集》中还提到蚊子与疟疾、鼠疫与老鼠之间的关系，说明在传染病方面也有一定的研究。

《阇罗迦集》也是古印度一部著名的著作，是一部医学百科全书，记载了病因、病理、诊断、治疗、药物等许多方面的内容，还涉及到医学哲学、医学思想等。《阇罗迦集》和《妙闻集》于公元9世纪已经被译成阿拉伯文传入阿拉伯国家，后来又传入中国，对其他国家也产生了很大的影响。

五、文字

哈拉巴文化还创造了自己的文字，它们主要留存于各种石器、陶器和象牙制的印章上，这些文字符号有象形的，亦有几何图案，至今尚未成功译读。虽然考古已发现了哈拉巴文明时期的四百余个不同的图画符号，但是迄今为止还不能破译，所以对哈拉巴文明还不能全部了解。我们现在所知道的古印度最古老的文字是梵文，梵语也是大多数次大陆居民所用的语言，现在保存下来的古印度著作大都是梵语，其中涉及宗教、哲学、天文历法、医学、文学等各个领域。最早的梵文雕刻在石头上、铜器上，还有的刻在木头和竹片上，但大多数是写在白桦树皮和贝叶上，所以佛经又称为贝叶经，唐朝僧人玄奘从印度取回的佛经大多数就是写在这种树皮和贝叶上的。大约在公元7世纪末，中国的造纸术传入印度，从此印度开始用纸来书写。

六、自然观

古印度的学术活动往往同宗教活动结合在一起，所以对自然的一些认识等学术思想通常反映在宗教著作中。早在吠陀时期后期，古印度人就开始思考关于世界本原的问题。有人认为世界万物的本原是"风"，有人认为是"水"，也有人认为是水、地、风、火四种元素，还有人认为世界万物的本原是水、地、风、火、空五种元素，最后逐渐形成了自然说、自性说和转变说三种主要学说。自然说认为物质世界是永恒的，具体事物的形成不受其他外界物质的影响，完全是在不同情况下偶然结合而成。这种说法坚持了物质性，但是却否认客观规律性，存在一定的局限，代表性的哲学派别是弥曼差派。自性说认为事物的运动变化是由其内部本性所驱使,一切变化只是数量上的增减。自性说进步的一面是不仅坚持物质性,同时也强调客观规律性,但是却存在明显的机械论倾向。转变说认为物质世界是永恒的唯一实在,它的原始状态是无定形和无差别的,它的变化和发展是由于其自身内部的矛盾作用而产生的,可见这种说法比前两种更进了一步,代表性的哲学派别如数论派。

耆那教是古印度的一个古老的宗教派别,它认为物质世界是由地、水、火、风四大元素组成,这些元素的组成部分是"极微"(类似原子),极微是同质的,它们有"黏的"和"干的"之分,"黏的"和"干的"可以结合成复合物,这些复合物之间互相结合又产生出更为复杂的复合物,从而形成元素,进而形成万物。这是古印度最早的关于原子论的描述。佛教在早期把自我和物质世界比喻为水流和"自生自灭的火焰",认为一切万物都是无穷无尽的生和灭,存在就是不断的产生。正理—胜论派是由正理派和胜论派两个哲学派别结合而成的,他们继承了古印度的原子论学说,认为世界万物都是由地、水、火、风、空五大元素构成,这些元素由原子组成,原子很小,以至我们的感官不能察觉。原子是永恒的,不能被破坏的,他们有不同的质,不同的原子组成不同的元素,进而形成不同的世界万物。此外,他们还提出实践是检验知识是否正确的唯一标准,可见古印度人的哲学思想在当时也是相当超前的。

第三节　古希腊的科学与技术

巴尔干半岛的南部和小亚细亚半岛的西部环绕着爱琴海,爱琴海中点缀着大大小小一些岛屿,古希腊人就居住在爱琴海的周围地区。据史料记载,公元前 4500 年—公元前 3000 年间,希腊半岛南端克里特岛上已有人居住,大约在公元前 2000 年克里特岛上出现了最早的奴隶制国家,史称米诺斯王朝,后来又扩展到了希腊半岛和爱琴海其他岛屿。大约在同一时期,伊奥尼亚人、阿卡亚人、爱奥利亚人、多利安人等部落从北方迁入希腊半岛。公元前 1450 年,居住在伯罗奔尼撒半岛的阿卡亚人征服了克里特,迈锡尼王国成为这里的统治者。后来又经过公元前 12 世纪小亚细亚半岛西北角的特洛伊战争,多利安人最后征服了这一地区,使得希腊地区的各个部落逐渐融合成一个新的民族,这就是古希腊人的祖先,这一时期也称"荷马时代"。荷马时代是古希腊人由原始社会向奴隶社会过渡的时期,在荷马时代末期,铁器得到推广,取代了青铜器;海上贸易也重新发达,新的城邦国家纷纷建立。公元前 750 年左右,随着人口增长,古希腊人开始向外殖民。在此后的 250 年间,新的古希腊城邦遍及包括小亚细亚和北非在内的地中海沿岸。古希腊人通过吸收各个地方的文明,创造了当时地中海地区最高水平的文明。他们在文学、戏剧、雕塑、建筑、哲学等诸多方面有很深的造诣。这一文明遗产在古希腊灭亡后,被古罗马人破坏性地延续下去,从而成为整个西方文明的精神源泉。

可以说古希腊人从野蛮时期直接进入了铁器时代的文明期,但是古希腊没有形成统一的国家,而是由众多的奴隶制城邦组成。在古希腊的众多城邦中,势力最大的是斯巴达和雅典,而阿提卡半岛上的雅典,对人类文明的发展作出的贡献最大。从公元前 8 世纪开始,雅典的政治、经济、文化就不断地得到发展。公元前 5 世纪到公元前 4 世纪中期是雅典的极盛时期,在古希腊历史上被称为雅典时期。雅典可以说是一个智慧的王国,这一时期出现了一批对后世影响极大的哲学家和科学家,苏格拉底、柏拉图和亚里士多德等人正是活跃于这个时期的伟大哲人。

公元前431—前404年的伯罗奔尼撒战争,雅典以失败告终,斯巴达成了古希腊的新霸主。然而斯巴达的霸权也未能长久,从此古希腊各城邦陷入混战之中,逐步走向衰落。而同一时期,在希腊半岛北部崛起的被古希腊人视为蛮族的马其顿王国成为巴尔干地区首屈一指的军事强国。公元前338年,马其顿在喀罗尼亚大败希腊联军,取得了对整个希腊半岛的控制权,统治了古希腊各城邦。公元前336年,亚历山大继位(公元前336—公元前323)后很快就平定了希腊各城邦的起义,巩固了政权。公元前334年,亚历山大率领希腊人和马其顿人渡海东征,拉开了他征服世界的序幕,先后攻占了小亚细亚半岛、叙利亚、埃及,在尼罗河口建立了亚历山大城。后又攻占巴比伦、进军中亚细亚,入侵到印度河流域,建立了一个地跨欧、亚、非的大帝国,古希腊进入亚历山大时期。

公元前323年亚历山大病逝,帝国立即分裂,古希腊历史结束,希腊化时代开始了。亚历山大的部将托勒密以亚历山大城为首都,在埃及建立了托勒密王朝(公元前305—前30),并使古希腊的文化中心由希腊本土转移到埃及的亚历山大城。托勒密一世特别重视科学文化活动,大量网罗人才,赞助学术活动,收集古代著作,在亚历山大修建了一所大型图书馆,藏书达50万卷以上。在王宫里还设立了一所历史上最早的学术中心,大批的学者在这里进行着各个学科的研究工作。正是在这一时期,古希腊科学得到突飞猛进的发展。

公元前146年,罗马征服了希腊,进入了罗马帝国时期。罗马人多重视实用技术,而不太关心科学,甚至著名的亚历山大图书馆,也在罗马人攻占亚历山大城的大火中被焚烧。古希腊的科学传统,就这样随着它的历史完结了。

古希腊之所以能成为西方文明的发祥地,与其独特的地理位置分不开。特定的地理条件使得古希腊人难以在田地里依靠农耕方式谋生,而是在海上靠经商、做海盗或到海外开辟殖民地来求生存。希腊地区港口众多,非常适合航海和贸易,为向希腊本土以外的地区移民提供了方便,这样大批分散的古希腊人像潮水般涌入了东南方的文明世界,一直延伸到埃及、西西里、意大利南部和直布罗陀海峡两岸。古希腊人不断地与不同传统、风俗、制度的民族相接触,从古老的东方文化中吸收了丰富的营养以滋润自己,这就使得他们能够从每一种文化和传统中吸取真正有价值的部分,吸收了其他文化的精华,而不是刻板地遵循任何一种特殊文化和传统。这种生存环境造就了古希腊人自由奔放、富于想象力、充满原始欲望、崇尚智慧和力量的民族性格,也培育了古希腊人追求现世生命价值、注重个人地位和个人尊严的文化价值观念。古希腊没有形成统一的国家,没有统一的统治思想和统一的教条,所以古希腊人思想开放,有利于形成各种不同的学术思想,而且各种学术观点相互影响、相互促进,从而得到进一步的发展。另外,经济的繁荣,城市的兴起,给古希腊人创造新文化提供了坚实的物质基础。

一、农业、手工业和建筑

爱琴海地区属亚热带气候,希腊半岛境内多山和丘陵,缺少大河与平原,土地较贫瘠。除狭窄的沿海地带和内陆小块盆地可种植大麦、小麦等农作物外,山地和丘陵只适于放牧并盛产橄榄和葡萄。虽然很早以前犁耕已经出现,铁制的农具开始使用,也懂得了施肥灌溉,但是古希腊的粮食产量很低,需要从外部进口,而肉类和乳制品成为主要食物来源,橄榄和葡萄主要用来酿酒和出口。

古希腊铜资源不算丰富,但是各个岛屿有丰富的铁矿、大理石、陶土和银矿等原料。他们的冶铜业和冶铁业是从西亚传入的,所以冶金技术是很高的,公元前9－公元前8世纪,已经掌握了淬火、焊接和锻打技术。他们的制陶技术也很精湛,在公元前2000年已经用陶轮制作陶器,不仅制作精美、品种繁多,而且上面还有各种彩绘图案。另外,古希腊人在制作金银首饰、制革、酿酒、榨油等方面也很出色。总之,古希腊的手工业是很发达的,他们把这些手工制品出口到地中海沿岸其他国家,然后换取粮食。由于当时主要采用水路,所以进一步促进了造船业和航海事业的发展。古希腊时期的一个主要特点是工商业较发达,贸易占有重要地位。

古希腊在建筑方面的成就是辉煌的,现存的建筑遗址主要是神殿、剧场、竞技场等公共建筑。神殿是一个城邦的重要活动中心,它最能代表那一时期建筑的风貌。古希腊崇尚人体美与数的和谐,平面构成为1:1.618或1:2的矩形,中央是厅堂。大殿周围是柱子,可统称为环柱式建筑。这样的造型结构,使得古希腊建筑更具艺术感。因为在阳光的照耀下,各建筑产生出丰富的光影效果和虚实变化,与其他封闭的建筑相比,阳光的照耀消除了封闭墙面的沉闷之感,加强了古希腊建筑雕刻艺术的特色。古希腊建筑的比例与规范,其柱式的外在形体与风格完全一致,都以人为尺度,以人体美为其风格的根本依据,这些柱式都具有一种生气盎然的崇高美,因为它们表现了人作为万物之灵的自豪与高贵。古希腊建筑与雕刻是紧紧结合在一起的,可以说,古希腊建筑就是用石材雕刻出来的艺术品,建筑上的浮雕更令建筑物生机勃勃,充满了艺术感。是雕刻创造了完美的古希腊建筑艺术,也正是因为雕刻,使得古希腊建筑显得更加神秘、高贵、完美和谐。古希腊建筑雕刻中有圆雕、高浮雕、浅浮雕等装饰手法,创造了独特的装饰艺术。

图 2-5　雅典卫城一隅

图 2-6　古希腊神殿

古希腊建筑通过它自身的尺度感、体量感、材料的质感、造型色彩以及建筑自身所载的绘画及雕刻艺术给人以巨大强烈的震撼,它强大的艺术生命力令它经久不衰。它的梁柱结构、建筑构件特定的组合方式及艺术修饰手法,深深地、久远地影响欧洲建筑达两千年之久,是欧洲建筑艺术的源泉与宝库。因此我们可以说,古希腊的建筑是西欧建筑的开拓者,同时古希腊建筑对世界建筑艺术有着重大且深远的影响,是人类发展历史中的伟大成就之一,给人类留下了不朽的艺术经典之作,给世界留下了宝贵的艺术遗产。

二、哲学

从公元前500年左右开始,最早的哲学就在古希腊出现了,也是最早系统的理论化科学的开始。早期,自然科学知识与哲学思想往往是交织在一起的,恩格斯说:"最早的希腊哲学家同时也是自然科学家"。所以我们要研究古希腊的自然科学知识,必须首先了解古希腊的哲学思想。自然哲学是关于自然界及其内在本质的哲学研究,其目的是要获得关于自然界的完整图像,用哲学的观点去描述自然界的本质和规律。而在这之前,人们把一切自然现象都归结为神的力量,是上帝创造了一切。古希腊是人类历史上第一次把自然界看作是独立于人之外的实体,是可以被认识的,所以古希腊哲学思想对人们思维能力和思维方法的发展起到了积极的推动作用。古希腊自然哲学和自然科学互相结合在一起,互相影响、互相促进,自然哲学促进了自然科学的进步和理论体系的建立,而自然科学又丰富和发展了自然哲学。

古希腊哲学派别很多,这些哲学家们曾经激烈争论的一个问题就是关于世界本原和物质运动的问题,他们各持己见,各说不一,概括起来分为以下几种观点:

1. 爱奥尼亚的元素论

古希腊早期的哲学实际上是以研究自然界为主要任务的。由于当时哲学与自然科学还没有完全分化,社会生产力总体水平较低,所以人类对自然界的认识主要是建立在粗陋的观察和思辨的猜测上。但是,古希腊的自然哲学却集中地体现了古希腊人的聪明才智,他们对自然界的各种思辨见解包含着许多自然知识,对自然科学的进步和人类理论思维能力的发展都起到了积极的推动作用。

图 2-7　泰勒斯

小亚细亚的希腊殖民地爱奥尼亚(包括现今土耳其半岛的西部和西南部沿海地区及附近岛屿)是希腊文明的最早发源地,在这里孕育了古希腊自然哲学的第一个学派——米利都学派,它的创始人是泰勒斯(Thales,约公元前 624－约公元前 547 年),米利都是他的家乡。他不仅是当时自发唯物主义的代表,同时也是较早的科学启蒙者。他是古希腊科学和哲学的始祖,被西方科学史家称为"科学之父"。他是一个博学多才的人,可认为兼有商人、政治家、工程师、数学家和天文学家等多种身份。他参加过多种科学活动,曾预言过一次日食;研究过星象学,发现了小熊星座;把埃及几何学引进希腊并证明了一些定理;据说还编写过关于春分、秋分、夏至和冬至的书。

作为西方哲学史上第一位哲学家,泰勒斯的哲学观点用一句话来总结就是"水生万物,万物复归于水"。他把水作为万物之本,水不断地改变形体表现为各种不同的物质。水沉淀为泥,泥干变成土,土稀薄化为气,气热而为火。从我们现在的眼光来看,泰勒斯的这一观点是很幼稚的,但是,这毕竟是人类历史上第一次用理性的方式来寻求万物的本原,然后再用它去解释变化万千的自然现象,而不是付诸于神灵,体现了理性思维的特点,对于科学研究提供了一个很好的思路,在人类对自然认识的历史上具有重要意义。至于泰勒斯为什么把水而不是把别的东西看作是万物的本原,后人推测,水是日常生活和社会生产不可缺少的东西;水的形态多变;而且据说泰勒斯曾到过埃及,尼罗河水养育了埃及民族,这些经历和经验会使泰勒斯对水有极其深刻的印象。

米利都学派的第二位自然哲学家是阿那克西曼德(Anaximander,约公元前 610－约公元前 545 年),他是泰勒斯的学生,也是第一位描绘地图的人,对许多自然现象都有自己的独到见解。他认识到大地表面必然呈曲线形,把地球画成以东西为轴的一个圆柱体,并且造了地球仪;他认识到天体环绕北极星运转,所以将天空绘成一完整球体;他认为地球是一个自由浮动的圆柱体,人类处于圆柱体的一端表面之上,而我们的世界只是无数世界中的一个;此外,他还发明了日晷的指针,用来测定冬至、夏至和昼夜平分点,并且造了计时器。

阿那克西曼德也认为世界万物都是演化而来的,但是他认为泰勒斯把"水"作为万物的本原不具有普遍性,他说万物的本原是"无定形",他认为一切事物都有开端,而"无定形"没有开端。由它可以生成一切的具体实物,也是一切具体实物灭亡后的归宿。虽然阿那克西曼德也是用物质的观点来解释自然现象,但是他的"无定形"不是一种具体的实物,而是一种抽象的东西,所以更具有普遍性。阿那克西曼德的这种说法,显然只是一种猜测和想象,但却是最早试图用物质本身来说明宇宙起源和状况的一种朴素唯物主义的宇宙论。从这一点看,他在唯物主义路线上比泰勒斯又前进了一步。

米利都学派的最后一位重要代表是阿那克西美尼(Anaximenes,约公元前588—约公元前524年),是阿那克西曼德的学生。他继承了米利都学派用自然的原因来说明世界本原的传统,一直尝试以客观事实来解释这个世界。他主张世界万物的本原是气,不同形式的物质是通过气体聚和散的过程产生的,气的浓度不同而能产生世界万物:火是稀薄的气,浓的时候,就形成风、云,再浓,就形成水、土和石头,世界万物都是由这些东西产生的。他把世界万物的产生归结为基质的不同数量的结合,体现了从量变到质变这样一种哲学观点,这也是科学研究常用的思路。

泰勒斯、阿那克西曼德和阿那克西美尼这三位哲学家,虽然他们在具体主张上有所不同,但基本观点是一致的,他们都是力图寻找组成万物的基本元素,从而探讨宇宙的生成问题。他们这种朴素的唯物主义思想对后来哲学与科学的发展产生了深远的影响。

稍晚,爱奥尼亚另一城邦埃菲斯的赫拉克利特(Heraclitus,约公元前536—约公元前470年)发展了米利都学派的思想。他出身于贵族,愤世疾俗、恃才傲物,在古希腊有"晦涩哲人"的称号。他的基本观点是,世界一切存在的物质既不是神创造的,也不是人创造的,它过去、现在、未来永远是一团永恒的活火,在一定的分寸上燃烧,在一定的分寸上熄灭。他强调的是世界万物的永恒变化,他的哲言"太阳每天都是新的"、"人不能两次踏进同一条河流"充分体现了他的这一观点。赫拉克利特所指出的"永恒的活火"与米利都学派所说的水、无定形、气为万物本原具有同样的哲学含义。不过,赫拉克利特的"永恒的活火"已经涉及到一种运动过程。他用"永恒的活火"来表达万物的本原,说明万物都是在不断运动变化中产生、消失。永恒运动的思想构成了赫拉克利特自然哲学的特色,他用朴素的语言讲出了辩证法,引起了后世哲学家的重视。黑格尔的辩证法中许多重要的思想,都可以从赫拉克利特的哲学中找到其萌芽。

2. 恩培多克勒的"四根说"

恩培多克勒(Empedokles,约公元前495—约公元前435年)是西西里岛南部阿克拉加斯城邦人,他是杰出的政治家、演说家、诗人、哲学家。阿克拉加斯是希腊的一个殖民城邦,是西西里岛重要的农业和海外贸易中心,也是一座著名的文化古城。在这样的社会环境中,恩培多克勒通过观察、分析种种自然事物与现象,总结出许多自然知识。

作为一个自然哲学家,恩培多克勒认为火、气、土、水四个根是构成世界的四种元素,世界万物都是从这四大元素混合而来的。概括起来,恩培多克勒"四根说"的基本思想为:四大元素既不能产生也不能消灭,它们充满并构成世界;四大元素的混合与分离即万物的形成与消失;四大元素按不同比例混合,就造成形态万千的世界万物。恩培多克勒关于世界本原问题的见解是沿着爱奥尼亚元素论的方向前进的,他的发展在于把关于物质组成的一元论转化为多元论,认为世界万物的发展变化是由于元素的混合与分离,而不是因为单一元素的变化。关于四大元素混合与分离的动因,恩培多克勒提出"爱"和"憎",他说:"在一个时候,一切在'爱'中结合为一体,在另一个时候,每件事物又在冲突着的'憎'中分离。"这可以说是"对立统一"哲学原理的雏形。恩培多克勒的四根说,对原子论的发展产生了一定的影响,因此,在古希腊自然哲学由元素论到原子论的发展过程中,他的哲学具有承前启后的历史地位。

3. 阿那克萨哥拉的"种子说"

阿那克萨哥拉(Anaxagoras,约公元前 500—约公元前 428 年)是将古希腊自然哲学中心由海外殖民地移向希腊本土的第一位自然哲学家,他本是小亚细亚的希腊殖民城邦克拉佐门尼人,在 20 岁时来到雅典,一生潜心科学研究,追求自然知识。阿那克萨哥拉在自然哲学上的杰出贡献是他提出了别具一格的物质结构说——种子说。阿那克萨哥拉认为,宇宙万物都可以无限分割为种子,而无论多小的种子还可以分割成更小的,所以他在这里提出一个无限小的概念。他认为无论水、土、火、气以至动物、植物都是由种子组合而成的,种子是无限多的,既不产生也不消灭,它们的全体既不能增加也不能减少,种子的结合和分离引起具体事物的生灭变化。他的观点已经包含了物质守恒这样一个观点,这是自然哲学在解决物质本原问题上的重大突破。阿那克萨哥拉的思想直接影响了德谟克利特,他的种子说可以说是由元素论到原子论过渡的桥梁。

4. 古希腊的原子论

原子论是在综合早期古希腊各派自然哲学的基础上形成的系统化的理论,成为古希腊自然哲学中最辉煌的部分。

原子论的创始人是留基伯(Leukippos,约公元前 500—公元前 440 年)和德谟克利特(Demoncritus,约公元前 460—公元前 370 年)。留基伯是米利都人,他的学说受到爱奥尼亚学说的影响,后来他迁居到爱利亚,成为芝诺的学生,学习爱利亚学派的哲学。最后他来到阿布德拉,建立了原子论的阿布德拉学派。德谟克利特是留基伯的学生,也是后来原子论的建立者。德谟克利特出生于色雷斯沿岸的阿布德拉城邦,阿布德拉是一个繁华的城市,经济发达,文化丰富。他少年好学,走访世界各地,到埃及、巴比伦、印度等地游历,前后长达十几年。他曾在尼罗河上游逗留,研究过那里的灌溉系统,向那里的数学家学习了几何。在巴比伦,他学习了如何观察星辰,推算日食发生的时间等等。德谟克利特积极从事科学实践活动,他的研究领域涉及到了哲学、物理、数学、天文、地理、逻辑、心理、动植物、医学、历史、社会伦理、诗歌、音乐、绘画、语言、农业乃至军事等许多方面,所以他被后人称为古希腊第一个百科全书式的学者。他的主要著作有《宇宙大系统》、《宇宙小系统》、《论荷马》、《节奏与和谐》、《论音乐》和《论诗的美》等。

留基伯是古希腊爱奥尼亚学派中的著名学者,他首先提出物质构成的原子学说,认为原子是最小的、不可分割的物质粒子。原子之间存在着虚空,无数原子从古以来就存在于虚空之中,既不能创生,也不能毁灭,它们在无限的虚空中运动着构成万物。德谟克利特继承和发展了留基伯的原子论,并将其进一步完善和丰富,为现代原子科学的发展奠定了基石。原子论的基本思想可以归纳为:万物的本原是原子和虚空,原子一直存在于宇宙之中,它们不能被从无中创生,也不能被消灭,原子在虚空中的结合与分离,就产生了整个自然界;原子是微小的,人的感官所不能把握;原子是不可分的,原子内没有空隙,是绝对充实的,具有不可入性,也不能再分;原子都是同质的,既不能从其他原子产生,也不能相互转化,原子有形状、大小和排列上的差异,所以造成原子组成的不同事物具有万千种不同的性质。原子是同质的,还包含原子不是从其他原子产生,也不能相互转化的思想;虚空是原子运动的场所,是原子与原子间的空隙。原子的数量和虚空的范围都是无限的;原子的运动是永恒的,原子总是在虚空中永恒地运动着,运动的原子相结合,就是万物的产生;运动的原子相分离,就是物体的消亡;原子及其运动永恒不止,世界万物生灭不息。

德谟克利特之后,伊壁鸠鲁(Epicurus,约公元前341—约公元前270年)继承并发展了原子论学说。伊壁鸠鲁不仅认为所有自然现象都可以用原子在虚空中的运动、原子的结合与分离来解释,而且他还认为原子本身除了有形状、大小的差异之外,还有重量的不同。在伊壁鸠鲁之后,卢克莱修(Lucretius Carus,约公元前99—公元前55年)把原子论发展得更丰富、更全面、更系统,在他所著的《物性论》中,对原子论作了精辟和系统的阐述与发挥。

原子论学说关于万物本原的认识,可以说是集先前自然哲学各学说之大成。它用一种抽象的物质实体而不是具体的事物来解释世界,这是认识上的一大进步。另外,在哲学史上第一次引入了"空间"的概念,把空间和物质首次分离开来。虽然原子论学说还只是建立在直观经验基础上的思辨猜想结果,仍然是朴素辩证法的体现,不可避免地存在着很大的局限性,但是它在思想和方法上对后世产生了深刻的影响,对近代科学和唯物论哲学的建立和发展起到了积极的作用。

5. 毕达哥拉斯学派的"数"论

毕达哥拉斯(Pythagoras,约公元前560—公元前480年)是泰勒斯和阿那克西曼德的学生,出生在位于小亚细亚沿海的希腊殖民地城邦——萨摩斯岛,这里是当时地中海地区主要的和最富裕的城邦之一。毕达哥拉斯到过两河流域、印度和埃及等国,研究了各个地方的学术,接触到了各地不同的宗教和思想。他在埃及住了长达十年的时间以后返回萨摩斯,后来移居到了意大利的克罗顿,在这里建立了一个秘密组织,这是一个政治组织,也是一个宗教信仰和科学研究团体。这个组织后来在政治斗争中遭到破坏,毕达哥拉斯被杀害,他的学派又继续了两个世纪之久。

毕达哥拉斯学派的基本哲学思想是他们把"数"作为万物的本原,这完全不同于元素论、原子论的思想路线。他们找到一种超越任何一种具体事物而又为任何一种具体事物所共有,同时又是一种十分确定的东西作为万物的本原。毕达哥拉斯学派关于"万物的本原是数"这一思想的含义,我们可以从拉尔修的记载中有所了解:"从数产生出点;从点产生出线;从线产生出面;从面产生出体;从体产生出感觉所及的一切形体,产生出四种元素:水、

图2-8 毕达哥拉斯数的和谐

火、土、气。这四种元素以各种不同的方式互相转化,于是创造出有生命的、精神的、球形的世界。"

毕达哥拉斯学派把"数"作为世界的本原,认为"数"不仅是万物的本原,而且是万物存在的状态和描写,大概跟他们长期悉心研究数学是分不开的。他们把数的和谐与自然界的和谐联系在一起,认为世界万物的存在必须符合数的和谐,启发人们从定量的方向去揭示自然

界的规律,这是毕达哥拉斯学派在科学史上的一大贡献,对后世的影响很大。但是,毕达哥拉斯学派把数作为先于物质而存在的万物之源的观点,表现出唯心主义和神秘主义的倾向。"数"本来是物的属性却成了物的主宰,神秘的数主宰了世界的一切。不过,从另外一个方面讲,毕达哥拉斯学派重视数的规律,发现了万物当中存在的数量关系,用抽象的形式来解释世界,可以说是认识能力上的一大飞跃,也反映了他们超强的抽象思维能力。

6. 亚里士多德的"四因说"

亚里士多德(Aristotle,公元前 384－公元前 322 年)是古希腊最伟大的哲学家、思想家、科学家和教育家。他出生于希腊北部的斯塔基拉,17 岁进柏拉图学园学习,是学园中最出色的学生。公元前 343 年,他担任马其顿王子——13 岁的亚历山大的私人教师,在那里居住了 7 年。公元前 336 年,亚历山大登上王位,一年后亚里士多德随其回到雅典,成立了自己的吕克昂学校,创建了著名的逍遥学派。在亚历山大的支持下,亚里士多德的门下有上千名人员遍布亚洲和希腊各地,收集自然科

图 2-9　亚里士多德

学的各种资料,使得亚里士多德能够致力于各种知识的收集、整理和分类,从而在自然哲学、生物学、数学、天文学、物理学、气象学、心理学、文学、伦理学、形而上学等各个领域都取得了重大的科学成就。亚里士多德一生的科学著作多达 170 多部,有《形而上学》《伦理学》《政治学》《物理学》和《分析前篇和后篇》等,这些著作对后来的哲学和科学的发展起了很大的影响,是古希腊科学知识的百科全书。他的著作包含三个方面:一是前人的知识积累,二是助手们为他所作的调查与发现,三是他自己独立的见解。

亚里士多德特别注重经验研究,他在《形而上学》中认为事物的本质存在于事物内部,而并非独立于事物之外,所以他的哲学就是要找到包含在事物现象之中的本性和原因,从而发展了一套探究事物之理的哲学。亚里士多德认为所有事物都有四个方面的原因,即"质料因"(事物构成的要素、成分)、"形式因"(构成一个事物的基本原则或法则)、"动力因"(改变事物的动力及起因)和"目的因"(事物存在的原因或改变的原因),这就是它的"四因说"。他认为只有把一件事物的四因弄清楚了,才算彻底了解了这个事物。亚里士多德本人看中的是物体的形式因和目的因,他相信形式因蕴藏在一切自然物体和作用之内。开始这些形式因是潜伏着的,但是物体或者生物一旦有了发展,这些形式因就显露出来了。他还认为,在具体事物中,没有无质料的形式,也没有无形式的质料,质料与形式的结合过程,就是潜能转化为现实的运动。这一理论表现出自发的辩证法思想,这比以前的哲学家只从一个方面解释世界前进了一大步,但是这种观点不免带有唯心主义的色彩,所以在科学史上曾产生过不好的影响。

亚里士多德是原子论的反对者,坚决否认虚空的存在。关于物质世界的组成,他认为地上的物质都是由土、水、火、气四种元素组成,地上的物体都有其天然的位置,每一个物体都有回到其天然位置的倾向。如土、水比较重,它的天然位置在下,含土、水较多的物体将向下运动;而火、气比较轻,其天然位置在上,含火、气较多的物质将向上运动。他认为冷、热、湿和干是更基本的性质,四元素是这四种性质两两组合而成的物质本原。湿与冷组合成水,湿与热组合成气,干与冷组合成土,干与热组合成火,如图所示。这样四元素不再是不变的,而是存在矛盾可以互相转化的。亚

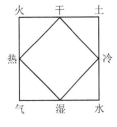

图 2-10

里士多德完全是用直观、臆测、推理的方法建立起自己的知识体系,虽然存在许多谬误,如越重的物体下落越快,轻的物质较重的物质高贵,月亮以上的物质都是由"以太"构成等,但是在科学史上的功绩是不可抹杀的,他第一次提出比较严密的科学论证方法,创立了逻辑学理论,对归纳法和演绎法进行了系统的研究,成为后世思想方法的重要组成部分。亚里士多德是形式逻辑学的奠基人,他认为分析学或逻辑学是一切科学的工具,力图把思维形式和存在联系起来,并按照客观实际来阐明逻辑的范畴。亚里士多德的学说在中世纪的欧洲曾被基督教会奉为真理,在西方有长期的影响。有学者认为控科学是在逐点批判亚里士多德的基础上建立起来的。正是亚基士多德的许多成就为人类科学文化的发展构建了继续向前、向上发展的平台。

三、宇宙观

古希腊的自然哲学在探讨宇宙本原的基础上,还对天体和宇宙的起源、演化、运动及其结构等方面的问题给予了回答,这就是古希腊的宇宙论。

1. 元素论与原子论者的宇宙观

米利都学派的泰勒斯认为水是万物的本原,阿那克西曼德认为"无定形"是万物的本原,而阿那克西美尼认为气是万物的本原,他们的宇宙学说是建立在他们的物质观基础之上的。泰勒斯曾提出大地是个浮在水上的扁平的盘子,水蒸气滋养着宇宙万物,这是最早的宇宙学说。阿那克西曼德提出可见的天空是完整球体的一半,大地是一个圆柱体,地球处于宇宙的中心,是静止不动的;他还提出太阳是一团燃烧的火,月亮不发光,而是反射太阳光。阿那克西美尼提出大地是浮在气上的,在空气的推动下,各个星体绕着地球旋转。尽管这些学说没有任何理论依据,但是对后来的宇宙观有很大的影响。

恩培多克勒以他的"四根说",加上"爱"和"憎"两种力量,构造了一个宇宙演化的理论。他认为土、气、火与水四种元素都是永恒的,但是它们可以以不同的比例混合起来,这样,便产生了我们在世界上所发现的种种变化着的复杂物质。他认为最初由于"爱"的力量把四种元素融合在一起,宇宙处于一种混沌状态。接着"憎"的力量强大起来,爱和憎的交互作用,分离出的元素产生出宇宙万物,形成天、地、日、月、星辰等。阿那克萨哥拉的种子说是由元素论到原子论的过渡桥梁,他提出种子的运动、分离、组合生成宇宙万物。在宇宙的原始阶段,无限的种子混合在一起,整个处于静止状态,在心的启动下,一步步分化为宇宙万物、日月星辰。

原子论者留基伯和德谟克利特是以原子的漩涡运动来说明宇宙的生成,他们认为最初无限多的原子在虚空中做漩涡运动,由于原子的聚集、碰撞、相互作用而向各个方向运动。在运动过程中,形状相同的原子结合起来,重的原子陷向漩涡中心,中心的大原子相互聚集形成球状结合体,即地球。而轻的原子聚成的物体被抛向外层虚空,形成月亮、太阳和各种星辰,在空间环绕地球做旋转运动。他还认为宇宙是长存的,而宇宙里面有无限个世界,每个世界都在不断地产生、成长、衰落直到死亡。这就是德谟克利特的宇宙理论,他描绘的是一幅无限宇宙中无数个世界在生灭不息的演化图景,他的宇宙观比前人的更科学一些。

2. 毕达哥拉斯学派的宇宙观

毕达哥拉斯学派从美学观念出发去思考天上的事情,他们认为宇宙是完美的,世界上存在的一切事物都是完美的,因此必须符合数学上的和谐。毕达哥拉斯学派认为,一切立体图形中最美的是球形,一切平面图形中最美的是圆形。因此,天体的形状都是球形,地球位于宇宙的中心,它和其他星球一样都是球形的,它们的运动都是匀速圆周运动。毕达哥拉斯学派曾提出宇宙中心是永不熄灭的大火,称为"中央火",地球和其他星体就绕着这个中央火旋转。他们认为数字中十是最完美的,因此宇宙中的天体应该有十个,而不是九个(因为当时只知道九大天体),并提出在地球与中央火之间还有一个"对地",将地球和中央火隔开。因为"对地"的运动速度与地球一致,因此,人们始终看不到中央火,可以说这是最早的日心地动说。这十个天体到中央火之间的距离,同音节之间的音程具有同样的比例关系,以保证星球的和谐,从而奏出天体的音乐。毕达哥拉斯学派还提出了地球在自转,认为恒星静止不动,地球每天绕轴自转一周的观点。

3. 柏拉图和欧多克斯的同心球体系

柏拉图(Plato,公元前 427－公元前 347 年)是苏格拉底的学生,出生在雅典,曾到过埃及、小亚细亚、意大利等地游历,回到雅典后开办了一所学园,学园的课程有算术、几何学、声学、天文学等学科。这是欧洲历史上第一所综合性传授知识、交流学术、培养学者和政治人才的学校,柏拉图是这个学派的领袖和重要代表人物,他的思想影响是深远的。

柏拉图与毕达哥拉斯学派有过深入的交流,也受到他们关于球形宇宙模型的影响,他提出了一种同心球宇宙结构模型,认为地球不动并处于同心球体系的中央。从地球向外,依次是月亮、太阳、水星、金星、火星、木星和土星,这些天体都绕地球作圆周运动。但是当时人们已经观测到有些星体的运动是不规则的,为此,柏拉图的学生欧多克斯(Eudoxus,公元前 409－公元前 356 年)对柏拉图的宇宙结构模型进行了改进。他认为,地球是宇宙的中心,其他天体都在同心的透明球体上绕地球转动。这样他把宇宙分成许多球层,用几何方法计算星体的运动,这一模型的实质是用匀速圆周运动的组合来描述曲线运动。亚里士多德是柏拉图学园中最出色的学生,是古代知识的集大成者。在天文学方面,亚里士多德继承并发展了同心球理论,他和柏拉图等人一样,认为地球处于宇宙的中心,并且是静止不动的。他和柏拉图等人的最大区别在于,他认为天体所附着的天球是实际存在的物质实体,整个宇宙天体的运动是上帝在推动的,这大概是地心说体系被宗教神学奉为经典的原因。

4. 阿波罗尼乌斯和伊巴谷的本轮—均轮学说

随着一些新的天文现象的发现,使得同心球理论难以解释一些观察结果。例如天体运动有时快有时慢,天体到地球的距离有时近有时远,这与匀速圆周运动的同心球模型产生了矛盾。公元前 3 世纪,古希腊天文学家阿波罗尼乌斯(Appollonius,公元前 295－公元前 215 年)提出了本轮—均轮系统,后来天文学家和数学家伊巴谷发展了这个学说。本轮—均轮学说的主要思想是抛弃了同心球体系,认为地球处于宇宙的中心,天体仍在绕地球运动,以地球为圆心的圆叫均轮,而以均轮上的点作中心的圆叫本轮。天体本身是在本轮上做匀速圆周运动;本轮的中心又在均轮上绕地球匀速旋转,这样两个运动组合起来就可以解释许多观测到的天文现象了。后来希帕克斯(Hipparchus,约公元前 190－公元前 125 年)继承和发展了本轮—均轮学说,希帕克斯的天文学贡献是将古希腊天文学从定性的几何模型变成定量的数学描述。希帕克斯利用天球仪对星座进行过系统的观察,制订了一个星表,这是西方的第一个基本星表。他还计算了月地距离,测量了黄道与白道交角,还发现了黄道和赤道交点的缓慢移动,即岁差等。

5. 阿里斯塔克的日心说

阿里斯塔克(Aristarchus,公元前310—公元前230年)是一位著名天文学家,他通过对太阳、月亮和地球之间的距离以及半径的测量,提出了一个独特的观点。他认为太阳和恒星都是不动的,而地球和行星都以太阳为中心作圆周运动。地球每天自转一周,每年绕太阳公转一周,其他5个行星也绕太阳旋转。他的这一思想远远走在了时代的前面,而难以得到大多数人的接受,在他那个时代未能得以广泛流传,幸运的是这一光辉思想被与他同时代的伟大学者阿基米德记载下来。一千多年之后,随着文艺复兴运动的兴起,古希腊的典籍广泛流传,阿里斯塔克的光辉思想重见天日,并为哥白尼提出日心地动说起到了重要的启发作用。

四、科学成就

1. 数学

古希腊数学是在吸收古巴比伦、古印度和古埃及数学知识基础上发展起来的。古希腊人一方面继承了这些地区的数学成果,另一方面又有创造性的发展。最初的数学知识都是经验性的,是人们在生产实践中解决实际问题总结出来的,而古希腊人把数学应用到自然科学研究的各个领域,看作是理解宇宙奥秘的钥匙。他们把逻辑证明引进数学,从而使数学由经验知识上升为理论知识,特别是初等几何,它的演绎理论成为数学科学的典范,其影响一直持续到今。

(1)泰勒斯的工作 古希腊的第一位著名数学家是泰勒斯,他被认为是希腊几何学的始祖。泰勒斯曾经到埃及游历,学习了埃及人的几何学知识,并且发展了这些知识,据说他曾经巧妙地利用几何学知识测量了金字塔的高度。泰勒斯在数学方面划时代的贡献是引入了命题证明的思想,它标志着人们对客观事物的认识从经验上升到理论,这在数学史上是一次不寻常的飞跃。在数学中引入逻辑证明,它的重要意义在于:保证了命题的正确性;揭示各定理之间的内在联系,使数学构成一个严密的体系,为进一步发展打下基础;使数学命题具有充分的说服力,令人深信不疑。泰勒斯证明的几何学命题主要有:圆的直径平分圆周;内接于半圆的角是直角;等腰三角形的两个底角相等;两条直线相交时,对顶角相等;两个三角形有一边及这边上的两个角对应相等,则这两个三角形全等;相似三角形对应边成比例等。

(2)毕达哥拉斯学派的数学研究 毕达哥拉斯学派在数学、天文学、物理学等方面作出了重要的贡献,其中以数学上的贡献尤为突出。毕达哥拉斯学派可以认为是数论的先驱,将自然数区分为奇数、偶数、素数、完全数、平方数、三角形数、正方形数和五角形数等。在毕达哥拉斯派看来,数为宇宙提供了一个概念模型,数量和形状决定一切自然物体的形式,数不但有量的多寡,而且也具有几何形状。在这个意义上,他们把数理解为自然物体的形式和形象,是一切事物的总根源。因为有了数,才有几何学上的点,有了点才有线、面和立体,有了立体才有火、气、水、土这四种元素,从而构成万物,所以数在物之先。自然界的一切现象和规律都是由数决定的,都必须服从"数的和谐",即服从数的关系。毕达哥拉斯学派大大推进了演绎方法在几何学上的应用,证明了著名的毕达哥拉斯定理(即勾股定理);研究了黄金分割;证明了三角形内角和等于180度;研究了相似性;研究了递进数列以及一些比例关系。毕达哥拉斯定理表明直角三角形两边平方的和等于斜边的平方。在某些这类三角形上,斜边的长度是无法测量的,一个最简单的例子就是等腰直角三角形,其斜边的长度是其他两边长度的$\sqrt{2}$倍。毕达哥拉斯学派对数量和数采取了原子的观点,$\sqrt{2}$既不能用整数表达,也不能用几个整数表达,这个无理数使得这一学派陷入了困惑之中,动摇了他们关于数的完美性的信念。最后证明了$\sqrt{2}$确实是无理数,从而走上了以几何学为中心的道路。

(3)芝诺悖论与极限思想　　芝诺(Zeno,约公元前496—公元前430年)是古希腊爱利亚学派奠基人巴门尼德的学生,是爱利亚学派的主要活动人物。在哲学史上,芝诺为了论证运动的不存在提出了关于运动的4个悖论:(1)移动位置的东西在达到目的地之前必须到达途程的一半,而此一半路途到达前又必须到达一半的一半,这样的程序是无限的,而有限的时间是无法实现无限多的程序的,所以任何东西都不可能到达其想要达到的位置。(2)希腊人中跑得最快的阿基里斯追不上乌龟,因为当阿基里斯赶上乌龟原先的位置时,乌龟已经又向前爬行了一小段路程;而当阿基里斯再赶上乌龟新的位置时,乌龟又向前爬行了一小段路程,这样的过程是无限的、无穷无尽的,所以阿基里斯追不上乌龟。(3)飞矢不动(略)。(4)运动场(略)。虽然这4个悖论是很荒谬的,但是其中却蕴含着丰富的数学思想,再进一步就可导出极限的思想。虽然芝诺悖论没能进一步发展成为极限思想,但产生的影响是深远的,对哲学、逻辑学和数学的发展起了促进作用。

(4)柏拉图与欧多克斯的工作　　公元前387年,柏拉图在雅典创办学园开始从事教育,学园对数学特别是几何学十分重视。据说,学园门口挂有"不懂几何者不得入"的牌子,可见柏拉图学派对于几何学的重视。

柏拉图本人不是数学家,但他特别注重对几何学的研究。他对感觉经验比较轻视,而注重理性来把握世界,几何学正是通过超越感官经验的层次来把握抽象的理念,所以柏拉图的核心思想是理念论。他认为理念优先于感觉,一切的感官经验都是靠不住的,必须利用理念进行严密推理。所以他特别强调数学的严谨性,在他的学园教学中坚持准确的定义和演绎的证明。柏拉图学派的哲学贡献是提出两类推理过程的方法论:第一类是分析方法,第二类是归谬法。可以说,柏拉图学派使数学,特别是几何学具有了明确的思维方式。

柏拉图学派的欧多克斯是成果颇丰的数学家,他的一个重要贡献是建立了一个纯粹几何性的比例理论。欧多克斯引入可以连续变化的"量"的概念,他定义了两个量的比等于另外两个量的比的比例关系,这样就可以避免出现用无理数来表示线段、角度等量,这对几何学的发展起到了积极的推动作用,但是不利于代数学的发展。欧多克斯的另一重要贡献是对穷竭法的发展、补充、完善和推广,他用穷竭法证明了两圆面积之比等于其半径平方之比;两球体积之比等于其半径立方之比;棱锥体积是同底同高棱柱体积的1/3;圆锥体积是同底同高圆柱体积的1/3等。

(5)欧几里得的《几何原本》　　最早的几何学兴起于公元前7世纪的古埃及,由古希腊数学家泰勒斯等人传到古希腊的米利都城,后来经毕达哥拉斯学派得到进一步发展。虽然人们已经积累了许多几何学的知识,然而这些知识当中,存在一个很大的缺点和不足,就是缺乏系统性。大多数是片段、零碎的知识,公理与公理之间、证明与证明之间并没有什么很强的联系性,更不要说对公式和定理进行严格的逻辑论证和说明。随着社会经济的繁荣和发展,特别是随着农林畜牧业的发展、土地开发和利用的增多,把这些几何学知识加以条理化和系统化,使之成为一整套前后贯通的知识体系,已经刻不容缓,是科学进步的大势所趋。古希腊后期,学术中心转移到了古埃及的亚历山大城,著名的大数学家欧几里得(Euclid,约公元前330—公元前275年)在这里总结和完成了这一成就。欧几里得生于雅典,当时雅典就是古希腊文明的中心。浓郁的文化气氛深深地感染了欧几里得,当他还是个十几岁的少年时,就迫不及待地想进入"柏拉图学园"学习。通过对柏拉图数学思想,尤其是几何学理论系统而周详的研究,欧几里得已敏锐地察觉到了几何学理论的发展趋势,他下定决心,要在有生之年完成这一工作。大约在公元前300年左右,欧几里得在亚历山大城完成了他的代表作,也就是古希腊数学的百科全书——《几何原本》。这是一部传世之作,几何学正是有了它,第一次实现了系统化、条理化。

《几何原本》是一部集前人思想和欧几里得个人创造性于一体的不朽之作。《几何原本》共计有13卷,书中包含了5条公理、5条公设、23个定义和467个命题,内容包括初等几何、立体几何、数论、穷竭法、比例等诸多方面。在每一卷内容当中,欧几里得都采用了与前人完全不同的叙述方式,先提出公理、公设和定义,然后再由简到繁地证明它们,这使得全书的论述更加紧凑和明快。而在整部书的内容安排上,也同样贯彻了他的这种独具匠心的安排。它由浅到深,从简至繁,先后论述了直边形、圆、比例论、相似形、数、立体几何以及穷竭法等内容。其中有关穷竭法的讨论,成为近代微积分思想的来源。《几何原本》是一部世界上最早的公理化的数学名著,它编纂了从泰勒斯开始,经毕达哥拉斯学派到柏拉图学派积累的全部数学成果,融合了前人的工作并发明了新的证明方法,发展为建立在定义和公理基础上演绎而成的一套严密体系。一直到19世纪之前,它都是欧洲数学的基本教科书。

欧几里得是人类科学思想史上的一盏指路明灯,他第一次使数学理论系统化,并使几何学逐渐成为一门独立发展的正式学科体系。他对数学史上的许多疑难命题和定理做了开创性的论证和解释,为数学的发展打下了坚实的理论基础,推动了人类数学思想的进步,从而为后来人类能更好、更深刻地认识自然界提供了更为有效的工具,因此,后人尊称他为"几何学之父"。

(6)阿基米德的数学贡献　阿基米德(Archimedes,公元前287-公元前212年)出生在意大利半岛南部西西里岛的叙拉古,他的父亲是一名天文学家和数学家,受父亲的熏陶从小热爱科学。他青年时代到亚历山大城求学多年,还师从于欧几里得的学生卡农,在学习期间他对数学、力学和天文学有浓厚的兴趣。在学习天文学时,就发明了用水力推动的星球仪,并用它模拟太阳、行星和月亮的运行以及表演日食和月食现象。公元前240年,阿基米德返回叙拉古,当了希罗王的顾问,帮助国王解决生产实践、军事技术和日常生活中的各种科学技术问题,同时进行科学研究。阿基米德在前人科学工作的基础上继

图2-11　阿基米德

续前进,在数学、力学和天文学上都作出了巨大的贡献,他还在机械方面有一些发明创造。

阿基米德的数学成就在于他既继承和发扬了古希腊研究抽象数学的科学方法,又使数学的研究和实际应用联系起来。在数学上的主要工作和贡献有:用穷竭法求出一些复杂的面积和体积,比如求抛物线弓形的面积、阿基米德螺旋线所围的面积、圆柱体和它的内切球体表面积和体积的关系等;他是科学地研究圆周率的第一人,提出用圆内接多边形与外切多边形边数增多、面积逐渐接近的方法求圆周率。他的计算过程非常严密而且已经有了微积分思想的萌芽。他在数学方面的主要著作有《论球和圆柱》、《圆的度量》、《抛物线求积》、《论螺线》、《论锥体和球体》等。阿基米德不仅是一位伟大的数学家,同时还是一位伟大的力学家,他把数学知识应用到力学上,计算出了许多种平面形和立体形物体的重心,总结出了杠杆的一般原理和浮力定律,还发现了比较不规则物体重量的方法,他的这些力学成就都是以

数学为基础的。作为一位力学家,他的主要著作有《论平板的平衡或平板的重心》、《论浮体》、《论杠杆》、《原理》等。他既继承和发展了古希腊抽象的数学研究方法,又把数学研究成就应用到实际中去,这对于科学的发展具有重大的意义,对后人产生了深刻的影响。

(7)阿波罗尼乌斯的《圆锥曲线》 阿波罗尼乌斯与欧几里得、阿基米德被称为古希腊亚历山大时期的数学三大家。阿波罗尼乌斯在青年时代曾跟欧几里得的门人学习过几何学,以后就留在亚历山大城与当地的数学家们合作研究。他的最著名的著作是《圆锥曲线》,这是古希腊最著名的著作之一。他用一个平面与一个圆锥以不同角度相交,分别得到了椭圆、抛物线和双曲线,他是第一个发现双曲线有两支的人。他研究了双曲线渐近线的性质;他引入了共轭直径的概念,讨论了有心圆锥曲线两共轭直径的性质,并将这些性质和轴的相应性质加以比较;提出圆锥曲线的直径以及有心圆锥曲线的中心的求法,圆锥曲线的切线的作法;论述了关于圆锥曲线的切线与直径所成图的面积定理,讲述了有心圆锥曲线的焦点的性质;讨论了任一圆锥曲线的法线性质以及相关的作图和计算;讲述全等圆锥曲线、相似圆锥曲线以及圆锥曲线弓形的问题。他对圆锥曲线的研究达到了炉火纯青的地步,使得很长一段时间内,后人在圆锥曲线的几何问题上无事可做。

阿波罗尼乌斯对圆锥曲线的创造性研究及理论的系统化工作是极有价值的,特别是对后来天文学、力学的发展起到了积极的作用。除了《圆锥曲线》这部巨著之外,阿波罗尼乌斯还有其他一些数学著作如《论切触》、《平面轨迹》等对后世也有较大的影响。

从毕达哥拉斯学派开始,到欧多克斯将数与量加以区分,古希腊的数学偏重于几何学,在几何学方面产生了巨人和巨著。与几何学相比,算术和代数的发展是相当缓慢的。

2. 生物学和医学

(1)生物进化思想的萌芽和生物分类学 古希腊早期的自然哲学家们,在生物学和医学的发展上也作出了一定的贡献。米利都学派的阿那克西曼德认为在太阳的照射下,海洋变暖而产生泡沫,进而便产生出各种生物来,第一种生物是鱼。随着干旱陆地的出现,一些像鱼一样的生物便到陆地上生活,并随自然条件的变化而变化,甚至人也是由类似于鱼的动物脱去了鱼皮进化而来的。阿那克西曼德的理论可以认为是生物演化的雏形。

恩培多克勒认为早期的地球上偶然地产生了各种各样不完善的生物,进而由于杂乱偶然的结合而产生出许多怪物,在竞争中凡不适应生存的一些动物早在过去就消亡了,只有那些结合得很好的生物生存了下来,并发生了雌雄性别的分离,于是新的生物就通过生殖繁衍而不再直接从水或土中产生了。恩培多克勒的这一观点是生物进化、适者生存、自然淘汰的早期思想。

在生物学方面成就最大的人就是亚里士多德,他是将生物学分门别类的第一人,他也是详细叙述很多种动物生活史的第一人。他一生的著作中有三分之一是生物学方面的,如《动物志》九卷,《动物之构造》、《动物的繁殖》、《论灵魂》等书。亚里士多德特别重视观察和解剖,他和他的学生一起记述过 520 多种不同的物种,其中有 50 多种动物是直接通过解剖作出描述的。他通过对动物身体的结构、生活习性、生存环境、运动方式以及生殖方式进行研究,对动物进行了认真的分类,形成了他的"生物阶梯"学说。从脊椎动物到无脊椎动物,从哺乳动物、卵生动物再到他所谓的"自然发生动物",同时他的分类学说还暗含了生物进化的思想。

亚里士多德认为生物的繁殖有三种主要方式,第一种是自然发生,如蚤类、蚊虫和虱子等,这种"自然发生论"直到17世纪仍在流行。第二种是无性生殖,如海星、贝类和某些可再生的海洋生物。第三种是有性生殖。亚里士多德死后,他的学生提奥弗拉斯特(约公元前373—约公元前285年)进一步发展,在植物分类学上作出了重要贡献,他是古代最著名的植物学家,被称为"植物学之父"。他在《植物史》和《植物起源》二书中,记述了500多种野生和栽培植物的种和变种,阐明了动物和植物在结构上的基本区别。他把植物分为乔木、灌木、草本植物、一年生植物、二年生植物和多年生植物,记录了它们的特征和药用价值。他认为高等植物是通过种子繁殖后代,而低等植物是靠自然发生产生后代的。

(2)早期的医学思想　恩培多克勒当时是作为医生享有盛名的。他认为人和一切生物一样也是由火、水、气、土四种元素组成的,这四种元素的和谐统一,就使人体健康,它们的混乱就使人体患病。血液被认为是四种元素的一类暂时组合,是感觉的依托,思想过程主要发生在围绕心脏的血液之中,所以心脏是血管系统的中心,也是生命的中枢。

阿那克萨哥拉用他提出的"种子说",解释了人体是如何成长、发育的。他认为世界一切都是由所谓的种子形成,这当然也包括人们吃的食物,这些食物消化过程中分离出来的种子到达人体的各个部位,我们的身体就可以成长、发育。

克罗顿医学派的阿尔克梅翁(鼎盛于公元前500年)是希波克拉底之前最有名的医生,也是第一位以真正的科学态度从事解剖学研究的人。他曾用发育中的动物胚胎进行研究,发现感觉是与大脑联系的而与心脏无关;他还研究了血液循环,认为生命是一种从属于血液的运动,如果构成人体的各种物质是和谐的,人就是健康的,否则就会生病。

(3)医学成就　以希波克拉底(Hippocrates,约公元前460—公元前377年)为代表的一个伟大的理性医疗学派,把医学从宗教迷信中解脱出来,以真正科学的态度进行医学研究和医疗行为,把人类已往的医疗知识系统化,提出了新的观念和新的理论,为欧洲医学奠定了基础。希波克拉底出生于小亚科亚科斯岛的一个医学世家,据说他曾经到埃及、希腊、小亚细亚、黑海沿岸、北非等地游历,广泛接触和学习各地的民间医学。希波克拉底一生的医学著作十分丰富,总称为《希波克拉底文集》,共70卷,涉及解剖学、病理学、临床诊断、妇科和儿科疾病、外科手术、饮食与药物治疗、预后和医学道德等许多方面,他被后人尊为"医学之父"。

希波克拉底学派提出了体液学说,认为人的机体是由血液、黏液、黄胆和黑胆四种液体组成的,当四种体液配合正常时,人就处于健康状态;当四种体液比例失调时,人便患病,治疗的过程就是使这四种体液由不平衡达到平衡状态。

希波克拉底对许多疾病的症状作了描述,并研究了发病的原因和治疗方法。如疟疾、鼻炎、喉炎、肺炎、胸膜炎、痨病、腹泻、肠塞绞痛、肝硬变、白喉、丹毒、痛风以及脑神经疾病等都做过详细的描述。希波克拉底特别强调"自然疗法",他认为人体自身具有某种力量与疾病斗争,如果通过人体自身的自然力量能够自行恢复健康,最好不要用药物治疗。在治疗的过程中,希波克拉底还很重视饮食、运动、按摩、卫生等。

希波克拉底学派在解剖学方面也有一些贡献,已认识到脑是感觉的中心,视觉是瞳孔上形成的形象,耳骨把声音传达到脑。在外科方面,他留下了《骨折》、《关节复位》、《头颅创伤》等著述,详细描述了这些病症的手术治疗方法。

希波克拉底不仅以精湛的医学技艺为欧洲医学奠定了基础,还因全面提出医学道德问题,制订了医生必须遵循的道德规范而名垂千古。以他的名字命名的"希波克拉底誓言"要求从医者必须充分保持医生职业和行为的纯洁与神圣。他还强调医生要有良好高贵的仪表,健康的体魄,利他主义的品质;要热心、诚实、谦虚、严肃、冷静、沉着、果断,并且要有纯洁的和简朴的生活习惯。1948年,世界医协大会通过的《日内瓦宣言》和1949年世界医协大会的决议,都把"希波克拉底誓言"作为国际医务道德规则。

除了希波克拉底,在生物学和医学方面还有两位著名的学者,一位是赫洛菲拉斯(Herophilus,公元前320年—?),一位是埃拉西斯特拉塔(Erasistratus,约公元前310-公元前250年)。赫洛菲拉斯可能是第一个进行系统的人体解剖的人,通过解剖知识他对脑、脊椎和神经之间的联系已有了全面而系统的了解,他证明感觉是大脑而不是心脏,大脑是神经系统的中心,感觉是靠神经传达的。他区分了血管与神经,动脉与静脉;他描述了眼睛、消化管道、肌腱、神经、肝脏的特征;记述了腹部器官和女性生殖器官;分析了脉搏和健康状况的关系等。赫洛菲拉斯的著名著作有《论解剖学》《论眼睛》,可惜都已失传。

埃拉西斯特拉塔是一名医生之子,是第一位把生理学作为独立学科来研究的人,他认为疾病的来源最重要的是组织和血管。他在解剖学方面做了很多的研究,描述了肝及胆管,认识到腹水和肝硬变之间的联系;他认为脑是心理功能的中心,还第一个将大脑与小脑区分开来;他还研究了心脏的结构以及心脏的工作原理,认识到动脉和静脉之间的关系,他的这些知识已经接近于现代的血液循环概念。埃拉西斯特拉塔认为每种器官都有三种脉管:静脉、动脉和神经,并且研究了这三种脉管在全身的分布,直到肉眼看不见为止。

3. 物理学

在物理学方面,古希腊科学家通过自己的实践和哲学上的思考,对许多具体物理现象进行了研究,产生了很有价值的物理学知识。

(1)关于运动和空间、时间的观念 亚里士多德是古希腊第一位对物理现象进行系统研究的人,尽管他的许多观点是不正确的,甚至在很长一段时间里束缚了人们的思想,但他毕竟是对机械运动进行系统研究的第一人,从这个意义上来说,也是具有积极意义的。亚里士多德的《物理学》是世界上最早的物理学专著,在这本书中,第一次对运动、空间和时间作出系统的研究,他把物体的一切变化称为运动,主要研究了物体空间位置的移动。他提出了"自然运动"和"非自然运动"的概念,"自然运动"不需要力的作用,认为重的物体比轻的物体下落快;而"非自然运动"必须在外力的强迫下才能进行,否则,它将处于静止状态,所以亚里士多德提出宇宙"第一推动者"的结论。中世纪的基督教说"第一推动者"就是指上帝,并将亚里士多德的学说与基督教教义结合,这样的结合让亚里士多德的学说成为权威学说,一直到了牛顿时代,才建立了正确的力学学说。亚里士多德提出了"自然界没有虚空"的假设,认为空间充满介质,空间乃是事物的直接包围者。亚里士多德的这种认识,是发展绝对空间和绝对运动概念的出发点。关于时间,亚里士多德把它看作是描述运动的数,时间和运动是分不开的,时间是永存的。"在任何地方,同时的时间都是同一的",这是他对时间的无限性和同时性的认识。

(2)古希腊时期的经验物理学知识 古希腊人在力学方面成就最为突出的是阿基米德,他是静力学的真正创始人,在物理学方面有多部著作,留传至今的只有《论平板的平衡或平板的重心》和《论浮体》。在前一部书中,他运用几何学的方法对杠杆原理进行了严密的逻辑证明并给出明确的数学表达式,然后得出了"二重物平衡时,所处的距离与重量成反比",这就是著名的杠杆原理。据说阿基米德以这一原理为根据曾对叙拉古国王希罗宣称:"给我一个稳固的支点,我就能把地球挪动!"阿基米德的另一个重要成就,就是发现并精确论证了著名的阿基米德定律,即浮力定律。他通过研究不同物体的沉浮条件,从一些人们很容易接受的基本公设出发,通过敏锐的观察,利用他数学家的头脑,采用严密的逻辑方法得到了他的结论。

阿基米德和雅典时期的科学家有着明显的不同,就是他既重视科学的严密性、准确性,要求对每一个问题都进行精确的、合乎逻辑的证明,又非常重视科学知识的实际应用。他非常重视实验,亲自动手制作各种仪器和机械,他一生设计、制造了许多机械装置应用于实践。在亚历山大城学习期间,他发明了一种螺旋扬水器,尼罗河两岸的人们把它应用到农业生产中;在罗马军队围攻他的家乡时,阿基米德设计制造了投石机攻打敌人。据传说他制造的起重机可以把敌人的船只提起然后翻倒在水中;他还制造了一个巨大的凹面镜,利用太阳光聚焦把敌人的战船烧掉。此外,还有一些滑轮装置、天象仪等机械设备都是很具有实用价值的。可惜的是,这位伟大的科学家在罗马人攻入叙拉古时,在混乱中被罗马士兵杀死,他的死亡也预示了古希腊世界的命运。

阿基米德对科学的贡献是巨大的,不仅表现在他在数学和力学中的杰出研究成果,他把实验和逻辑论证结合起来的科学研究方法,更具有划时代的意义。他既注重观察和实践,也重视数学上严格的逻辑证明,可以说他是把数学和力学结合得最好的人。他开辟了整个物理学的通途,为整个近代物理学的发展奠定了坚实的基础,他的研究方法也是现代科学方法中最重要的组成部分。

光学在古希腊发展得比较早,对于视觉问题,毕达哥拉斯学派和亚里士多德认同射入说,认为物体表面发射出的粒子到达人的眼睛引起视觉;恩培多克勒和柏拉图学派则提出射入—射出说,他们认为物体和人的眼睛同时发射某种东西,在空间中相遇就产生了视觉;欧几里得提出了射出说,他认为视觉的产生是从人眼睛发出的射线被物体反射回来的结果;欧几里得在《反射光学》一书中,把几何学运用到光现象的研究中,开创了几何光学。他提出光的直线传播,光的反射定律,讨论了平面镜和球面镜成像问题,以及球面镜的聚焦作用。

声学方面古希腊也有一些成就,恩培多克勒对听觉问题作了最早的论述;毕达哥拉斯学派曾经从对竖琴的弦长、笛子的管长与音调高低的研究中,发现了和谐的音调之间简单整数比的关系;亚里士多德则认识到介质的作用,认为介质的存在也是声音现象存在的条件以及回声的产生原因。这些经验的声学知识对古罗马的庞大建筑也起到了一定的作用。古希腊在电磁学方面的知识很少,但也有一些记载。如泰勒斯已经知道摩擦起电、磁石吸铁的现象,柏拉图、亚里士多德对磁化现象已经有了一定的了解等,都是对电和磁现象的初步描述。

第四节 古罗马的科学与技术

古罗马文化起源于意大利,意大利半岛由南向北直插地中海中部,东部隔亚得里亚海与巴尔干半岛相望,西部有西西里岛,与北非相隔不远,地中海被它分为两块,东部是希腊、埃及和巴勒斯坦,西部是非洲海岸上的迦太基和西班牙,因此海路交通十分方便。境内富含火山灰,土地肥沃,气候温和,雨水充足,适宜于农耕,伊达拉里亚人最早在这里建立了奴隶制城邦。公元前7世纪,罗马人在台伯河畔建立了罗马城,开始了王政时代。公元前6世纪末,罗马城邦征服了伊达拉里亚人而成为意大利境内最强盛的势力,公元前3世纪初统治了整个意大利半岛。公元前2世纪罗马人继续向外扩张,先后战败了马其顿人和迦太基人。

公元前 30 年又灭了希腊人统治的古埃及托勒密王朝，占领了古希腊的全部领土。至此，罗马形成了地跨欧、亚、非三大洲的奴隶制大帝国。公元 1－2 世纪是罗马帝国的鼎盛时期，其疆域北面囊括了欧洲现在的英国、德国、匈牙利、罗马尼亚等地，东面到达两河流域一带，南面占据了整个北非，西面占据了西班牙和葡萄牙。从公元 3 世纪开始，罗马帝国日益衰落，公元 330 年罗马帝国皇帝东迁拜占庭，于公元 365 年分裂为东西两部。公元 476 年，西罗马帝国被日耳曼人和起义的奴隶消灭，西罗马帝国灭亡。到公元 1453 年，东罗马帝国被土耳其人占领，东罗马帝国灭亡，罗马帝国的历史终结。

一、农业、手工业和建筑

古罗马人是一个以农业为主要生计的民族，他们特别重视农业。在帝国建立以前，古罗马的农业技术就很发达，水利事业也有一定规模，牛耕和铁制农具锄、犁、耙、锹、镰等的使用已经非常普遍。到了帝国时期，农庄、果园和牧场的规模不断增大，几乎所有的欧洲蔬菜在意大利半岛都有种植，果树品种繁多，嫁接技术十分普遍，所有这些标志着当时罗马帝国的农业技术是相当发达的。不仅如此，还出现了西方最早的农业著作：罗马监察官伽图（Cato，公元前 234－公元前 149 年）写的《论农业》，其中涉及到农庄管理、土地耕种、水果栽培、葡萄修剪、养蜂等许多方面的知识。此后，相继出现了其他一些农业著作，如瓦罗（Varro，公元前 116－公元前 27 年）的《农业论》，其中介绍了耕种方法、牲畜饲养等内容。另外，还有科琉麦拉、帕雷德阿斯也著有《农业论》，这两本著作都流传下来了。

罗马时代的手工业也很发达，制陶、制革、冶金、木工等技术在古希腊时代就有相当的基础，罗马帝国时期手工业更加繁荣。他们吸收了古希腊人的各种发明创造，再加上帝国矿藏丰富，在许多地方出现了著名的手工业中心。人们在西班牙地区开采金、银、铜、铅、锡等矿，在莱茵河和不列颠采集铁矿，意大利半岛的青铜铸造业、制陶业、毛纺织业、玻璃业等都很著名。公元 79 年被火山灰埋葬的庞贝城有许多呢绒、香料、石器、珠宝、玻璃、铁器、磨面和面包作坊，展现了罗马帝国手工业的繁荣景象。

罗马时代著名的科学家、工程师、发明家赫伦（Heron，公元 1 世纪）创造了滑轮系统、鼓风机、里程器、虹吸管、测准仪等多种机械设备，其中最令人吃惊的是蒸汽反冲球，利用蒸汽的反作用力使得金属球迅速旋转，它被人们认为是近代蒸汽机的雏形。赫伦发明了世界上第一台老虎机，是为神庙的需要设计的。祭拜者进入寺庙之前必须先清洗面部和双手，将铜币投入老虎机中即可得到一点儿洗手用水。他还写过不少著作，流传下来的有《压缩空气的理论和应用》、《战争和机器》、《机械学》等著作。

图 2-12　法国伽合桥（叠加合券柱式引水道）

图 2-13　古罗马角斗场

　　罗马强盛以后,统治者特别重视建筑,罗马人在建筑方面的成就是辉煌的。他们继承了古希腊、两河流域和古埃及的建筑技术,在此基础上进一步推动和发展,建造了许多庞大的建筑,许多建筑遗址保存到现在。如建于公元 70—80 年的罗马大角斗场是古罗马最大的建筑物,它是用石料建成,平面为椭圆形,长径 188 米,短径 156 米,四周为看台,外墙高 48.5 米,有三层拱券支撑廊,可容纳 5—6 万名观众。从公元 4 世纪起,为了给城市生活供应用水,罗马人修筑了 9 条长达 90 公里的水道工程。在帝国时期,水道工程扩展到其他区域,引水道通过洼地时用石块建成高架拱槽。在法国足姆地区的一处高架水槽高离地面 48 米;叙利亚境内一处水渡槽高离地面 65 米。被视为古罗马杰作的万神庙建于公元 120—124 年,这是一个圆形的建筑,顶高和直径相同,约 43.5 米,建筑之气派、雕刻之精美,让现代人为之震惊。另外,还有其他一些建筑如公共浴池、宫殿、露天剧场、拱形凯旋门等等也是很宏伟的。而且古罗马的公路交通、桥梁设施非常发达,从"条条大道通罗马"这一典故也能看出当时的景象。罗马人在建筑方面之所以能达到登峰造极的地步,主要是水泥的发明和应用,这使得巨大的圆顶、拱形和穹隆结构成为可能。

　　罗马人对于建筑的重视,使得在罗马出现了世界上第一部建筑专著,它是奥古斯都时期的著名工程师维特鲁维奥(Vitruvius,公元前 1 世纪—公元前 20 年)所著的《论建筑》,这部著作共有 10 个题目,涉及到建筑的基本问题,建筑师的教育,建筑材料的性质和用法,神庙、宫殿的式样,剧场、浴池、港湾等公共设施的建筑,住宅的建筑,室内装饰与壁画,建筑的上下水道问题,建筑机械与军事,建筑声学等诸多内容,这部著作对后世是非常具有影响力的。另外,帝国时期担任过罗马水道工程监察官的弗朗提务(Sextus Julius Frontinus,公元 40—103 年)也写过几部工程学著作,其中还涉及到了供水工程,水流与管口以及水面下深度的关系等许多问题。

二、科学贡献

　　就科学方面而言,古罗马人没有古希腊人那样的智慧,虽然把古希腊科学的内容全搬了过来,但没有很好汲取古希腊人的科学思想和科学方法,不能吸取古希腊人在科学理论和科学实验之间所达到的一定程度的统一性,所以古罗马人的科学著作往往象普林尼(公元 23—79)的《博物学》一样,大部分是经验的总汇。

1. 托勒密及其成就

　　克劳狄·托勒密(Claudius Ptolemy,约公元 90—168 年)出生在托勒密城,他是生活在罗马统治下的古代著名的天文学家、地理学家、数学家。他继承了古希腊伟大天文学家伊巴谷的工作,一生的大部分时光是在亚历山大城从事天文观测和学术研究,他的天文学成就也是古希腊最后的遗产。托勒密的研究成果表现在他的几部著名的著作:《天文学大成》(又译作《至大论》)、《大汇编》、《光学》、《地理指南》等。其中最有影响力的是《至大论》,这本书集欧多克斯、亚里士多德、阿波罗尼乌斯以来的全部地心说之大成,全书共 13 卷,内容非常广泛,其中记载了日常生活中昼夜的长短,一年和一个月的长短,太阳系和恒星的运动,行星和月亮的运动,日食、月食理论,岁差,黄道 12 星座以外的 48 星座等诸多内容,甚至还有观测仪器的制造和用法。所以《至大论》是古希腊天文学的集大成,是一部天文学百科全书。

　　托勒密宇宙观的核心内容是地球中心论,书中系统地阐述了自己最完整的地心宇宙体系。他认为地球是宇宙的中心,是静止不动的,太阳、月球、行星和恒星都环绕地球运动,每个行星都在自己的"本轮"轨道上作匀速运动,而本轮的中心在"均轮"的大圆轨道上绕地球作匀速运动,但地球并不是"均轮"的中心,所以均轮轨道是一个偏心圆。托勒密的宇宙地心体系较为完美地解释了当时观测到的行星运动情况,并取得了航海上的实用价值,从而被人们广为信奉,统治了西方天文学达 1300 年之久,直到 16 世纪哥白尼提出"日心说"才被推翻。在当时的历史条件下,托勒密提出的宇宙体系学说是具有进步意义的。首先,它肯定了大地是一个悬空着的没有支柱的球体;其次,从恒星天体上区分出行星和日月是离我们较近的一群天体,这是把太阳系从众星中识别出来的关键性一步。

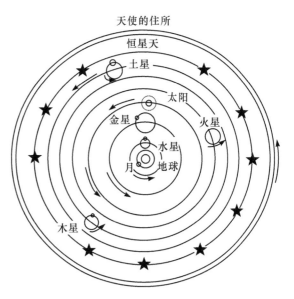

图 2-14　托密勒的地球中心说示意图

托勒密不仅是一位卓越的天文学家,还是一位数学家、地理学家和物理学家,在这些学科也取得了重大成果。比如他采用 60 进制,把圆周分为 360°,又将每份分为 60 等份,每一等份分为 60 小份,这就是"分、秒"名称的来源。他还推导出三角学的一系列法则,并奠定了三角学的基础。他把天文学和立体几何结合起来,写了两部名著,《天球测绘》和《平面球体图》,两书分别论述正射投影和极射投影的数学系统。借助这种数学方法,天文学家可以将球面几何的问题化成平面几何问题来解决,这是将天文学进一步科学化的重大创造。他还主张天文学和地理学要联系起来,他的《地理学》(又译作《地理学指南》)一书系统地叙述了制作地图的基本原理和法则。他认为,地理学的研究对象应为整个地球,主要研究其形状、大小、经纬度的测定以及地图投影的方法等。他制造了测量经纬度用的类似浑天仪的仪器(星盘)和后来驰名欧洲的角距测量仪,并且以经纬度为依据绘制了地图,该书直到 14 世纪仍为地理学方面的权威著作。在物理学方面,托勒密著有《光学》一书共 5 卷,叙述了平面镜的性质、反射定律以及折射现象等等。他绘出了光线以各种入射角从光疏媒质进入水的折射表,并且认为光线在折射时入射角与折射角成正比关系。

2. 丢番都的代数学

古希腊数学总是和哲学、天文学联系在一起,直到公元 4 世纪,数学才从实验和观察为依据的经验科学过渡到演绎的科学,而成为一门独立的学科,我们称之为初等数学。古希腊数学自毕达哥拉斯学派后,兴趣中心在几何,他们认为只有经过几何论证的命题才是可靠的。为了逻辑的严密性,代数也披上了几何的外衣,一切代数问题,甚至简单的一次方程的求解,也都纳入了几何的模式之中。直到亚历山大后期出现了一位伟大的数学家丢番都(Diophante,约公元 246—330 年),代数学才发展起来。他认为代数方法比几何的演绎陈述更适宜于解决问题,而在解题的过程中显示出的高度的巧思和独创性,在希腊数学中独树一帜。丢番都对代数学的发展起了极其重要的作用,对后来的数论学者有很深的影响,他被称为"代数学鼻祖"。

丢番都最出色的著作是《算术》,原有 13 卷,现只剩下 6 卷,它在历史上的重要性可以和欧几里得的《几何原本》相比。丢番都的《算术》最大的特点是完全脱离了几何的形式,主要研究数的理论,解代数方程。它讨论了一次、二次以及个别的三次方程,还有大量的不定方程。但丢番都在解方程时却只限于正根,他认为负根是不合理的,而且他解各个题目都用特殊的方法,很少给出一般的法则,甚至性质很相近的题解法也不同。丢番都的另一重要贡献是用字母来表示未知数作一些运算,这为近代符号代数的发展奠定了基础。

3. 卢克莱修的《物性论》

卢克莱修(Lucretius Carus,约公元前99—公元前55年)是古罗马著名诗人,唯物主义哲学家,也是古罗马科学家的优秀代表,他的主要成就是撰写了《物性论》。《物性论》是一部长篇叙事诗,共有6卷,其内容就是用原子论的观点构造了一幅完整的世界图景,是对原子论学说进行的概括和总结。他发展了伊壁鸠鲁的哲学观点,认为物质的存在是永恒的,世界上的一切物质都是由原子组成,包括人的思想、灵魂;原子是不会产生和消失的,提出了"无物能由无中生,无物能归于无"的唯物主义观点;物质和运动是不可分的,没有物质的时间和空间是不存在的;他反对神创论,认为宇宙是无限的,有其自然发展的过程,他表明世界物质的变化、天文地理现象、生命的产生和消失、社会的发展等等,都是自然历史发展的缘故,都是一种自然现象,而不是神的安排。卢克莱修继承并发展了古希腊的原子论,对前人原子论学说做了系统的总结,在和宗教神学作斗争中起了重要的作用。

4. 盖伦的医学成就

也许是因为实用的目的,医学被罗马人吸收得比较成功,而且在生理学、病理学、解剖学、药理学、卫生学等方面得到了很大的发展,还涌现出一批著名的医学家,形成了诸多的医学理论和流派。古罗马的第一位杰出医学大师是希腊人,比梯尼亚的阿斯克勒皮亚德(约公元前40年卒),他在罗马建立了一所医学院,他的一个学生塞尔苏斯在公元30年前后写了一部重要著作《药物论》。在古罗马最负盛名的医学家是盖伦,他也是古代欧洲最后的一位医学大师。

盖伦(Claudius Galenus,公元129—199年)生于小亚细亚的佩尔加蒙,年轻时学过哲学,随后致力于医学研究,他曾到许多地方行医、游历,研究临床医学、药物学、解剖学等。公元168年被招为皇帝的御医,同时还致力于医学研究和著述。

盖伦把古希腊的医学知识和解剖学知识加以系统化,并把一些分立的医学学派统一起来。他一生著述达400余种,现存100余部,其中医学专著131部,有83部流传至今,内容涉及生理学、病理学、解剖学、药理学、卫生学等诸多方面。最重要的医学专著有《论理想的医生》、《论理想的哲学》、《论希波克拉底的元质》、《论解剖标本》、《论静脉和动脉之解剖》、《论肌肉的活动》、《论希波克拉底和柏拉图的教谕》、《论病的部位》、《论人体各部位之功用》、《论医术》、《论治疗的方法》等。盖伦的著作集古代医学之大成,是古代希腊、罗马医学史上的顶峰。

他继承了希波克拉底的体液说,认为人的健康依赖于四种体液,即黏液、黑胆汁、黄胆汁和血液,这四种体液达到平衡,则人体就是健康的,否则就会生病。他也是一位杰出的解剖学家,由于古罗马是禁止做人体解剖的,只能进行动物解剖,盖伦在动物解剖学方面有很深的研究,并把动物解剖的研究成果,转移到人体解剖上来。盖伦在解剖学方面的伟大成就在世界上是空前的,因为他最早奠定了实验生理学基础,所以被称为"实验生理学之父",为世界解剖生理学的发展做出了杰出的贡献。

盖伦继承了埃拉西斯特拉塔的生理学说,结合自己在解剖医学实践中的一系列重大发现,建立了一套完整的生理体系。他认为灵气是生命的要素,共有 3 种,即自然灵气、活力灵气和灵魂灵气。他对人体的生理过程做了这样的描述:"人的消化系统从食物中汲取营养物质,然后送往肝脏,在那里变成深红色的静脉血,静脉血靠'自然灵气'推动经心脏到达人体的各个部分,然后又回到心脏,还有一部分经心脏右侧到达左侧,然后到达肺部与空气接触,使它带上'活力灵气'之后转变为鲜红的动脉血,动脉血在'活力灵气'的推动下到达人体各部分再返回心脏,其中到达大脑的那部分动脉血中的'活力灵气'转变为'灵魂灵气',这种'灵魂灵气'经神经系统到达全身支配人体的感觉和运动",这就是著名的三灵气说。这个学说虽然充满了猜测和谬误,但是却构造出了人体生理现象的完整图像,具有重要的意义。这一学说统治欧洲达千年之久,直到 17 世纪创立血液循环学说以后才被抛弃。

古罗马虽然在其他科学方面没有太多成就,但在医学方面的成就是巨大的,不仅出现了许多医学家和医学论著,同时对公共卫生建设也特别重视,为此,帝国政府还制定了卫生法规。当时还十分注意城市的供水卫生,建立了完整的排水系统,以保持生活用水的清洁。随着医生社会地位的不断提高,公共医学教育开始兴起,促进了医疗机构的产生,"医院"逐渐得到发展,开始遍布全国。

第五节　古代阿拉伯的科学与技术

在红海与波斯湾之间的阿拉伯半岛上,很早就有阿拉伯人居住。阿拉伯的大部分地区为沙漠,气候干燥,土地贫瘠,大部分阿拉伯人在这片广阔的土地上从事游牧,这里也成了游牧部落的汇集地,形成了早期的阿拉伯游牧文明。阿拉伯境内也有少数肥沃的土地,如阿拉伯半岛西南角的也门地区,有泉水,雨水充足,植被丰富,在这些地方居住着一些以农业为主的居民,早在公元前 1000 年左右就创建了灿烂的农业文明。该地区居民消费的主要粮食作物有小麦、燕麦、稻米、玉米和高粱,出口交流的作物有棉花、甘蔗、甜菜、芝麻等。

阿拉伯世界的地理环境非常优越,西起大西洋东至阿拉伯海,北起地中海南至非洲中部,位于亚、非两大洲的结合部,具有重要的战略地理位置。阿拉伯世界有宽广的海岸线,如大西洋、地中海、阿拉伯湾、亚丁湾、红海和印度洋等水域的海岸线。在阿拉伯半岛西部的也门,有一条陆路商道,向北一直延伸到红海东岸。由于商业的发达,在商人经过的商道上很早就出现了城市,当时的主要商业城市是麦地那和麦加,麦加还是一个商贸和宗教中心,通过这条商道阿拉伯半岛可以和西方进行各种贸易往来。同时,也门海上运输十分发达,亚洲、非洲的货物都可以通过海上运输到达也门,所以阿拉伯半岛成了东西方物资交流的中心。

公元 5－6 世纪,阿拉伯半岛盛行各种崇拜,各个部落之间战争不断,社会经济日趋衰落。伊斯兰教的创立使得阿拉伯民族为共同的信仰团结起来,不仅对阿拉伯民族政治上的统一起到了积极的作用,而且对阿拉伯人在科学技术方面的重要贡献也有一定的作用。

伊斯兰教的创始人穆罕默德(Muhammad,约公元 570－632 年)出生在麦加的一个没落贵族家庭,他出生前已丧父,幼年丧母,因此没有受过什么教育。他曾经远游叙利亚和也门,后来回到麦加经商。40 岁以后,他宣称接受了神的启示,创立了伊斯兰教。伊斯兰教反对部落之间的流血冲突，号召所有的伊斯兰教徒——穆斯林，不分部落，不论等级，都是兄弟。还反对高利贷，主张济贫、释放奴隶。因此伊斯兰教很得人心，很快就在阿拉伯半岛传播开来，阿拉伯民族很快统一起来，形成了一个强大的军事力量。穆罕默德最终在麦地那建立了政教合一的国家，并且于公元630年率领大军击溃了麦加的贵族，奠定了伊斯兰教在阿拉伯的统治地位。

到公元632年，穆罕默德收复了麦加，整个阿拉伯地区完成统一。同年穆罕默德去世，他的继承人艾布·伯克(哈里发)继续以"圣战"的名义向外扩张，不到一个世纪，阿拉伯人就统治了中亚细亚、西班牙、整个地中海地区的非洲国家、几乎整个比利牛斯半岛、近东地区等地，建立了一个横跨亚、非、欧三大洲的强大的阿拉伯军事国家，同时在征服的地区推行伊斯兰教。公元750年，贵族阿布·阿拔斯用武力建立了阿拔斯王朝(中国史称黑衣大食)，王朝最初的100年左右，由于战乱平息、政治稳定，因此经济发达、文化昌盛，成为阿拉伯帝国的黄金时期。

早期居住在阿拉伯半岛上的阿拉伯人科学文化非常落后，当他们的足迹踏遍亚、非、欧这些先进国家，和外界广泛接触以后，他们的社会制度、生产方式、思想文化都发生了极大的变化，大量引进先进技术，在农业、手工业、商业等各个方面得到了蓬勃的发展。同时，阿拉伯人也十分重视学习西方的学术思想。当时的哈里发重视学术，广纳人才，促使了阿拉伯学术的兴起。哈里发在各地兴办了许多图书馆，大量收藏、整理、翻译、研究古代的著作，因此大量的古代作品如柏拉图、亚里士多德、欧几里得、阿基米德、托勒密等人的著述都被翻译成阿拉伯文。经过100多年的刻苦努力，终于使得阿拉伯国家成为学术空气相当浓厚的国家。阿拉伯人在很短的时间内就实现了科学文化的大跃进，使得本国的科学文化得到了巨大的发展，迅速赶上了当时世界上的先进国家。当古代文明的余辉在中世纪欧洲泯灭的时候，阿拉伯地区无形中起到了桥梁的作用，因此当西欧恢复对学术的兴趣时，他们只能通过这些阿拉伯译本寻找古代的智慧。

阿拉伯对中世纪科学技术的重要贡献有两个方面：一是保存并传播了古代的文化；二是在广泛吸收各民族文化成果的基础上，在科学技术方面作出了自己的贡献。随着阿拉伯经济的发展，实用科学也得到了发展。阿拉伯人在吸收古代和外民族文化的基础上，创造了灿烂的阿拉伯科学技术。他们注重科学实验，详细收集科学资料，在许多科学领域，如数学、物理学、化学、医学等方面都作出了贡献。当我们回顾中世纪的各门自然科学时，我们几乎可以在每一门学科中都找到阿拉伯学者的智慧，现代欧洲语言中的不少科学名词都来源于阿拉伯语。

一、数学

阿拉伯人的数学是从引进古印度和古希腊手稿以后起步的。从公元8世纪到公元9世纪中叶，阿拉伯学者大量翻译了古希腊著作的手抄本和东罗马的原稿，使大量的古代科学遗产获得了新生。被翻译的古典著作中有欧几里得、阿基米德、赫伦、托勒密和丢番都等著名学者的数学著作，还有印度数学家波罗摩笈多的著作。经过大量的翻译工作，阿拉伯人进入了吸收和创造时期。从公元9世纪到公元14世纪，先后出现了大批著名数学家，他们在吸收古希腊、古印度数学知识的基础上，创造了阿拉伯数学，为数学的发展作出了卓越贡献。

阿拉伯的第一位数学家是阿尔·花拉子模(Al-Khowarizmi，约780—850年)，他是阿拉

科学技术史概论

78

伯数学史初期最重要的代表人物之一。他一生著述较多,其中涉及数学、天文、地理、历史等方面,以数学和天文学最为突出。他曾经摘录了印度学者的天文表,编辑了阿拉伯最古老的天文表,校对了托勒密的天文表;他还编著了有关阿拉伯国家算术和代数的最早书籍《还原与对消计算》,书中保留并发展了丢番都的数学。这部著作在公元 12 世纪传入欧洲被翻译为拉丁文,简称"algebra",翻译为汉语即《代数学》,所以是阿尔·花拉子模第一次把这门学科定义为代数。

阿尔·花拉子模在《代数学》中系统地讨论了一元、二元方程的解法,他还提出了二次方程的一般解法。丢番都只承认二次方程的一个正根,而阿尔·花拉子模还承认二次方程的一个负根,允许无理根的存在。在书中他第一次把未知数叫做"根",它可以表示一个方程的解,也可以表示一个数的方根,这个词一直沿用到现在。而他的"对消"、"还原"解法到现在依然使用。此外,阿尔·花拉子模在三角学方面还引入了正弦和正切函数。

除了阿尔·花拉子模,阿拉伯还有许多数学家对阿拉伯数学的发展作出了贡献。如阿尔·巴塔尼(AI-Battani,约 858—929 年)在三角学中引入了余切函数,研究了球面三角学,发现了余弦定理;阿布尔·瓦发(940—998 年)用几何方法解代数方程,还引入正割和余割函数,并且给出了一些重要的三角函数公式;莪默·伽亚谟(Omar Khayyam,1048—1131年)著有《代数学》;阿尔·卡西(AI-Kasi,?—1429 年)著有《算术之钥》,用穷竭法计算圆周率,准确到小数点后 17 位。13 世纪纳述拉丁(Nasired-Din,1201—1274 年)的数学著作《论完全四边形》中完整地建立了三角学的系统,从基本概念到具体解法,给出了解球面直角三角形的六个基本公式。这本书使三角学脱离天文学而成为数学的独立分支,因此它在三角学史上具有特别重要的地位,对三角学在欧洲的发展起了决定性的作用。

阿拉伯人在几何学方面没有取得很多进展,但是他们收藏了欧洲早已失传的古希腊数学手稿,欧几里得、阿基米德和赫伦的作品均被翻译成阿拉伯文。阿拉伯人还对欧几里得的《几何原本》作过评注,因此在几何学方面的贡献主要是起了桥梁的作用。

阿拉伯数学在公元 1000 年左右达到顶峰,从公元 1100 年到公元 1300 年间,基督教十字军的东征沉重打击了阿拉伯人。其后蒙古人、鞑靼人的入侵把阿拉伯文明摧毁殆尽,阿拉伯的数学活动宣告结束。此后,阿拉伯的数学成就传入欧洲,为欧洲数学的崛起奠定了基础。因此,阿拉伯数学在世界数学史上起着承前启后、继往开来的作用,是数学发展过程中的重要环节。

二、物理学

阿拉伯人翻译了阿基米德、亚里士多德、托勒密等人的著作,在大量吸收古希腊科学成就的基础上,在物理学方面做了许多工作,最突出的成绩是在光学和静力学方面。阿拉伯最杰出的物理学家是阿尔·哈增(Al-Hazen,约 965—1038 年),他的工作涉及数学、医学、天文学和哲学等许多方面,最著名的是他的《论光学》一书。阿尔·哈增从古希腊人那里学到了"反射定律"——光反射时反射角等于入射角,在此基础上,他又进一步指出,入射光线、反射光线和法线都在同一平面上;阿尔·哈增研究了折射现象,通过实验他发现,入射光线、折射光线和法线在同一平面上。同时还测定了空气—水,空气—玻璃,水—玻璃不同界面的折射数据;阿尔·哈增还研究过透镜成像原理、放大镜、球面像差等诸多问题。

阿尔·哈增研究了视觉生理学,他是最早使用了"网膜"、"角膜"、"玻璃体"、"前房液"等术语的人,并认为视觉是在玻璃体中得到的。他反对射出说,认为光线从被观察的物体发射出来,到达人的眼睛就引起了视觉,这一认识在光学史上无疑是非常重要的。阿尔·哈增在光学方面的研究成果对后来欧洲光学的发展产生了极大的作用,有力地促进了现代光学的诞生。

在力学方面,阿尔·比鲁尼作出了重要的贡献,他认真地研究过物质的比重问题,还精确地测量了 18 种宝石和金属的比重。阿尔·哈兹尼著有《智慧天平之书》一书,设计制造了测量液体、固体的天平,编写了比重表,还发现空气也有重量,因此他把阿基米德的浮力定律从液体推广到空气中。他发现"大气的密度随高度不断增加,其密度越来越小,因此物体在不同高度测量时,重量会有所不同",这也是很重要的力学规律。

在度过了从公元 10 世纪到 12 世纪的鼎盛时期后,由于阿拉伯内部灌溉农业管理不善,加上宗教教条的束缚,外部承受了基督徒十字军的打击以及蒙古人、鞑靼人的入侵,内外交困下的阿拉伯经济衰败了,阿拉伯物理学与数学一样,也随之衰落了。阿拉伯的物理学在继承古希腊人成果的基础上进一步创新,为中世纪欧洲提供了丰富的资料、实验、理论和方法,有力地推动了欧洲物理学的复兴。

三、天文学

从公元 7 世纪到 15 世纪各伊斯兰文化地区的天文学,统称为阿拉伯天文学。阿拉伯人早期引进了古巴比伦、波斯、古印度的天文学,到阿拔斯王朝(Abbasids)时期翻译了托勒密的《至大论》等天文学著作。从公元 9 世纪开始,阿拉伯人在国内建立了许多天文台,著名的有巴格达天文台和大马士革天文台,还装备了一些天文仪器,如浑天仪、地球仪等,形成了许多天文观测中心,在前人天文学遗产基础上,进一步通过观测试验,逐步形成了伊斯兰天文学。

阿尔·巴塔尼是阿拉伯时代最伟大的天文学家,他在阿拉伯天文学中作出了许多重要贡献。巴塔尼从公元 877 年开始做过长达 41 年的天文观测工作,修正了托勒密著作中的不少天文数据,改进了托勒密的天文计算方法,发现了太阳远地点的进动。他撰写了一部实用性很强的巨著《论星的科学》,此书共 57 章,系统而全面地阐述了三角函数、黄赤交角、行星的黄经运动、地月距离、交食计算、天文仪器、星占学、行星运行表等内容,这一巨著对欧洲天文学的发展有深远的影响。

天文学家阿尔·法甘尼(AI-Fanghani,卒于公元 880 年)著有《天文学基础》,书中对著名天文学家托勒密的学说作了简明扼要的介绍。天文学家塔比·伊本·库拉(Thabit ibn Qutla,826－901 年)发现岁差常数比托勒密认为每百年移动 1°要大;他测得黄赤交角为 23°35′,比托勒密的值 23°51 要精确得多。天文学家苏菲(Sufi,公元 903－986 年)出版了《恒星星座》一书,此书是伊斯兰观测天文学的杰作之一,书中给出了 48 个星座中每颗行星的位置和颜色,并进行了星名鉴定,列出了阿拉伯星名在托勒密体系中的名称,根据自己的观测绘制了两幅星图和一份列有恒星的黄经、黄纬和星等的星表,当今世界不少星名都是从这里来的。

此外,阿拉伯天文学家还有阿尔·比鲁尼(Al-Biruni,公元 973－1050 年),他在沟通印度和阿拉伯文化方面起了重大作用。他从 17 岁开始进行天文测量工作,在天文学方面曾编著《古代诸国年代学》,叙述各民族的历法知识;还有《马苏蒂天文典》,包括球面天文、球面三角、计时学等知识;他还提出了地球绕太阳运动的学说,认为行星运动的轨迹是椭圆。

公元 1272 年,伊尔汗国在伊朗西北部建立了宏伟的马拉盖天文台,该台所拥有的天文仪器在当时首屈一指。天文学家纳述拉丁·图西完成了著名的《伊尔汗历数书》,书中测定岁差为每年 51′,已相当准确。在行星理论方面,图西不赞成托勒密的本轮—均轮学说,而提出了一个球在另一个球内滚动的几何图像,以解释行星的视运动。公元 1409 年,帖木儿之孙乌鲁伯格(Ulugh Beigh,1394—1449 年)在撒马尔罕(今乌兹别克共和国境内)建立了一座天文台,该台拥有当时世界上最大的半径达 40 米的象限仪,其弧上的刻度一毫米对应于 5″。乌鲁伯格于公元 1447 年编撰出著名的《古拉干历数书》,又称《乌鲁伯格天文表》,绘制了一部含 1018 颗星的星表,这是托勒密以后第一份独立的星表,在第谷星表问世以前,其精度是首屈一指的。

开罗最著名的天文学家是伊本·尤努斯(Ibn Yunus,公元 950—1009 年),他曾编制了一部有名的《哈基姆历表》,这部历表不但有各种天文观测数据,而且有计算的理论和方法。其中谈到用正交投影的方法,解决了许多球面三角的问题。他还汇编了从 829 年至 1004 年间的天文学家和他本人的许多观测记录,其中包括 28 个日食记录,7 个春分、秋分点的观测记录和一个夏至点的记录。这些资料对研究月亮公转的加速运动和地球自转速度的不均匀变化都有着重要的意义。

后倭马亚王朝时期杰出的天文学家是查尔卡利(Al-Zarqali,公元 11 世纪),于公元 1080 年编制了《托莱多星表》,还著有《论太阳的运动》、《星盘》、《论行星天层》等著作。他详细介绍了阿拉伯人常用的天文仪器星盘的结构和使用方法;记载了他通过 25 年的观测,发现了太阳远地点每 229 年在黄道上移动 1°;论证了水星按椭圆轨道运行,否定了托勒密本轮—均轮体系,这对几世纪后天文学冲破托勒密体系的羁绊起了积极的作用。

四、化学和炼金术

化学起源于人类的社会生产,与炼金术的发展密切相关。炼金术最早起源于古埃及和中国,后来经希腊、罗马和阿拉伯传入欧洲。炼金术的目的是把金属变为黄金、白银或者能够治疗百病的长生不老药,当然这是不可能的,无论他们多么刻苦钻研,最终都以失败而告终。但是,在炼金过程中,他们发现了许多新的物质,得到许多化学方面的知识。阿拉伯炼金术大约兴于公元 8 世纪,它的渊源主要来自古希腊炼金术,通过翻译古希腊著作,获得了许多炼金术方面的知识。同时,公元 8 世纪中国的炼丹术也传到阿拉伯,从此阿拉伯的炼金术研究走上了一个新台阶,他们把炼金术发展为适用化学,并促进了中世纪后期欧洲化学的诞生。

阿拉伯炼金术的早期代表人物是查比尔·伊本·赫扬(Jābir ibn Hayyān,721—815年),他同时也是一位学识渊博的医生,著作有《物性大典》、《七十书》、《炉火术》、《东方水银》等。查比尔的基本思想来源于古希腊哲学家亚里士多德的"四要素说",四要素包括冷、热、干、湿。查比尔认为这四种要素两两相配便形成了世界上的各种金属,并使金属具有相应的内质。例如黄金的内质是冷和干,银的内质也是冷和干,但两种要素的比例不同。所以只要使白银的冷、干比例调整得与黄金一样,就能把白银变为黄金。所以查比尔认为,只要从某些物体中提炼出纯净的四种要素,再确定四种要素在各物体中所占的比例,然后把它们以适当的数量结合,便可以炼成预期得到的产物。

查比尔把四种要素从物质实体中分离出来的方法是蒸馏,他相信通过蒸馏可以把各种要素都分离出来,为此他做了大量的实验。他最早制备出来硝酸,还通过蒸馏明矾得到了硫酸,将硝酸和盐酸混合制成了王水。据说他还制造过碳酸铅,从硫化物中提取过砷和锑。查比尔一生从事炼金术和医学的研究,改进了古代煅烧、蒸馏、升华、结晶等方法,在化学实验方法上作出了杰出的贡献,对中世纪欧洲化学的发展有着很大的促进作用。

更晚些时候,阿拉伯炼金术的代表人物是阿尔·拉兹(Al-Razi,865—923 年),他也是一位著名的医学家,他一生写了许多医学著作,也写了不少炼金术著作,其中以《秘典》最为著名。《秘典》共分三部分,分别讨论了物质、仪器和方法。书中翔实地记载了各种物质的组成,详细地介绍了炼金家所使用的仪器设备,其中有风箱、坩埚、勺子、铁剪、烧杯、蒸发皿、蒸馏器、沙浴、水浴、漏斗、焙烧炉、天平和砝码等,极大地丰富了化学实验室设施。因此,阿尔·拉兹的《秘典》在中世纪享有盛誉,是非常重要的化学文献。

阿拉伯炼金术的后期代表当推阿维森纳(Avicenna,980—1037 年),他是一位杰出的医生,被誉为阿拉伯的"医学之王"。他一生的著作很多,对化学现象的观测资料收录于《医药手册》中。在这本著作中,他对金属衍变持否定态度,他认为不可能把金属的性质发生真正的转化。他把无机矿物分成四类:石、可溶物、硫和盐,水银被划入可熔物,即金属类,他认为一切金属都是由水银、硫磺以及决定该金属本质的杂质所组成。

公元 10 世纪时阿拉伯炼金术已有了长足的进展,出现了一大批伟大的炼金家和学术巨著,可惜的是,从公元 11 至 13 世纪,伊斯兰教的正统派逐渐占了上风,富有浓厚神秘主义色彩的思想盛极一时,穆斯林科学从此迷失了方向,化学没能成为一门真正的科学。后来是西班牙和意大利人继承和发展了阿拉伯人的科学思想和科学传统,把阿拉伯炼金术传入欧洲,并在那里发展成为中世纪晚期的欧洲化学。

五、医学

阿拉伯医学是在吸取古希腊、古印度、中国和波斯等国家医学知识的基础上发展起来的。公元 8—10 世纪,中国、印度的医学就传入了阿拉伯。他们又翻译了古希腊医学家希波克拉底和罗马医学家盖仑等人的医学著作,在吸取东西方医学知识精髓的基础上进一步发展,所以阿拉伯医学的内容极其丰富,在当时是非常先进的医学。可以说,阿拉伯是东西方医学的集大成者,对后来欧洲医学的发展影响很大。

公元 10 世纪前后是阿拉伯医学发展的高峰时期,这一时期产生过许多伟大的医学家,阿尔·拉兹就是其中之一,他是第一位在医药治疗上采用化学药品的人,他有三部医学论著是非常有名的。第一部重要的著作是《医学大全》,这是一部内容极其丰富的医学百科全书,对当时伊斯兰医学的各种知识和医疗经验做了详细的介绍。另一部著作是《献给阿尔曼苏的医书》,在这部书中,内容也极其丰富,包括各种疾病的治疗方法、各种药品的使用等诸多内容。还有一部题为《论天花和麻疹》的专著,对天花和麻疹的临床特征、鉴别诊断和合理的处治方法都作了极其出色的论述,这是世界医学史上就天花和麻疹的鉴别所做的最早的精彩描述。阿尔·拉兹的著作早期被翻译成拉丁文,后来又翻译成英文和其他文字流传到欧洲和其他地区,曾经一度被作为医学学生的教科书来使用,因此,他被誉为"阿拉伯的希波克拉底"。

阿维森纳是古代阿拉伯另一位著名而又博学的医生,在世界医学史上也是杰出的医生之一,有"医学之王"之称。阿维森纳生于布哈拉附近的一个小镇(现塔吉克和乌兹别克毗邻处),他很早就表现出超众的才智。据说他 18 岁那年因为治好了郡王的重病,获得特殊恩准,可以进入藏有大批珍本、手稿的王室图书馆。他在这里阅读了所有的藏书,包括数学、哲学、物理、化学、文学、动植物学、地理,甚至法律、音乐等,所以他在各个领域都很有造诣。他不仅是著名的医学家,而且是著名的思想家、哲学家。阿维森纳留下各种知识的著作近百种,其中医学著作有 16 种,他最著名的医学著作是《医典》。这是一部约一百万字的医药百科全书,全书 5 大卷,内容涵盖了生理学、病理学、解剖学、卫生学、疾病及治疗方法、药物性质及用法等诸多方面。《医典》对许多疾病的成因、性质、治疗都作了十分精辟的论述,对于药物、复方、药性、药物治疗等论述都有独到的见解,另外还介绍了一些外科方面的手术治疗。从《医典》的医学内容可以看出,阿维森纳也吸收了古代印度和中国的医学知识,比如书中有关于脉诊法的记载,有的药物来自古希腊、罗马医学,可谓集东西方药物知识之大成!《医典》后来被翻译成拉丁文,成为欧洲医学的经典著作,长期用作大学医学学生的教科书。

阿拉伯医学在世界医学上的贡献主要有两个方面:一是保存和发扬了古代医学成就。阿拉伯人保存和翻译了大量古希腊、罗马医学文献,吸取了当时各种医学上的成就,并且有进一步的发展,创造了辉煌的阿拉伯医学。二是阿拉伯人发展了药物化学。他们制成了许多药物化学器材,如烧瓶、水浴锅、蒸馏器、乳钵等;他们改进了许多化学实验方法,如过滤、蒸馏、升华、结晶等;他们还制成了许多化学药物,如酒精、硼砂升汞、苛性钾、樟脑及各种药露等。这些创造性的成就,对后来药学发展贡献很大。

总之,世界医学得到今日的成就,其中凝聚了阿拉伯人智慧的结晶。

第六节　欧洲中世纪的科学技术与文艺复兴运动的兴起

欧洲的中世纪是欧洲封建社会从形成、发展到衰亡的长达 1000 多年的漫长历史时期,是欧洲的黑暗时期。中世纪的开始是以西罗马帝国的覆灭为标志的。公元 4—5 世纪,居住在中欧一带的文化落后的日耳曼人与罗马帝国城里的奴隶相联系,摧毁了腐朽的罗马帝国,罗马帝国就这样陷入"蛮族"之手。到公元 476 年,西罗马帝国彻底灭亡,西欧从奴隶制向封建制迅速过渡,进入了漫长的中世纪。

在欧洲封建社会刚刚建立的几个世纪,国王、贵族、教会上层人士掌握了土地所有权,也掌握了政治权力成为封建主阶级,而农民被剥夺了土地所有权和人身自由,成为奴隶(即农奴),他们依靠简单的劳动工具在艰苦的条件下从事劳动生产。自给自足的自然经济成了当时主要的经济形态,农奴很少有剩余产品可以和外界交换,商品经济极不发达,这样,昔日繁荣的罗马城市逐渐衰落。

这种自给自足的小农经济无疑不利于科学技术的发展,农奴们整日被束缚在土地上和庄园的其他作坊里辛勤劳作,在沉重劳役的压迫下,无暇关心劳动技能的提高;而封建主大多数是文盲,游手好闲,不可能去从事科学研究工作。此外,封建主之间勾心斗角、互相冲突,西欧广大的土地上战火弥漫,混战不休,对经济、科学、文化的发展带来了破坏性的影响。因此,中世纪早期往往被称为"黑暗的世纪"。经济上的落后和政治上的混乱无疑是导致科学文化落后的重要原因。

基督教会在西欧确立了统治地位,这是阻碍科学技术发展的另一个重要原因。基督教最初是由地中海东岸巴勒斯坦地区的犹太人创立的,原本是犹太人的一种精神慰藉,后来被罗马皇帝加以利用。到公元325年,罗马皇帝君士坦丁把基督教奉为国教,从此,基督教成了欧洲统治者的统治工具,成了广大劳动人民的精神枷锁。罗马主教地位逐渐加强,成为西欧教会的首脑,自称教皇。到公元8世纪,其权力甚至超过了国王,凌驾于各国国王之上,而教会教条同时就是政治信条。

基督教的基本教义不关心科学技术研究,只关心来世的问题,等待末日宣判的来临。当教会取得更大的权力以后,敌视科学的态度变本加厉了,有时甚至把科学技术视作一种罪恶,残酷地迫害科学异端,致使大批有识之士遭到杀害,大量珍贵的书籍被焚毁。随着教会财富和权力的不断增加,教会也越来越腐化,教士们荒淫无度,穷奢极欲,还通过各种形式剥削人民的财产。在教会的摧残下,社会生产力得不到发展,科学技术没有了生机,学术气氛死气沉沉,这种状况一直从公元5世纪持续到公元14世纪。

虽然中世纪欧洲的理论科学成就很少,但是在技术方面的成就是不可抹杀的,在农业技术、动力技术、交通技术、建筑技术、纺织、冶金、印刷、机械制造以及日常生活的其他技术方面,吸收了许多来自东西方的先进发明创造,并很好地加以应用和发展,有力地推动了社会经济的进步。

一、农业、手工业和建筑

从公元6世纪上半叶到9世纪末,欧洲在吸取一系列文明的基础上,创造了自己独特的农业生产体制。在农耕技术方面,采用了北方蛮族的重轮犁,这种犁有三大优点,第一,可以翻黏稠的土壤,这种土壤比较肥沃,能生产更多的粮食;第二,这种犁能翻出垄沟来,避免了交错犁田,从而节约了人力和时间;第三,这种犁翻出的土形成一个长条,两个长条之间形成一个沟,有利于引水灌溉。重轮犁的使用大大提高了生产效率。到公元8世纪后期,欧洲出现了三圃耕作制度(三年两种),这种耕作制度有利于保持地力,增加收益,使得产量能够提高百分之五十,所以欧洲在合理利用土地方面是很科学的。到公元10世纪之后,欧洲人已经向森林、沼泽和海洋进军,还懂得了开发和改良土地。

欧洲农业的发展促进了手工业和商业的发展,从公元10世纪后期,欧洲已普遍使用水力和风力来推动水磨、风磨加工粮食,后来水轮磨又被用于提水、压榨油籽、麦芽加工、磨石以及制革、采矿等行业。到工业革命时,这些机械还被用来织布、纺线等。12世纪欧洲的采矿业发展起来了,以水为动力的矿井排水机械已经开始使用。14世纪中国的养蚕技术传入欧洲,从此开始生产自己的丝织品,纺织业得到了发展。15世纪已经有了自己生产的瓷器,制糖业也发展起来了。16世纪以后,兴起了工场手工业,最初是佛罗伦萨,随后是佛兰德尔,而圈地运动使英国迅速发展。这种经济模式加速了贸易,从而引发了地理大发现,而工场手工业催生了资本主义经济。到中世纪中后期,各种手工行业由个别经营渐渐演变为成立工会,"专业"这个概念在这时期萌生。同时,中国四大发明的传入,大大推动了欧洲科学技术的进步,出现了一批商业城市:巴黎、里昂、都尔奈、马赛、科隆、特里尔、斯特拉斯堡、汉堡、威尼斯、热那亚等等,形成了一个以地中海为中心的贸易区。在中世纪欧洲经济迅速发展起来的同时,人们的思想也得到了解放。

建筑技术在中世纪欧洲技术中占有重要地位。随着经济的发展、新兴城市的兴起、市民文化的提高,使得建筑技术得到很大的发展,最具代表性的是教堂建筑。10世纪以后,教堂建筑多用拱券结构,增加了许多精美的装饰、雕刻、浮雕和壁画。12世纪末,在法国兴起了哥特式的教堂,其特点是有尖角的拱门、肋形拱顶和飞拱、高耸的尖塔以及高大的窗户,这种建筑的特色是非常宏伟壮观,充分体现了当时基督教的神圣地位以及基督徒对上帝的虔诚和对天堂的向往,同时也体现了劳动人民的智慧和审美情趣。

二、学术复兴的孕育

欧洲学术的复兴应该首先归功于中世纪晚期生产力的发展。随着战乱的终止,社会逐步稳定下来,欧洲农业、手工业和商业慢慢地发展起来了,逐步使欧洲封建经济趋于繁荣,在同东方贸易比较频繁的地中海沿岸出现了一些新的城市。农业生产的发展进一步促进了社会分工,手工业者离开农业而单独存在。手工业的发展进一步促进了商业的发展,新的手工业和商业的发展加快了封建经济的解体,社会等级更加复杂,一部分富裕起来的作坊主把原来的小作坊变成了工场,而一些富裕的商人拥有了更多的生产资料和资金,变成了支配一切的资本家,资本家通过剥削工人的剩余价值来获取利润。为了提高生产效率,他们把分散的劳动者联合成一个集体,实行分工协作,许多人在同一时间同一地点生产同一种产品,大大缩短了产品周期。而且分工使得操作过程更加专业化,使手工劳动更加熟练,这就为技术设备的改进和机器的使用创造了条件。新式的工具、新式的纺车、新式的水泵、水磨、风车等机械设备的出现,使得纺织业、冶金业、酿酒业、玻璃业等行业的效率大大提高。从15世纪起,欧洲各手工业部门都出现了不同程度的改进,这时知识分子对技术问题更加感兴趣了,从而出现了脑力劳动和体力劳动的分工,脑力劳动者在对技术改进的过程中,进一步促进了科学文化的复兴。大约从公元1050年开始,欧洲进入了中世纪的鼎盛期。

欧洲学术的复兴与十字军东征不无关系。从11世纪末开始,教会为了扩大自己的势力,和西欧的封建主和大商人勾结,在罗马教皇的发动下,打着宗教的名义,向各个阶层的人们进行狂热的宗教煽动,要从伊斯兰教徒手中夺回"圣地"耶路撒冷,从而展开了对地中海东部地区进行了持续近200年的远征(1096—1270年)。他们在自己衣服上缝上红"十"字,作为参加远征的标志,故历史上称为"十字军东征"。

十字军东征共8次,于1099年7月一度攻占了耶路撒冷,1204年4月占领了君士坦丁堡,城里所有的穆斯林和犹太人惨遭杀害,给地中海人民造成了巨大的灾难。然而十字军遭到了东方人民的有力回击,最终以失败告终。将近两个世纪的十字军东征严重摧残了伊斯兰国家的社会经济文化,严重阻碍了这些地区社会历史的发展。但是,十字军东征在客观上给欧洲社会经济注入了一股新的活力,使得欧洲的城市经济逐步恢复,工商业发达起来了,同东方的贸易也日益兴盛,东方先进的科学技术、农业技术都陆续传到了西方,资本主义开始萌芽了。从11世纪末开始的十字军东征使欧洲人接触到了东罗马和阿拉伯文化,并由此而认识了古希腊的文明。而11世纪正是阿拉伯科学的鼎盛时期,对欧洲产生了巨大的影响。他们把在远征中收集到的书籍带回家乡,大量阿拉伯的科学著作和古典学术在欧洲传播开来。当时,西班牙、意大利南部和西西里成了希腊和阿拉伯学术的传播中心。古典学术的传播不仅使欧洲人获得了大量的知识信息和研究方法,而且也使欧洲人开始以更加现实的眼光来观察和看待物质世界。对知识的渴望和追求使得教育也日益受到重视,城市文化逐渐发展起来了。欧洲人为了吸取来自东方的科技成就,掀起了译书的高潮,在西欧出现了一批最早的大学,大学对于学术的进步和观念的变化所起的作用是不可替代的。大学的创办为市民接受教育提供了良好条件,培养了人才,发展了知识,为近代科学的兴起作了准备,许多科学成就也是在大学里诞生的,从此欧洲的科学文化有了转机。

三、大学的创办和经院哲学的兴起

中世期初期,大约从公元400年到1100年长达700年之久的时间里,欧洲科学一直没有取得进展。当时基督教在政治上占统治地位,教徒们只关心天国和来世,认为探索自然的工作是毫无用处的,对科学毫不关心。他们认为一切智慧都在《圣经》里,一切学问都归教会神父们所有,《圣经》具有至高无上的权威。教皇格里哥利一世就曾说:"不学无术是虔诚之母",并下令烧毁了罗马图书馆中的所有藏书。教会的信条就是:"知识服从信仰,哲学服从神学",从这里可以看出中世纪早期的人们对研究自然的态度。因此,欧洲中世纪早期没有产生重大的科学成果。

十字军东征使欧洲人接触到了灿烂的阿拉伯文明、中国的四大发明以及古希腊、古罗马著作,大量古典著作的传入为欧洲的学术复兴创造了条件。公元12世纪,欧洲兴起了翻译东方文化的热潮,大翻译运动的中心在西班牙和意大利,在投雷多大主教雷蒙德还创办了一所翻译学院,对阿拉伯文的著作进行全面翻译。在大规模的翻译活动中,贡献最大的是意大利克利蒙那的杰勒德(Gerard,1114—1187年),他从阿拉伯文一共转译了80多部著作。到13世纪,阿拉伯和古希腊的典籍已经大部分被翻译成拉丁文。

随着城市的兴起,欧洲手工业和商业逐渐得到恢复,人们对世俗知识的需要显著增加,出现了许多非教会的世俗学校,并在一些学校的基础上发展成为大学,全新的教育组织诞生了。其中较早的有意大利的波隆尼大学(公元1088年)、法国的巴黎大学(公元1160年),英国的牛津大学和剑桥大学、德国的海德堡大学等。据统计,到15世纪末,西欧各国的大学共有近80所。大学聚集了一批有才华的学者,形成了自由探讨、自由研究的学术气氛,这些大学的产生和发展,形成了欧洲多个科学文化的交流中心,许多理论科学,如数学、物理学、医学等科学成就就是在这里诞生的。所以,欧洲大学的产生是中世纪文化最辉煌的一页,是欧洲对人类社会作出的最大贡献之一。

原先的学校是依附于教会的,目的是培养为教会服务的僧侣,教授的课程只有神学和宗教道德。后来慢慢增加了世俗知识的讲授,包括法律、医学、数学等,还设立了学士、硕士和博士学位,逐步形成了一套大学教育体制。到公元12世纪,大批的世俗学校兴起,课程的设置更加广泛,首先学生必须修完文法、修辞、辩论、天文、算术、几何、音乐等和宗教关系不大的基础课程,才可以进一步学习法律、医学和神学。在大学里他们自主管理,自由讨

图2-15　中世纪的大学讲坛

论、学术活动独立自主,所以大学成了人们进行学术讨论的场所,使得人们从封建神学的桎梏中解放出来,一些先进的思想便诞生了。而这些先进思想往往和教会是相互抵触的,所以遭到教会势力的不断镇压、迫害,即使这样,正义最终还是会压倒邪恶,无论如何都阻挡不住历史的进步。

中世纪后期,大约 1200 至 1225 年间,亚里士多德的全集被发现了,并且翻译成拉丁文。这些科学知识的传播引起教会极大的恐慌,甚至在 1209 年法国巴黎大主教禁止亚里士多德著作的传播。但是过了不久,巴黎大学却把亚里士多德的著作作为大学生的必修课。面对这种反抗情绪,教会采取了歪曲吸收和同化亚里士多德学说的办法,把亚里士多德著作里包含的物理学知识与基督教教义调和起来,从此被改造了的亚里士多德学说成了人们精神的枷锁,成为教会的统治工具,这就促成了教会经院哲学的产生和发展。完成这一工作的是意大利神学家、经院哲学家托马斯·阿奎那。

托马斯·阿奎那(Thomas Aquinas,1225—1274 年)出生于意大利南部,18 岁时加入多明我会为修士,后来从师神学家大阿尔伯特,在巴黎和罗马教书。他一生著作颇多,著名的有《神学大全》、《论存在与本质》、《亚里士多德〈政治学〉注释》、和《反异教大全》等,其中《神学大全》是他论述神学思想最重要、最系统的著作,是经院哲学的百科全书。他的神学著作成为基督教神学的典范,其权威仅次于《圣经》。阿奎那说,如果知识不以论证上帝为目的,则任何知识都是罪恶。他创立的"宇宙秩序论"认为,教皇是上帝在人间的代表,位于世俗君主之上。宇宙秩序是上帝按等级体系进行安排的。最底一级的是无生命界,再上是植物界,再上是动物界,再按等级阶梯上升到人、圣徒、天使,至高无上的是上帝。在宇宙秩序中,下级服从上级,上级统御下级,层层统御,层层归属,最后统属上帝。直到 1879 年,教皇立奥十三世依然将阿奎那的学说确立为教会哲学的最高权威。教会和一切封建势力,都把它当作最重要的思想武器,来维护其统治地位和正统信仰,扼杀和窒息一切进步思想。

托马斯·阿奎那的哲学体系是按照亚里士多德的逻辑学和科学建立的,因为亚里士多德的某些哲学观点与基督教教义有着某种巧妙的相似,所以托马斯·阿奎那歪曲地继承和利用了亚里士多德的哲学观点和地球中心说理论,成功地建立了一种亚里士多德哲学同教会神学相混合的思想体系,用来宣传基督教教义。托马斯·阿奎那的主要思想观点是,上帝创造了宇宙万物,地球是上帝专门为人创造的居住地,处于宇宙的中心;上帝推动日月星辰运动,所以一切都要服从上帝的安排,听从上帝的指令。很长时间以来,托马斯·阿奎那的经院哲学一直是教会的官方哲学。

为了维护教会和封建主的统治,托马斯·阿奎那非常注重信仰。他认为知识有两个来源:一是基督教信仰,基督教的教义高于一切;另一个是人类理性所推出的真理,个人的理性是自然真理的源泉,但是理性要服从信仰。虽然托马斯·阿奎那过度强调信仰,理性的地位不够高,但是他已经承认理性的重要性,这在当时已经是很大的进步了,在一定程度上对科学的进步起到了推动作用,只是当近代科学极大地发展以后,经院哲学就成了禁锢科学发展的枷锁。

四、罗吉尔·培根

罗吉尔·培根(Roger Bacon,1214—1294 年)是反对经院哲学和宗教迷信的最重要的代表人物之一。他出生于英国的索默塞特郡的伊尔切斯特的一个贵族家庭,是一位哲学家、科学家和教育家。他博览群书,会多种文字,在数学、力学、光学、天文、地理、化学、医学、音乐、逻辑、文学以及神学方面都有一定的研究,有"万能博士"之称。他一生著作很多,主要著作有三部:《大著作》、《小著作》和《第三部著作》。罗吉尔·培根曾在牛津大学和巴黎大学学习,后来又曾在该两校任教,也是英国方济各会教士。他读了许多古希腊和阿拉伯著作,对亚里士多德和当时的经院哲学非常了解。后到巴黎留学,获得过神学博士学位。他撰写了对亚里士多德种种著作的分析,成为亚里士多德著作的评注者和经院哲学的批判者。他热情称赞和宣传亚里士多德等古代哲学家的思想,他提倡要阅读古希腊的原文,批评神学家们对亚里士多德学说的曲解和篡改,对经院哲学进行了尖锐的批判。他极力反对对权威的过分崇拜,并且把这与习惯、偏见、自负看作是获得真知的四个障碍。他本人虽是僧侣,但对僧侣阶级的腐朽、贪婪、奢侈和骄傲进行了猛烈的抨击。在经院哲学和基督教盛行的年代里,教会思想对人们思想的束缚是根深蒂固的,而罗吉尔·培根的科学思想远远地超前于当时欧洲的学术界,他敢于公开地批判为宗教服务的经院哲学,不可避免地会遭到教会的迫害。1257年他被赶出巴黎大学,在寺院幽禁十年,直到1268年才获释回到牛津工作。1278年,他又被投入监狱达14年之久,出狱后不久便离开了人世。

罗吉尔·培根提倡科学、重视实验、反抗权威,他明确提出只有通过观察和实验方法才能得到可靠的结论,才能检验前人的观点是否正确,其他依据任何方法论证的科学都是不可靠的。这和经院哲学家托马斯·阿奎那形成鲜明的对比,阿奎那只注重概念分析、逻辑推理,尤其是演绎推理,而不重视观察、实验和归纳证明。罗吉尔·培根特别强调数学的重要性,他确信数学思想是与生俱来的并且是同自然事物本身相一致的,任何一门科学都离不开数学,数学先于其他科学,任何经验材料都必须用数学加以整理和论证。在他所著的《大著作》中论述了许多数学对地理、物理、天文、音乐以及国家管理中的作用。实验方法和数学方法相结合是罗吉尔·培根的科学思想和科学方法的概括和总结,也是近代科学建立的理论基础,所以他被誉为近代自然科学的先驱。

作为中世纪时期最著名的科学家和哲学家,罗吉尔·培根长期在牛津大学从事科学研究,这些成果已经达到近代科学的要求。他不仅在科学思想和科学方法上作出了贡献,而且对各门学科都有一定的研究。他学习了阿拉伯物理学家阿尔·哈增的光学著作,通过一些光学实验,他叙述了光的反射定律和折射现象;研究了凹面镜成像和球面像差;他懂得透镜并且谈到显微镜、望远镜和眼镜;他还通过实验证明了虹是太阳光照射空气中的水珠而形成的自然现象,并非是什么上帝所造。他还叙述了许多机械发明,曾设想过动力驱动的自行车、船、飞机等,可见其想象力之丰富。他在炼金术方面也颇有造诣,关于炼金术的著作有18本之多。一方面从理论上探讨如何从元素生成各种金属、矿物以及盐等各种物质,从而探讨宇宙万物的构成,另一方面通过秘密地进行炼金术实验,研究了实际的操作方法以及如何能提炼出更好的东西。在他的《第三部著作》中提到了火药,详细记载了火药的配方,这是欧洲最早的火药配方之一。

中世纪欧洲的科学成就虽然不多,而且当时的学术工作有很多缺点:思想不分明,神秘主义,教条主义,权威著作。但是,做实验和用归纳法来获得一般原理和科学规律,开始成为知识的重要来源,这无疑是欧洲科学家对近代科学诞生做出的重要贡献,从此实验科学开始逐渐发展起来,并很快成为科学研究的重要方面。

五、地理大发现

很久以来,欧洲与中国、印度的贸易,一直是通过阿拉伯人作为中介的,而在整个欧洲,与阿拉伯人的贸易又几乎都掌握在意大利的威尼斯和热那亚商人手里。1453年,东罗马帝国首都君士坦丁堡陷落,从此整个中东及近东地区,全部成了穆斯林的天下。由于君士坦丁堡的特殊地理位置,欧洲人从此不能再像他们的前辈那样通过波斯湾前往印度及中国,也不能再直接通过这个巨大港口来获得他们日益依赖,且需求量巨大的香料。因此,在西欧,英国、法国、西班牙和葡萄牙等各国君主还有商人们都急切地希望能够打破意大利人和阿拉伯人的垄断,试图找到一条新的贸易路线,自己前往印度、中国和香料群岛等地,直接与当地人进行香料、丝绸等商品交易。同时,由于当时欧洲的商品对于中国人、印度人而言毫无吸引力,导致了欧洲人只得用大量的金银来换取香料和丝绸。长期的入不敷出,导致欧洲人对于获取金、银、宝石或者直接获取香料等资源显得十分感兴趣。至此,那些出产这些珍贵资源的地区,便成了欧洲人猎取与互相争夺的目标。

欧洲人通过《地理学指南》可以准确地了解他们憧憬的亚洲、北非,但对于世界的另一半,依然是一片空白,他们根本不知道有美洲、大洋洲和南极洲的存在。虽然他们已经知道了印度与中国的存在,但是真正到过那里的却很少。13 世纪末,马可·波罗与他的游记在欧洲掀起了对东方向往的狂潮:欧洲的黑暗时期正是亚洲国家空前繁荣的年代,在马可·波罗笔下的中国、东亚甚至整个亚洲是一个拥有空前繁荣文化,遍地黄金与香料,发达而强盛的区域,这引发了大量欧洲人一窥东方文明的愿望。然而马可·波罗前往中国时所途经的波斯湾对于欧洲人,特别是 15 世纪之后对于西欧人而言已经成为了禁区。

此外,葡萄牙与西班牙的探索活动多少有将基督教传播到世界,并将异教徒转化为基督教徒的想法。十字军东征带来的长年战争,中世纪的宗教裁判所等等这一切,导致欧洲人对于基督教产生了一种狂热的感觉,很久以来,积极传教便是基督教会的特点之一。而且,为了使那些异教徒或不信教的人皈依基督教,总是会毫不犹像地使用武力。这种政治、经济上的扩张主义加上文化理念上的扩张要求,使得伊比利亚半岛的航海家们坚信自己的活动是上帝的使命,从而为远航的心理奠定了一个良好的基础。同时,远洋航行所需的技术也在不断地发展。对于航海家们而言,他们能够在海上活动,除了宗教信仰以外,更多的是依靠来自各地的科技:由占星术发展的方向辨识、指南针,从穆斯林的独杆三角帆船发展的大三角帆技术,还有本国发达的造船业等,成为在海上航行的依靠。从 12 世纪开始,欧洲人便开始制造用于航海的大型船只。在短短的几个世纪之内,他们或是从阿拉伯人那里学会了使用,或是自己动手发明改造了诸如罗盘、六分仪、海图、三角帆、艉舵、三桅帆船等工具或技术,使得欧洲人拥有了在各种复杂气候条件下进行远航的能力。

在西欧,葡萄牙首先发起了大规模的航海探险活动。15 世纪早期,航海家恩里克王子创办地理研究机构,为取得黄金、象牙和奴隶,组织了多次非洲西岸的探险活动,先后发现了马德拉岛、佛得角群岛,并从直布罗陀沿非洲西海岸到达几内亚湾;1473 年,葡萄牙船只驶过赤道,后到达刚果河口;1487－1488 年巴托罗缪·迪亚斯船队到达非洲南端,发现好望角,并进入印度洋,成为探寻新航路的一次重要突破。1497 年华斯哥·达·加马(Vasco Da Gama,1460－1524 年)率领 170 人组成的船队,从里斯本出发,通过非洲东海岸的桑给巴尔岛,于 1498 年穿过印度洋到达印度南部的商业中心卡利卡特,次年载着大量香料、丝绸、宝石和象牙等返抵里斯本。这是第一次绕非洲航行到印度的成功,被称之为"新航路的发现",开辟了从大西洋绕非洲南端到印度的航线,从而打破了阿拉伯人控制印度洋航路的局面。葡萄牙通过新航路,垄断了欧洲对东亚、南亚的贸易,成为海上强国。

在葡萄牙人探寻新航路的同时,西班牙统治者也极力从事海外扩张。克里斯托弗·哥伦布(Christopher Columbus,1451－1506 年)相信大地球形说,认为从欧洲西航可达东方的印度和中国。哥伦布的西航计划得到西班牙国王和王后的支持。1492 年 8 月 3 日哥伦布携带着西班牙国王和王后致中国皇帝的国书,率领 120 人组成的船队从巴罗斯港出发,横渡大西洋,同年 11 月 12 日,到达了巴哈马群岛的圣萨尔瓦多岛,之后又到达了古巴岛和海地岛,并于 1493 年 3 月 15 日回航至巴罗斯港。但是,哥伦布误以为巴哈马群岛是印度的辖地,把当地土著居民称为印第安人,并误认为古巴是中国的一个省。此后哥伦布又三次西航,陆续抵达西印度群岛、中美洲和南美大陆的一些地区,掠夺了大量白银和黄金之后返回西班牙。这就是人们所称谓的"新大陆的发现"。

葡萄牙海员斐南多·麦哲伦(Ferdinand Magellan,1480－1521 年)在西班牙国王查理一世的支持下,率领 265 名水手组成的远征队于 1519 年 8 月 10 日从西班牙的桑卢卡尔港出发,横渡大西洋,沿巴西东海岸南下,绕过南美大陆南端与火地岛之间的海峡(即后来所称的麦哲伦海峡)进入太平洋,历经磨难于 1521 年到达了菲律宾群岛。麦哲伦在与当地土著人的冲突中被杀,维多利亚号剩余 18 人于 1522 年 9 月 6 日完成了人类历史上第一次绕地球航行一周的壮举,证明了大地是球形的假说。

新航路的开辟和地理大发现加快了欧洲财富的增长和经济的进步,使得社会上一部分人能有更多的时间从事科学研究。远航活动开辟了一个科学研究的新天地,航海需要精确的星图、海图以及测量海里和方位的量表,推动了航海地图、星表制造技术的提高;航海能使人们从不同方位观察天象,获得了更丰富的天文学资料,这些直接推动了天文学的进步;造船技术的发展促进了力学的发展;天文学和力学的发展又带动了数学的进步等等。所以远航探险和地理大发现是科学史上具有划时代意义的事件,对欧洲社会和科学的进步产生了巨大的促进作用。

生产力的发展、文化交流的扩大、学术的复兴和科学方法的建立,使得欧洲积累了形成近代科学所必需的精神和经验方面的准备,为近代科学的开创提供了坚实的基础。远航探险和地理大发现引起的社会、经济方面的深刻变革,成为近代科学产生的又一条件。

六、欧洲文艺复兴运动的兴起

"文艺复兴"一词的原意是指"希腊、罗马古典文化的再生",但是,当时西欧各国新兴资产阶级的文化革命运动包括一系列重大的历史事件,其中主要有:"人文主义"的兴起,艺术风格的更新,空想社会主义的出现,近代自然科学的发展和科学文化知识的传播等等。这一系列的重大事件,与其说是"古典文化的再生",不如说是"近代文化的开端"。"文艺复兴"在人类文明发展史上标志着一个伟大的转折,它是当时新文化、新政治、新经济要求的反映,是新兴资产阶级在思想和文化领域里的反封建斗争。

欧洲的文艺复兴运动兴起于 14 世纪,最早开始于意大利的热那亚、威尼斯、米兰和佛罗伦萨,后来逐步扩展到法国、荷兰、英国等地。文艺复兴是从学习和研究古希腊文化开始的,这些古典文化中蕴含的民主思想、探索精神、理性主义和世俗观念,立即被新兴资产阶级吸收利用,作为他们反封建、反神学的思想武器;城市劳动人民的自我意识开始成长,逐渐形成了对生活的新态度,出现了反封建、反宗教的思潮。正是在这一背景之下,人文主义思潮悄然而起,这是一种认为人和人的价值具有首要意义的思想态度和价值观念,也是文艺复兴运动的主题。人文主义者强调人的价值,他们以人为中心,歌颂人的智慧和力量,赞美人性的完美与崇高,主张个性解放和平等自由,要求现世幸福和人间欢乐。人文主义提倡以"人"为核心的世界观,反对以"神"为核心的宗教哲学和禁欲主义,摒弃作为神学和经院哲学基础的一切权威和传统教条;拥护中央集权,反对封建等级制度。从"我是人,人的一切特质我无所不有"这句口号我们可以感受到"人文主义"的这一主题。人文主义歌颂世俗蔑视天堂,标榜理性以取代神启,肯定"人"是现世生活的创造者和享受者,要求文学艺术表现人的思想感情,科学为人谋福利,教育要发展人的个性,要求把人的思想感情和智慧从神学的束缚中解放出来。

人文主义不仅打破了宗教的束缚,解放了思想,而且对文学、艺术、科学和哲学的发展都有巨大的推动作用。在文艺复兴精神的熏陶下,逐步摆脱了封建宗教思想的束缚,涌现出了一大批卓越的学者。

文艺复兴的巨匠达·芬奇对科学的发展产生了巨大的影响。达·芬奇(Leonardo Da Vinci,1452—1519 年)生于意大利的佛罗伦萨和比萨之间的芬奇,是意大利文艺复兴时期最负盛名的美术家、雕塑家、建筑家、工程师、科学家、文艺理论家、哲学家、诗人、音乐家和发明家,是人类历史上罕见的全面发展的伟人。正因为他是一个全才,所以他也被称为"文艺复兴时期最完美的代表人物"。作为一名艺术家,达·芬奇流传后世的作品《最后的晚餐》、《蒙娜丽莎》、《岩下圣母》、《安加利之战》等都是世界艺术史上的不朽名作。作为科学家,达·芬奇孜孜不倦地探索和研究自然的秘密,他一生留下了5000多页的手稿,内容涉及文学、艺术、数学、力学、天文学、建筑学和解剖学等诸多领域。他深邃的哲理思想和极强的逻辑思维能力,使他在几乎所有的科学领域都走在前面。为了艺术的需要,他不顾传统的压力,亲自进行尸体解剖,以精确地了解和掌握人体构造。他不仅研究了血液运动的问题,还研究了视力的机制,制作了一个眼睛视觉部分的模型,从而否定了射出说;他研究了光学,探讨了透视和光线的问题;他已认识到惯性原理;在天文学和地理学方面,他也提出了许多独到的见解;他还设计制作各种实用的机械装置,如起重装置、碾压机、模拟飞行器、纺织机械等等,并深入研究了与此有关的力学问题。

达·芬奇在科学方法论方面,也走在时代的前列。他并不轻信、盲从古人的论述,他认为真正的科学,只能从观察和实验开始,并运用数学推理,才能证明它的准确性。达·芬奇已经摆脱神学的影响,在思考问题的时候不受神学教条的束缚,而把实验作为科学之母。

"文艺复兴"在人类历史上产生了巨大的进步作用。首先,是人的发现。在中世纪,理想的人被认为应该是自卑、消极、无所作为的,人在世界上的意义不足称道。文艺复兴发现了人和人的伟大,肯定了人的价值和创造力,提出人要获得解放,个性应该自由。其次,文艺复兴打破了宗教神秘主义和以封建神学为核心的经院哲学一统天下的局面,否定了封建特权,破除了迷信,为思想解放扫清了道路,使得各种世俗哲学开始兴起。在中世纪,封建特权是天经地义,门第观念根深蒂固,文艺复兴则使这些东西在衡量人的天平上丧失了过去的重量,人的高贵被赋予新的内涵。第三,破除迷信,解放思想。文艺复兴恢复了理性、尊严和思索的价值,提倡科学方法和科学实验,提出"知识就是力量",开创了探索人和现实世界的新风气。人们坚信自己的眼睛和自己的头脑,相信实验和经验才是可靠的知识来源。这种求真务实的态度、思维方式和科学方法为近代自然科学的大发展打下了坚实的基础。第四,文艺复兴时期创造出大量富有魅力的精湛的艺术品及文学杰作,成为人类艺术宝库中无价的瑰宝。恩格斯高度评价"文艺复兴"在历史上的进步作用,他写道:"这是一次人类从来没有经历过的最伟大的、最进步的变革,是一个需要巨人而且产生了巨人——在思维能力、热情和性格方面,在多才多艺和学识渊博方面的巨人的时代。"

思考题:

1. 古埃及和两河流域天文学方面有哪些主要成就?
2. 谈谈古希腊原子论的主要含义。
3. 亚里士多德在物理学和生物学方面作了什么工作?
4. 古希腊科学与近代科学的异同点表现在什么地方?
5. 托勒密的宇宙体系有什么历史价值?
6. 谈谈古印度数学成就的历史价值。
7. 阿拉伯在东西方科学技术交流方面发挥了什么作用?
8. 为什么欧洲中世纪被称为"黑暗的中世纪"?
9. 谈谈欧洲文艺复兴运动的意义。

第三章

16、17 世纪：近代科学技术的产生

▷▷▷

经过中世纪后期的十字军东征,从阿拉伯人之手,西方世界重新发现了古希腊的学术,由此建立了以亚里士多德——阿奎那思想体系为基础的学术传统。然而,随着资本主义生产方式的日益发展、生产力的解放、欧洲人视野的开阔,特别是古希腊学术中柏拉图主义的进一步发掘,一门新的科学传统的出现成为了可能。以此为契机,16 和 17 世纪先进的欧洲学者们创造了改变整个人类历史进程和人类生活的近代科学。

第一节　近代的观念革命

一、近代科学诞生于哲学家的观念革命

文艺复兴后的欧洲,古希腊自然哲学得以全面恢复。在哲学界,研究自然的学者们的思想重新为柏拉图主义所支配,向已久占统治地位的亚里士多德——阿奎那思想体系提出挑战。同时,航海罗盘、火药、印刷术从东方传入,还有新大陆的发现,这些都大大开阔了人们的眼界。近代科学革命首先发生于欧洲,得益于欧洲为科学革命的发生孕育了合适的氛围与条件。

从科学史上看,每一次科学革命必然有观念上的革命,如 20 世纪初的科学革命带来的对原有时空观的变革,但与 20 世纪的科学革命得益于新发现不同,发生在 16—17 世纪的这场革命首先在观念领域展开。这场革命是对既有的古典数理科学的一场基本概念的观念变革,诚如科学史家库恩所指:像天文学、声学、数学、光学与静力学这五大古典物理学科,从古代几乎连续地传到近代,这些学科的近代发展特征就是观念革命。"古典科学在科学革命时期的转变,更多地归因于人们以新的眼光去看旧现象,而较少得力于一系列以前未预见到的实验发现。"

这场观念革命的主角是一批具有自然哲学思想的科学家,而不是"纯"科学家,"科学家"

(Scientist)一词的出现是 19 世纪的事。例如物理学,从哥白尼开始,近代物理科学的诞生仿佛一幕早已被编排好的巨剧,由这些大家来出演,每一环节都天衣无缝。第谷、开普勒、伽利略、笛卡儿、牛顿,每一位人物都突破旧的观念,在为重铸新时代的思想范式而努力。

这种观念的突破是多方面的。在天文学方面,载着星星运转不息的天球被抛弃了,取而代之的是一望无垠的宇宙空间;在物理学方面,亚里士多德的天然运动概念被抛弃,惯性运动概念成为主流观念;在视觉艺术的创作方面,全景透视被定点透视取代,人成为观察世界的主体,世界即是客体;在精神生活方面,无神论取代了对上帝的虔诚、恭敬;在经济活动领域,对自然的索取、主动利用取代了靠天吃饭的小农经济。

由哥白尼和维萨留斯在天文学领域和生命领域所发动的观念革命是整个近代科学革命的第一阶段。

二、哥白尼和维萨留斯的观念革命

哥白尼革命   1543 年在科学史上是极为重要的一年,哥白尼(Nicolas, Copernicus, 1473－1543 年)的《天球运行论》(*De revolutionibus orbium coeles tium*,曾译为《天体运行论》)和维萨留斯(Andreas Vesalius,1514－1564 年)的《人体结构》同于此年出版。

在哥白尼所处的时代,托勒密的"地心说"在欧洲占统治地位。中世纪的教会把地心说加以神化,用它来作为证明上帝存在的依据。哥白尼认为托勒密由于没有区别现象和本质,将假象视为了真实。由于感觉不到地球的自转,以致只感觉到太阳每天从东方升起而在西方下落,这正像人们坐在大船上行驶时,往往感觉不到船在动,而只见到岸上的东西在往后移动一样。于是,哥白尼提出了日心说并发表了巨著《天球运行论》。他革命性地提出了太阳是宇宙的中心,地球不是宇宙的中心,它只是围绕太阳运转的一颗普通行星。

哥白尼革命带动了一系列观念上的变革。首先,它使地球成为不断运动的行星之一,打破了亚里士多德物理学中天地截然有别的界限;其次,它破除了亚里士多德的绝对运动概念,引入了运动相对性观念;再次,宇宙中心的转变,暗示了宇宙可能根本就没有中心,而无中心的宇宙是与希腊古典的等级宇宙完全对立的;最后,由于地球运动起来了,恒星层反而可以静止不动,这样一来,诸恒星也就不必处在同一个球层之中,恒星层既然没有运动,从前借以论证宇宙有限的理由也就不再成立,因为人们一直认为,既然恒星层是转动的,那就不可能是无限的。

最后两点观念变革,哥白尼并无明确指出,布鲁诺则公开宣传它们。由于布鲁诺不遗余力地大力宣传,哥白尼学说传遍了整个欧洲。天主教会深深知道这种科学对他们是莫大的威胁,公元 1619 年罗马天主教会议决定将《天球运行论》列为禁书,试图阻止哥白尼学说的传播。

认识人体的结构   哥白尼日心说推进了人们对太阳系的认识,而比利时医生维萨留斯则推进了人类对自身的认知。

西方医学中的一个特点是对于外科的研究并注意以解剖学为基础。文艺复兴以来,一批艺术家、医学家不仅从事动物解剖,而且从事人体解剖研究。达·芬奇为了确定人体的正确比例和结构,亲自解剖尸体,画出了许多精细的解剖图。他曾研究

图 3-1 《天球运行论》
书中的宇宙体系

过心脏的肌肉并画出心脏瓣膜图,用水的循环来比喻血的运行,表述了血液循环的概念。

1543 年,维萨留斯发表了《人体结构》。该书分为七卷,依次论述骨骼系统、肌肉系统、血液系统、神经系统、消化系统、内脏系统、脑感觉器官,最后有两个附录,介绍尸体解剖的方法。

通过解剖,维萨留斯纠正了古罗马医生盖仑的许多错误,对流行的观点提出了挑战。例如,维萨留斯确定了男女的肋骨数目相等,并不像《圣经》上说的女人是用男人的一条肋骨创造的,因而男人比女人少一条肋骨。他的结论动摇了天主教会的教条。宗教裁判所以盗尸和巫师罪判处他死刑。

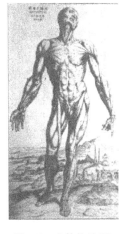
图 3-2　人体构造图

三、布鲁诺的宇宙无中心说

哥白尼的学说是革命性的,但他的宇宙体系是一个有限的体系,它依然保留了天球的概念。他还沿袭了古希腊唯心学派关于圆形是最完美的形状的说法,认为行星绕太阳运行的轨道是圆形的而且是匀速运动的。哥白尼学说的这些不完善之处,得到了布鲁诺和开普勒的发展和完善。

1584 年,乔尔丹诺·布鲁诺(Giordano Bruno,1548—1600 年)的哲学著作《论原因、本原和太一》和《论无限的宇宙和多世界》在伦敦出版。布鲁诺在这些著作中提出了宇宙无中心说,发展了哥白尼的宇宙学说。布鲁诺认为,宇宙是统一的、物质的、无限的,太阳系之外还有无限多个世界。太阳并不静止,而是处在运动之中;宇宙的中心并不是太阳,无限的宇宙原本就没有中心。

布鲁诺的宇宙无限性观念,在思想上具有更大的价值。整个近代的宇宙论革命,就是从封闭的宇宙模型走向无限的宇宙模型。布鲁诺超前于时代太多了,他所描述的与有限太阳系并存的无限宇宙图景,直到三百年后才得到科学的认可。

布鲁诺的激进思想使天主教会暴跳如雷、恼羞成怒,教会派人到处捕捉他。1592 年 5 月 23 日,布鲁诺在意大利被捕,次年 2 月被押解到罗马。经过长达七年的审讯,布鲁诺始终没有屈服,教会判他火刑。1600 年 2 月 17 日,布鲁诺在罗马的百花广场被烧死而为真理殉难。

四、开普勒对正圆观念的抛弃

哥白尼体系继续沿用托勒密体系的本轮——均轮组合法,因为哥白尼本人依然持有希腊古典的正圆运动观念;况且,本轮——均轮组合法能够使得自己的体系与观测现象相符。开普勒则不然,他彻底抛弃了正圆运动的观念,从而确立了太阳系的概念。

约翰·开普勒(Johannes Kepler,1571—1630 年)发现火星的轨道计算数据与著名丹麦天文学家第谷·布拉赫(Tycho Brahe,1546—1601 年)的观测数据不符,虽然只相差 8 弧分,很快就确认火星运动的轨道是椭圆无疑。开普勒发现火星划出一个以太阳为焦点的椭圆(即开普勒第一定律)、由太阳到火星的矢径在相等的时间内扫过相等的面积(即开普勒第二定律)。接着,开普勒将他发现的火星运动两大定律推广到了太阳系的所有行星。

开普勒还发现了第三定律:行星公转周期的平方与其椭圆轨道的半长轴的立方成正比,

将所有行星的运动与太阳紧密地联系在一起。从此,太阳系的概念牢固地确立了,托勒密和哥白尼所运用的一大堆本轮和均轮业已成为多余。行星按照开普勒定律有条不紊地遨游太空,开普勒成了"天空立法者"。

椭圆的引入终结了古希腊天文学上天体作完美的匀速圆周运动的观念,行星天的水晶天球也顿时化为乌有,从而完善了哥白尼体系。从开普勒始,太阳处在行星的轨道中心,而且真正成了导引六大行星昼夜不舍运动不息的力量源泉。

开普勒虽然在太阳系内废除了水晶天球,但依然保留了恒星天球,他不同意布鲁诺的宇宙无限观。原因有二:一是在宇宙模型上,他追求数学的秩序与和谐,他认为,上帝的创造——宇宙——在这方面会有所体现,但一个无限的从而完全无形的宇宙是谈不上秩序与和谐的;二是作为一个天文学家,开普勒相信,只有观测到的现象才是有意义的,而任何被观测到的天体都处在有限的距离内,所以宇宙无限论是一个形而上学的命题。

五、伽利略的天文新发现

意大利人伽利略(Galileo Galilei,1564－1642 年)的天文新发现捍卫了哥白尼学说。1609 年,望远镜刚刚发明不久,伽利略就迫不及待地把自制的望远镜指向天空,他发现了月亮上的山脉和火山口。次年 1 月,他又发现木星居然有四颗卫星。这一发现是对哥白尼学说极有力的支持。托勒密学说的维护者们有一个很强的理由,他们认为只有地球才配有天体绕着转动,因为这些天体是作为地球的仆从而存在的。

1610 年 3 月,伽利略出版的新著一下子使得哥白尼学说深入了人心,这就是《星界的报告》一书。书中囊括了他用望远镜观察到的新天象:月亮并不像亚里士多德所说的那样完美无缺;木星有四颗卫星,它们绕木星而不是绕地球转动;银河是由大量恒星组成的。《星界的报告》在知识界引起了巨大的反响。伽利略被当时的人们传诵为发现新宇宙的哥伦布。

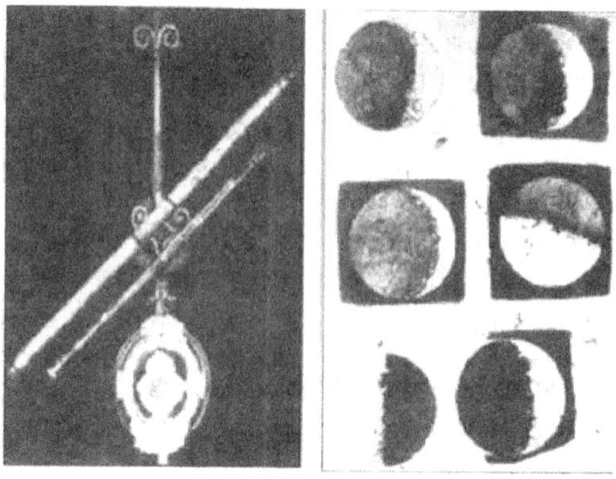

图 3-3　伽利略制作的望远镜和手绘的月面草图

1630 年,伽利略完成了《关于托勒密和哥白尼两大世界体系的对话》一书。在书中,伽利略用自己创立的新的运动理论论证了地动学说的正确。书中有三个人参与对话:萨尔维阿蒂是伽利略的代言人,古代著名的亚里士多德注释者辛普里丘作为亚里士多德派学者出现,风趣而又无偏见的第三者是沙格列陀。对话分四天进行,第一天批评了亚里士多德自然哲学的基本原则,还讨论了月亮表面的地貌特征;第二天以运动的相对性,反驳了对地球自转的责难;第三天讨论了地球绕太阳的公转;第四天用地球的运动解释潮汐,伽利略的解释虽然是不完全正确,但以此强调地球的运动却完全正确,因为要正确解释潮汐就必须首先承认地球的运动,尽管地球的运动尚不足以说明潮汐。

伽利略通过自己的工作极有力地捍卫了哥白尼学说,他也知道开普勒的工作,但仍有不足的是,伽利略并没有采纳行星的轨道是椭圆的观念。伽利略认为惯性运动只是在局部地域才是可能的,天体并不作惯性运动,所以他还是相信天体作完美的正圆运动,在《关于托勒密和哥白尼两大世界体系的对话》一书中也只字没有提到开普勒的行星运动理论。

第二节　近代物理学的产生

哥白尼地动学说遇到两大困难：第一，恒星视差问题，限于当时的观测条件，尚无法解决；第二，地动抛物问题，这必须求助于新的运动观念才能给出合理的解释。此外，开普勒所发现的行星运动规律，也要求一个动力学的解释。可以说，哥白尼革命直接导致了对新物理学的寻求。在这一过程中，伽利略和牛顿所做的贡献最大。伽利略创立了新的地上运动理论，牛顿则把新的地上运动理论与天上运动理论统一起来，即把地上力和天上力统一起来，从而创立了不同于亚里士多德物理学的新物理学，这就是所谓物理学史上的第一次大综合。

一、伽利略对亚里士多德运动观念的变革

伽利略被称为近代物理学之父、近代科学的开创者。主要表现在以下几个方面：伽利略创造并示范了新的科学实验传统，确立了新的研究纲领以追究事物之量的数学关系，以及将实验与数学相结合的科学方法。伽利略在动力学方面的贡献是：提出了匀速运动、匀加速运动和惯性的概念，并基于此创立了新的物理运动理论。

早在比萨大学上学的时候，伽利略就对亚里士多德的运动理论提出了质疑。亚里士多德认为，在落体运动中，重的物体先于轻的物体落到地面，而且速度与重量成正比。伽利略认为重量1：10的两个物体下落时只差很小的距离，不是亚里士多德所说的相差10倍。伽利略并没有做那个著名的所谓比萨斜塔落体实验，而是通过斜面实验得到了落体定律。

伽利略注意到单摆问题与自由落体问题有共同的起因，它们都是由于物体的重量造成的，由此出发，伽利略通过巧妙的实验很好地解答了落体问题。他首先将单摆问题化为斜面问题，这实质是将摆弧的曲线化为斜面的直线处理，用斜面的倾角大小类比摆幅的大小，当斜面的倾角达到90度时，斜面就成了自由落体。伽利略于1604年设计了斜面实验，经过几番实验，弄清了铜球在斜面上滚动时的运动情况，即铜球在斜面上滚过的距离与所花时间的关系。他先是发现球滚过四分之一斜面所花的时间，恰好是滚过全程所花时间的一半，最后得到了二者之间数学上的联系，即在斜面上下落物体的下落距离同所用的时间的平方成正比，这就是著名的落体定律。落体定律证明落体下落的时间与物体重量无关。

但起初，伽利略对落体定律的认识有错误之处，他以为速度与距离成正比，后来才认识到速度与时间成正比。在1638年出版的《两门新科学》中，伽利略建立了匀速运动和匀加速运动的定量概念："匀速运动是指运动质点在任何相等的时间间隔里经过的距离也相等"，"匀加速运动是指运动质点在相等的时间间隔里获得的速率增量相等。"凭借这两个新概念，伽利略从斜面实验中获得了更多对运动的理解，得出了力与运动的真实关系。伽利略注意到，当铜球从斜面上滚下后继续沿着水平桌面滚动，不再有加速度，球就会永远保持它的匀速运动。这表明，外力并不是维持运动的原因，而是改变运动状态的原因。这是对亚里士多德运动观念的重大变革。牛顿后来将之概括为运动第一定律和第二定律。

匀速运动和匀加速运动的概念建立后，对于解释抛物体的运动就没有障碍了。之前的人们认为，抛射体在发射后沿直线运动，等到推力耗尽才垂直下落。伽利略通过引入合成速度的概念，解释了意大利数学家塔尔塔利亚（Niccolo Tartaglia，1499—1557年）早期的一个

发现:抛物体的仰角为 45 度时,射程最远。

伽利略的新观念招来了教会对他的迫害。就在《关于托勒密和哥白尼两大世界体系的对话》一书出版的那一年(1632 年)8 月,教会突然传讯伽利略。1633 年 3 月 12 日,伽利略在罗马受到审判,6 月 22 日法庭判他终身监禁,此后一直被软禁在佛罗伦萨城外阿切特里的一幢别墅里。据说在宣判之后,这位 70 岁的老人喃喃自语:"可是,地球仍在转动!"是否确有其事,已无从考证。

对于伽利略所做的开创性贡献,爱因斯坦曾经评论说:"伽利略的发现以及他所应用的科学方法,是人类思想史上最伟大的成就之一,标志着物理学的真正开端。"这个评价恰如其分。随着时间的推移,真理最终战胜了愚昧,尽管有时看似来得很晚。事隔三百多年,1979 年罗马教皇保罗二世提出为伽利略平反,1980 年正式宣布当年教会压制伽利略的意见是错误的。

二、科学实验传统的形成

注重实验是近代自然科学的主要特征之一。其实,希腊人很早就开始发展实验科学,后来强大的罗马帝国吞并了古希腊,使希腊的科学文化遭到重大打击。伽利略创造了新的近代实验科学,近代的科学大师们参与创建并践行了这个新的实验科学,并形成传统。他们的工作为牛顿力学的诞生奠定了坚实的基础。

罗吉尔·培根、列奥纳多·达·芬奇、西蒙·斯台文　近代实验科学精神的先驱是 13 世纪的罗吉尔·培根。他认为人们之所以常犯错误有四个原因,一是过于崇拜权威,二是囿于习惯,三是囿于偏见,四是对有限知识的自负。因此,培根反对按照书本和权威来裁定真理,而主张靠"实验来弄清自然科学、医药、炼金术和天上地下的一切事物"。可惜培根生不逢时,他的思想超越时代太远了,没有多少人理解他,还遭到迫害。1277 年他被投入监牢,直到 1292 年才获释放,出狱不久就在贫病交加中去世。

在欧洲文艺复兴时期,实验作为探索科学的道路、认识事物的手段,开始得到人们的重视。最杰出的代表人物是意大利的列奥纳多·达·芬奇,他倡导了一种亲自动手实验的科学态度和作风,十分强调实验和经验的重要性。他曾说:"我们必须从实验出发,并通过实验去探索原因。""实验决不会犯错误,错误的只是人们的判断。""科学如果不从实验中产生,并以一种清晰的实验结束,便是毫无用处的,充满谬误的,因为实验乃是确实性之母。"

荷兰物理学家西蒙·斯台文(Simon Stevin,1548－1620 年)则通过自己的实验工作在静力学方面作出了贡献。作为对阿基米德静力学研究工作的继承,斯台文研究了斜面上物体的平衡问题,证明了两块连成三角形的斜面上搭着的铁链在何种条件下静止不动。他还通过实验证明了液体中任一面积所受的压力只与液体的高度和面积有关,而与容器的形状无关,这一工作实际上是流体静力学的开始。此外,他还于 1586 年做过落体实验,得出重物与轻物同时落地的结论。

吉尔伯特　英国人威廉·吉尔伯特(William Gilbert,1544－1603 年)则通过实验大大发展了对磁性的认识。1600 年出版的《论磁》一书,使他在物理史上享有了不朽的位置。

当时的人们持有一种谬见,即将大蒜抹在磁铁上将破坏其磁性,吉尔伯特用实验予以驳斥。实验证明,大蒜丝毫不影响磁铁的磁力。他发现了磁倾角,当一个小磁针放在地球上除南北极之外的地方时,它有一个朝向地面的小小倾斜,这是因为地磁极吸引的结果。吉尔伯特由磁倾角天才地推测出地球是一块大磁石,他还用一个球形的磁石做了一个模拟实验,证明了磁倾角的确来源于球状大磁石。鉴于地球有磁极,吉尔伯特正确地推导出了磁针的北极所指是地球的南极。

吉尔伯特所提出的质量、力等新概念也是对近代物理学的重大贡献。牛顿物理学的一个基本要点是区分了质量和重量,有了这个区分,力学才突破了感性经验的范围进入纯理论的领域。吉尔伯特还将琥珀等物体经摩擦后的吸引力归结为电力,并用希腊文琥珀(electron)一词创造了"电"(electricity)这个新词。

吉尔伯特认为万物皆有灵魂,地球的灵魂即是磁力,力像以太那样放射和弥漫,将四周的物体拖向自身。这种解释虽然不完全正确,但对开辟近代新的物理学极为有利。因为,他的这一思想激励了人们试图从"力"的原因解释行星的有序运动。

托里拆利、帕斯卡、盖里克与波义耳   伽利略的落体定律对亚里士多德运动观念进行了重大变革,但落体运动规律显然需要在真空中得到真正的验证,因为空气妨碍下落体的自然运动。亚里士多德认为真空是不存在的,因此,真空问题迫切需要得到解答。这一问题被托里拆利、帕斯卡、盖里克与波义耳等人的实验工作破解了。

1643 年,意大利物理学家托里拆利(Evangelista Torricelli,1606－1647 年)在佛罗伦萨做了著名的"托里拆利实验"。通过实验,托里拆利首先得到了真空,进而发现了真空的来源。他在一根四英尺长,一端封闭的玻璃管内注满水银,用手堵住开口的一端将管子倒立着放入水银盘中,松开手发现水银向下流,但是当流到水银柱高约 30 英寸(760 毫米)时,水银不再往下流了。托里拆利认识到,倒立着的管子里被水银空出来的那一段就是真空,是由空气的重量产生的。由于空气的重量是有限的,所以能支撑的水银柱高也是有限的。托里拆利还注意到水银柱高与天气变化有关,并且给予了正确地解释,指出那是因为天气变化时空气的重量也有变化。这根水银柱事实上就是世界上第一个气压计。

法国的帕斯卡(Blaise Pascal,1623－1662 年)也在思考同样的问题。帕斯卡相信"真空在自然界不是不可能的,自然界不是像许多人的想象那样以如此巨大的厌恶来避开真空"。他用一根 46 英尺长的玻璃管装满红葡萄酒重复了托里拆利的实验,得到了一段真空。帕斯卡还通过实验进一步发现,在海拔较高的地方,水银柱高度下降了。这进一步支持了托里拆利关于大气压力的观点。

帕斯卡不仅研究了大气压力,他还进一步研究了液体压力。他做了大量实验后发现,作用于密闭液体中的压力可以完全传递到液体内部任何一处,并且垂直地作用于它所接触的任一界面上,这就是著名的帕斯卡原理,它后来成为水压机的一个理论基础。

几乎与意大利和法国同时,德国的工程师盖里克(Otto von Guericke,1602－1686 年)独立地进行了研究真空问题的马德堡半球实验。1654 年,盖里克当众演示了大气压力有多大。他用两个直径约 1.2 英尺的铜制半球涂上油脂对接上,再把球内抽成真空,这时让两个马队分别拉一个半球,直到用上了 16 匹马才将两个半球拉开。后人将这两个半球命名为马德堡半球,这个著名的实验使真空和大气压力的概念为世人所接受。

在英国,波义耳(Robert Boyle,1627－1691 年)首先证明了伽利略的落体定律:物体下落的时间与物体的重量无关。在抽去了空气的透明圆筒里,果然看到羽毛和铅块同时下落。此外,他还证实了声音在真空中不能传播,而电力却可以穿透真空。

波义耳还在气体力学中做出了大的贡献,其中最为著名的是他在 1662 年发现的波义耳—马略特定律。因为法国物理学家马略特在1676年也独立地发现了这个定律，故名波义耳—马略特定律。当时波义耳所宣扬的空气压力观点遭到一些人的反对，他们的理由是支持水银柱的并不是空气压力，而是某种看不见的纤维线。这个批评意见反而促进了波义耳的研究，他进一步做了实验，以证明空气的弹力比起在托里拆利实验中所表现的还要大。波义耳使用一端封闭的弯管，将水银从开口的一端倒入，使空气聚集在封闭的另一端，他不断地倒入水银，被封闭的空气柱在只受到压力的情况下，体积变小，但其支持的水银柱变高了，这就表明空气被压缩时压强更大了。波义耳就是从

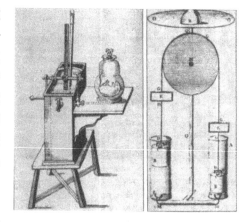

图 3-4　波义耳制作的两个空气泵

这一实验中得出一定质量的气体的压强与体积成反比关系。人们对真空问题的研究不仅极大地促进了流体力学的发展，而且为 18 世纪的第一次技术革命奠定了基础，因为第一次技术革命的主角——蒸汽机的出现就得益于对真空问题的研究。

胡克　英国物理学家罗伯特·胡克（Robert Hooke，1635－1703 年）的贡献是多方面的，不仅在实验上有作为，在理论的多个方面亦有贡献，尽管多数都不完整。

胡克这个体弱多病、因患过天花而落得一脸麻子、未受过多少教育的少年，聪明好学，对其时正处于孕育当中的新物理学表现得相当有领悟力，可谓生逢其时。胡克于 1654 年在牛津第一次见到波义耳即成为波义耳的助手，凭着心灵手巧，胡克帮助波义耳造出了一台精致的抽气机。胡克本人在物理、生物、天文学均有过发现，这当中最著名的是显微镜实验以及著作《显微图》。在使用显微镜进行实验的过程中，他还提出了光的波动学说。

在胡克的诸多理论工作中，关于弹性定律的研究是最为完整的。他通过实验发现，弹簧总是倾向于回到自己的平衡位置，这种倾向表现为一个弹性力，该力的大小与弹簧离开平衡位置的距离成正比，这就是现在众所周知的弹性定律。胡克的这项工作在 1678 年公布。此外，他还认识到，当弹簧被外力拉离平衡位置后撤除外力，则会在平衡位置附近作周期性的伸缩，伸缩的时间间隔相等。这一发现十分有意义，它为便携式钟表的制造提供了依据，人们可以不再用笨大的钟摆而用小弹簧作为等时装置，手表和小闹钟里的游丝就是这样的小弹簧。

惠更斯　与牛顿同时代的另一位最伟大的物理学家当推克里斯蒂安·惠更斯（Christian Huygens，1629－1695 年），他在自然科学的一系列领域做出了重要的贡献。惠更斯最出色的物理学工作是对摆的研究。他敏锐地发现，单摆只是近似等时，真正等时的摆动其轨迹不是一段圆弧而是一段摆弧，他创造性地让悬线在两片摆线状夹板之间运动，从而实现了使摆动轨迹与摆弧相吻合。惠更斯在 1656 年造出了人类历史上第一架摆钟，

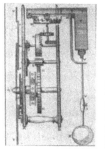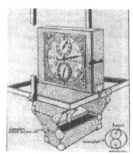

图 3-5　惠更斯制作的摆钟和座钟

其奥妙就在于他把自己的发现运用到了摆钟的设计当中。

惠更斯于1673年在巴黎出版的《摆钟论》一书中,记述了摆钟的原理和具体设计,还论述了他自己关于碰撞问题和离心力的研究成果。其实,早在约1669年他就已提出解决碰撞问题的一个法则,即所谓"活力"守恒原理:由两个物体组成的系统中,物体质量与运动速度的平方之积被称为该物体的活力,在碰撞前后,两个物体的活力之和保持不变。惠更斯的这些研究成果后来载于1703年出版的《论碰撞引起的物体运动》一文中。今天我们知道,"活力"守恒当然只是在完全弹性碰撞时才适用,惠更斯本人尽管没有明确强调这一点,但他给出的相关条件正好与完全弹性碰撞的条件相吻合。"活力"守恒法则是能量守恒原理的先驱。

约在同一时期,惠更斯又写出了《论离心力》一文。著名的离心力公式即出于此文。这个公式表明,一个作圆周运动的物体具有飞离中心的倾向,它向中心施加的离心力与速度的平方成正比,与运动半径成反比。14年后,即1717年,牛顿也独立地推出了这个公式,并很快成为发现万有引力定律的桥梁。

惠更斯在光学理论上也颇有建树,在1690年出版的《论光》一书中,惠更斯倡导光是振动的传播的理论,即波动说。但光是横波,他误以为光也是纵波。由于牛顿主张光是一种粒子流,后来的人们慑于他的崇高威望,使得粒子说持续了一个世纪之久,直到托马斯·杨复兴波动说为止。惠更斯生前名满欧洲学界,牛顿称他是"德高望重的惠更斯",是"当代最伟大的几何学家"。

三、牛顿力学的建立

伽利略时代以来一个世纪的物理学工作,在英国物理学家牛顿(Issac Newton,1643—1727年)手里得到了综合,此即牛顿本人所谓的"站在巨人的肩膀上"的工作。牛顿将哥白尼、第谷、开普勒、伽利略、笛卡儿和其他学者在天文学和动力学上的发现汇集起来,加上他自己在数学和力学上的创见,把物体的运动规律归结为三条基本运动定律和万有引力定律,由此建立起一个完整的力学理论体系。此外,在数学上,他发明了微积分;在光学中,他发现了太阳光的光谱,发明了反射式望远镜。

伊萨克·牛顿于1643年1月4日在英国林肯郡伍尔索普乡村出生。父亲在牛顿生前即已去世。3岁时,母亲改嫁,将他留给外祖父母抚养。很像年少时的伽利略,牛顿也喜欢摆弄一些机械零件,做一些小玩具。他特别喜欢做的是日晷,以此查看时刻。在周围人眼里,牛顿性情孤僻,甚至有些古怪,这个孩子只知一心地摆弄自己那些个小器械。在小学时,他的智力表现并不突出,学习上也是成绩平平。12岁时进格兰瑟姆的文科中学念书,在那里,他继续保持着制作机械模型的兴趣。就在这一时期,牛顿发生了很大的变化。首先是学会了做化学实验,原因是牛顿寄宿的那家房东是一位药剂师。接着是发奋读书,终于在学习成绩方面成了一名佼佼者,起因是牛顿受到了同学的一次欺侮。

中学期间,牛顿曾一度中断学业,那是在1656年。这年牛顿的继父去世,再度失去丈夫的牛顿母亲只好带着牛顿的三个弟妹回到老家伍尔索普。由于家里干农活的人手不够,牛顿被母亲召回伍尔索普,帮助务农。但牛顿因不擅长此道,亦无兴趣,帮不上什么忙,于是又回到格兰瑟姆继续学业。渐渐地,牛顿不凡的学识引起了舅舅的注意,在他的极力推荐下,牛顿来到剑桥大学深造。1661年6月,牛顿以减费生的身份进入剑桥三一学院。当时的三一学院,尽管讲授的大多还是一些古典课程,牛顿却学到乃至基本上掌握了当时最前沿的数学和光学知识,并开始了其伟大的科学生涯。牛顿阅读了开普勒的《光学》、笛卡儿的《几何学》和《哲学原理》、伽利略的《关于两大世界体系的对话》以及胡克的《显微图》等书籍,这主要得益于博学的数学教授巴罗的指导。巴罗当时是卢卡斯出资设立的数学教席的第一任教授,卢卡斯规定这个数学教席只能讲授自然科学知识。1665 年初,牛顿大学毕业获文学学士学位。

伟大的天才牛顿一生做出了诸多科学成就,但其创造发明最为旺盛的时期是在他母亲的农场度过的那两年。牛顿大学毕业的 1665 年,伦敦正闹瘟疫,学校唯恐波及乃停课放假。牛顿于 1665 年 6 月回故乡伍尔索普躲避,直到 1667 年才又返回剑桥。

下面提到的科学成就,除了他在 1665 年初发明的级数近似法和二项式定理外,大部分是在伍尔索普乡下农场做出的。1665 年 11 月,牛顿发明了正流数运算法即微分运算;1666 年 1 月,研究颜色理论;5 月着手研究反流数运算即积分运算,同年思考动力学和引力问题,从开普勒第三定律推出行星维持轨道运行所需要的力与它们到旋转中心的距离成平方反比关系。牛顿当时想到过重力既支配苹果的下落也支配月亮的旋转,萌发了万有引力的思想,并在多年后给出了完整的数学证明。所谓牛顿看到苹果落地而发现万有引力定律只具有象征意义。

1684 年 1 月,胡克声称,自己已经发现了天体在与其距离平方反比的力作用下的轨道运行规律,但他给不出数学证明。当年 11 月,牛顿给出了透彻的数学证明。牛顿还对其逆命题做了数学证明,在平方反比于距离的力作用下,行星必作椭圆运动。然而,即使确认了椭圆轨道与平方反比作用力之间的这种互推关系,也并不等于发现了万有引力,万有引力的关键在“万有”,它是一种普遍存在的力。人们必须证明支配行星运动的那个力与地面物体的重力是同一种类型的力。

在进行有关地球引力的数学证明时,牛顿当时面临的一个主要困难是,他不能肯定是否应该由地心开始计算月地距离,因为这牵涉到地球对月亮的引力是否正像它的全部质量都集中在中心点上那样。1685 年初,情况出现了转机,牛顿运用他自己发明的微积分证明了,地球吸引外部物体时,恰像全部的质量集中在球心一样。这个困难一旦解决,“宇宙的全部奥秘就展现在他的面前了”。

1686 年,科学史上最伟大的一部著作《自然哲学的数学原理》(简称《原理》)完成了,但一时无法出版,由于当时皇家学会资金不足,没有能够为牛顿的这部巨著提供资助。倒是牛顿的朋友哈雷帮上了忙,哈雷决定自己出资出版这部著作。不料出版过程中又发生一个插曲,胡克声称自己是平方反比定律的第一位发现者,而且牛顿的一系列研究工作都是由他发起的。胡克的这个意见也有合理之处,于是牛顿在书中插入一个声明,说胡克也是平方反比定律的独立发现者。这样,《原理》于 1687 年 7 月以拉丁文出版了。

《原理》共分三篇。之前是极为重要的导论性部分,它包括“定义和注释”以及“运动的基本定理或定律”。八个定义分别是:“物质的量”、“运动的量”、“固有的力”、“外加的力”以及关于“向心力”的四个定义。注释中给出了绝对时间、绝对空间、绝对运动和绝对静止的概念,并且为绝对运动提出了著名的“水桶实验”。在“运动的基本定理或定律”部分,牛顿给出了著名的运动三定律,以及力的合成和分解法则、运动叠加性原理、动量守恒原理、伽利略相对性原理等。这是牛顿对之前的“巨人们”成果的空前总结和系统化,也是牛顿力学的概念框架。

第一篇共 14 章,牛顿运用前面确立的基本定律研究了引力问题。第一章是关于无穷小算法的要点;第二章讨论了向心力,并由开普勒第三定律和惠更斯向心力定律推出了引力的平方反比关系;第三章由平方反比的向心力推出受力作用的物体必作圆锥曲线运动;第四、五、六章继续讨论圆锥曲线轨道的几何学问题;第七章论物体的直线上升和下降,扩展了伽利略的落体运动定律,并提出了"活力定律";第八章讨论物体受向心力的推动而运动时,求其轨道的方法;第九章讨论物体运动轨道发生旋转时的运动情况;第十章研究摆的运动;第十一章正式提出引力的大小与物体质量成正比;第十二章证明了球形物体对球外质点的作用等效于球的全部质量集中于球心对该质点的作用;第十三章,论非球形物体的吸引力;第十四章试图用刚建立的力学解释光的折射和反射问题。

第二篇讨论物体在介质中的运动。牛顿在这一篇的结尾对当时广泛流行的笛卡儿宇宙涡旋假说提出了批评,认为行星在涡旋中的运动有悖于开普勒定律。

第三篇共 5 章,主要是牛顿力学在天文学中的具体应用,所以冠以总题目"论宇宙体系"。这五章分别是:"论宇宙体系的原因"、"论月亮"、"论潮汐"、"论岁差"、"论彗星",这些内容实际上开创了天体力学。该篇的开始是一节"哲学中的推理法则",牛顿所主张的科学方法论即载于此。第三篇之后是"总则",对许多未知的问题作了有趣的推测。

《原理》的出版立即使牛顿声名大振,惠更斯读完该书之后专程去英国会见作者。《原理》开辟了一个全新的宇宙体系,是那样的明澈和有条理,使守旧分子毫无抵挡的勇气和能力。说它开创了理性时代也不过分,正是从这里,人类思想获得了可以用理性解决面临的所有问题的自信。英国著名诗人波普有一首赞美牛顿的名诗,诗中写道:大自然和它的规律/隐藏在黑暗之中/上帝说,让牛顿干吧/一切便灿然明朗。

《原理》出版后,牛顿的力学研究工作便终止了,这也许是之前消耗脑力太多的缘故。在朋友们的鼓动下,牛顿开始参与社会活动,从国会议员到造币厂督办再到造币厂厂长。1689年,牛顿当选为国会议员,他代表的是剑桥大学。在国会,牛顿极少发言,有一次他站了起来,议会厅里顿时静了下来,人们等待着这位伟人发言,可他只说了一句"应把窗户关起来"就又坐下来了。1690年,由于国会的解散,牛顿又回到了剑桥,开始研究《圣经》,据说与他寻求宇宙的第一推动有关。1695年,牛顿被任命为造币厂督办,4年后,又被任命为造币厂厂长,在任期间,他的冶金知识发挥了作用,为英国铸造出了成色十足的货币。

1701年,牛顿辞去了三一学院的教职,即卢卡斯数学教席,其前任是牛顿的老师巴罗,巴罗在 1669 年辞职后推荐牛顿接任了这一职位,牛顿当时年仅 27 岁。1703 年他当选为皇家学会主席,以后每年都连选连任,直到去世。

自《原理》出版直到 1704 年,牛顿只出版了一部著作,这就是他在 1704 年用英文写的《光学》一书,总结了他从前在光学方面的研究成果。全书分三篇,第一篇记载了有关光谱的一些实验,第二篇讨论薄膜的颜色,第三篇讨论衍射现象和双折射现象。

1727 年 3 月 20 日凌晨一点多,牛顿在睡梦中安然逝去,终年 85 岁。他被安葬在威斯特敏斯特教堂,那是安葬英国英雄们的地方。正在英国访问的法国著名哲学家伏尔泰目睹了牛顿的葬礼后,十分感叹牛顿所获得的殊荣:这是历史上第一位因其所做的科学贡献而获得世人如此尊崇的人物。

人们可以从牛顿生前的两句名言窥见他那博大深邃的精神境界,第一句是:"如果我比别人看得远些,那是因为我站在巨人们的肩上。"第二句是:"我不知道世人怎么看,但在我自己看来,我只不过是一个在海滨玩耍的小孩,不时地为比别人找到一块更光滑、更美丽的卵石和贝壳而感到高兴,而在我面前的真理的海洋,却完全是个谜。"

第三节　近代科学技术活动的其他表现形式

近代科学技术诞生了,不仅在于内容不同于古代科学,其外在表现形式也大为不同。这就是近代的科学社团的建立,它是新观念、新发现的孵化器;还有科技期刊的出现,它是近代科学的传播载体;加上专利与优先权制度的建立,它为科学技术发展护航;不能忘了新的科学仪器的使用和发明,它是科学技术发展的助推器。

一、科学社团

新的实验科学精神兴起后,激励了越来越多的才智出众的人士加入探究自然奥秘的行列。他们的智慧创造,宛如涓涓细流汇成了近代科学技术的大江大河。这是由个人的单干到后来自发组成交流、讨论与协作团体实现的。在这样的团体里,他们发表个人见解或研究成果,得到他人的回应,不仅如此,他们还在这里共同研究问题。这就是科学共同体:近代的科学社团。

另一方面,新兴的资产阶级在发展生产和经济时,迫切需要掌握自然知识。开明的君主和政府开始支持自然科学研究,他们不仅出资支持建立科学社团、实验室、天文台,还主持制订大规模的研究计划。这些使科学活动的组织化迅速发展到了一个较高的水平。

意大利:自然秘密研究会、林琴学院、齐曼托学院　意大利是文艺复兴的发源地,也是近代科学的摇篮。近代物理科学和生命科学的真正始祖都与意大利有或近或远的渊源,他们要么是意大利人,要么在意大利接受教育并完成其创造性工作。近代最早的科学社团就出现在意大利。

首先是意大利物理学家波尔塔(Giambattista della Porta,1535—1615年)于1560年创立了"自然秘密研究会"。这个学术组织定期在他的家里聚会,但在成立不久就被教会指为巫术团体予以取缔。

波尔塔并未气馁,他于1603年在罗马又成立了一个名为林琴学院的学术团体。在波尔塔的活动下,这一次得到了菲·凯亚公爵的支持和赞助。"林琴"原意是山猫(猞猁),这种动物目光锐利,以它为名表达了发起人对洞悉自然奥秘的强烈愿望。这个团体有一些科学史上的重要人物,如当时著名的物理学家伽利略就是它的院士,其最繁荣时拥有的院士人数达到了32人。12年后,林琴学院分为两派,起因是对哥白尼学说的看法产生了分歧。1630年,赞助人凯亚公爵去世,学院便解散了。

意大利的第三个近代学术团体是由伽利略的两个学生托里拆利和维维安尼发起成立的。伽利略去世后,他的这两个最为著名的学生于1657年在佛罗伦萨成立了名为齐曼托(意思是实验)的学院。他们取得了意大利显赫的且热衷自然科学的美第奇家族的托斯坎尼大公斐迪南二世(Ferdinand II,Grand Duke of Tuscany,1610—1670年)及其兄弟利奥波尔德亲王的赞助。最初有成员十多人,除了托里拆利和维维安尼之外,还有数学家及生理学家波雷利(G. A. Borelli,1608—1679年)、胚胎学家雷迪(Francesco Redi,1626—1698年)、天文学家卡西尼(Gion Domenico Cassini,1625－1712 年)。1657－1667 年间,齐曼托学院的成员们一起进行了许多次物理学实验。1667 年于佛罗伦萨发表的《齐曼托学院自然实验文集》记载了这些实验,其中最重要的是关于空气压力的实验。1667 年,利奥波尔德亲王当上了红衣主教,不再提供赞助,齐曼托学院便解散了。意大利学会的兴衰是它科学事业兴衰的标志。齐曼托学院解散后,意大利科学逐步走向衰落,英国继而成为科学发展的先锋。

英国:哲学学会、皇家学会 英国科学团体的建立很受培根思想的影响。培根在其著作《新大西岛》中描绘了一个组织严密的科学研究机构——所罗门宫。给人印象深刻的是,这个所罗门宫的科学家们管理着一个科学技术高度发达的国度。此后,所罗门宫就一直是英国实验科学家们孜孜以求的理想。17 世纪 40 年代,在著名的科学活动家约翰·威尔金斯(John Wilkins,1614－1672 年)的倡导下组织了一个学术团体,他们自称"哲学学会"。1646年,原来的"哲学学会"分为两支。在牛津的这一支因为会员流动性大,加之骨干会员的迁居,结果不了了之;而伦敦的那一支却越来越发达,威尔金斯、瓦里士、波义耳、雷恩后来都到了伦敦。

1660 年 11 月,著名的建筑师雷恩(Sir Christopher Wren,1632－1723 年)在格雷山姆学院召集了一次会议,倡议建立一个新的学院,目的是促进物理和数学知识的增长。威尔金斯被推为新学院的主席,并拟出了第一批 41 名的成员名单。两年后,查理二世批准成立"以促进自然知识为宗旨的皇家学会",并委任近臣布龙克尔勋爵为第一任会长,威尔金斯和奥尔登堡为学会秘书,胡克为总干事。

学会起初遵循了培根的学术思想,注重实验、发明和实效性的研究。为达到目的,皇家学会设立了为数不少的委员会,如机械委员会专门研究机械发明,贸易史委员会研究工业技术原理,专业委员有天文学、解剖学、化学等。皇家学会最重视的是实用科学特别是与商业贸易有关的科学知识。后来,伽利略的科学思想一度在学会中占了上风,特别在牛顿于1671 年当上会员之后,对数学的重视变得显著。但总体上,皇家学会体现了典型的英国式经验主义风格。

学会的机关刊物是《皇家学会哲学学报》,由学会秘书奥尔登堡于 1665 年 3 月创立。主要是刊登会员提交的论文、研究报告、自然现象报道、学术通信和书刊信息。

皇家学会虽然是在皇家许可下成立的,但国王并不提供津贴,它的经费主要来自会费和富商赞助,所以基本上是一个民间组织。不过,这也保证了学会有很大的学术自由。

法国:巴黎科学院 在法国,著名的巴黎科学院的诞生过程与英国的皇家学会的诞生过程相类似,也是由科学家和哲学家们的自发聚会发展而来。最初参加聚会的人士有巴黎的数学家费尔马、哲学家伽桑迪和物理学家帕斯卡等,他们起先是在修道士墨森(Marin Mersenne,1588－1648 年)的修道室里、后来又移到行政院审查官蒙特莫尔(Henri Louis Habert de Montmor,1600－1679 年)的家里进行聚会,讨论自然科学问题。英国哲学家霍布斯、荷兰物理学家惠更斯也参加过在蒙特莫尔家里举行的聚会。

后来,法国国王路易十四的近臣科尔培尔向路易十四建议成立一个新的科学团体,为国家服务。1666 年,巴黎科学院正式成立了。不同于伦敦皇家学会,巴黎科学院官方色彩更浓,因为该院的经费由国王提供,院士们还能领到津贴。他们的研究分为数学(包括力学和天文学)和物理学(包括化学、植物学、解剖学和生理学)两大部分。外籍院士惠更斯将培根的思想带进了这所新成立的科学院,他领导了大量的物理学实验工作。著名物理学家马略特(Edme Mariotte,1620－1684年)的气体膨胀定律就是在这期间发现的。

德国：柏林科学院　柏林科学院的建立与德国著名的哲学家莱布尼兹(Gottfried Wilhelm Leibniz,1646－1716年)密切相关。莱布尼兹这位才华横溢的哲学家、数学家、外交家和科学活动家,一生在多个领域做出不同凡响的成就。独立地发明微积分是他在数学方面做出的最大贡献。二进制是他的另一项数学发明,他还认识到中国古代的八卦正是二进制的。运用自己刚刚发明的二进制,莱布尼兹发明了计算机,它不仅能做加减法还可以做乘除法,莱布尼兹遂被皇家学会选为会员。

莱布尼兹想要建立一个科学团体的想法由来已久。早在1670年,他就在构想建立一个被称为"德国技术和科学促进学院或学会"的机构。后来,他利用自己的外交官身份实地考察了伦敦的皇家学会和巴黎科学院,进一步完善了他早期的构想。经过莱布尼兹很长时间的鼓吹、筹划,柏林科学院终于在1700年,历史跨入18世纪时正式成立了,莱布尼兹本人出任第一任院长。学院不仅研究数学、物理,还研究德语和文学。这种自然科学与人文科学相互关联的风格也一直是德国学术传统的一部分。

二、早期的科技期刊

科学家们的科学研究成果需要交流并公诸于世。在17世纪,最初采取的形式是科学家之间的信函交流,借助于信函互递新思想和新发现,它成为主导的发表形式。它也能被用来确立发现的时间先后。这种小范围的私人通信交流,形成了一所"隐身学院",也成为学术期刊发展的一种潜在形式。

最早的科技期刊是《皇家学会哲学学报》和《学者杂志》。前者由英国皇家学会秘书亨利·奥尔登堡(Henry Oldenburg,1615－1677年)于1665年3月在伦敦创办,后者由法国议院参事戴·萨罗律师于1665年1月5日在巴黎创办。《学者杂志》并未延续下来,创办不久即因干涉法律与神学事务而被查禁。《皇家学会哲学学报》则一直延续至今,成为世界上连续办刊时间最长的学术期刊。

第一卷的《皇家学会哲学学报》于1665年3月6日星期一出版,它共有4开纸的16页,其中有准予印刷的字样。奥尔登堡为创刊号特别写了导言,载于刊首位置。所刊登稿件的学科性质分别是：物理学2篇,天文学2篇,动物学2篇,金属学1篇,航海和时间度量技术1篇。

三、专利与优先权制度的建立

专利制度的雏形萌芽于中世纪的欧洲。随着资本主义生产方式的发展,为了刺激商品经济的发展,王室有时赐予商人和制造新产品的手工业主在一定时期内免税经营的权利和独家专门制造、贩卖某种产品的权利。这种具有独占性的特权,便是专利制度的萌芽。

初期的专利,只不过是被封建主作为一种恩赐的手段,它是封建特权的一种形式,还未形成一种制度。第一个将发明专利的管理形成秩序的国家是威尼斯共和国。

威尼斯共和国于1474年3月19日制定了专利法。制定的这部专利法中,规定了三个基本原则：(1)发明人须填写申请书,将其发明公开,才能取得专利。(2)发明人不受国籍限制,来自世界各地的发明人,都可授予特权。(3)在十年期限内,未经发明人的同意与许可禁止其他任何人再制造与该发明相同及相似的装置。若他人贸然仿制,将赔偿专利权人金币百枚,仿制品也将立即销毁。

在这种专利制度的刺激下,人们越来越重视"文明技术"。发明创造日趋活跃,各行各业授予了很多的专利。伽利略就为自己于1594年发明的一种仅用一匹马的力量便可使二十个管口向外喷水的扬水灌溉机获得了为期二十年的专利权。

1474年威尼斯的专利法,虽然是个首创,但它还只是一个雏形。而英国于1624年颁布的《垄断法规》则是现代专利制度的鼻祖。

《垄断法规》的要点如下:(1)专利状的授予,为国王之恩惠。(2)准予专利之物品为新的制品,在专利特许状颁发时,该发明于英王所辖境内未经他人使用才具有新颖性。(3)专利内容分方法及物品两种,专利权人有权制造、使用其垄断发明的物品和方法。(4)专利不得引起商品价格高涨,有碍交易,违反法律,或有害国家利益,否则应认为无效。(5)授专利特许状者,应是真正最初的发明人。(6)专利特许期限,自特许状发出之日起最多为十四年。

《垄断法规》公布之初,并未得到有效的推行。发明家由于社会接受其发明之缓慢以及缺乏商业能力,大多未能获得应有的报酬。加上当时申请专利格式繁琐,手续众多,因而费用高昂、时日长久。因此,英国每年核准的专利案,很少有超过一百件的,至19世纪中叶,每年也不超过五百件。

尽管当时的专利制度还不成熟,不完善,但它毕竟反映了新兴的资产阶级要求通过法律确认新发明为自己的私有财产,以便垄断使用新技术的愿望。因而,对刺激发明人的创造欲,振兴科学技术、繁荣经济有着无可否认的作用。据统计从1660年至1790年,英国的重大发现和发明占全世界总数的百分之四十,其中被誉为"发明之冠"的则是1769年1月5日获得专利的瓦特的冷凝器。

四、科学仪器的发明与使用

近代科学的主要特征之一在于使用科学仪器。在17世纪,至少发明和使用了六种重要的仪器,它们是望远镜、显微镜、温度计、气压计、抽气机和摆钟。这些仪器对近代科学产生起了很大作用,但它们最初并不都是由科学家发明的,而是由并不掌握多少科学知识的工匠发明的,例如望远镜和显微镜。

在17世纪初,荷兰人首先发明了望远镜。望远镜由荷兰人发明出来绝不是偶然的,因为那时在荷兰磨制玻璃和宝石的技术很发达,有很多制作眼镜的工匠。

在荷兰的密特尔堡小镇,眼镜制造商利帕希的一个徒弟没事干时拿两个透镜片在眼前对着看,惊讶地看到远处教堂顶上的风向标又大又近,便将这件怪事告诉了利帕希。利帕希经过试验证明确有这种效果,在1608年秋天就将两个透镜片装在筒里,于是人类历史上第一架望远镜就制成了,后来被称为荷兰式望远镜。12月,他又做出了双筒望远镜。他将这架望远镜卖给了荷兰政府,荷兰政府首先意识到的是这种新奇物件在战争中的可能用途,因此决定保守秘密。但消息还是不胫而走。第二年(1609年),消息就传到了伽利略的耳朵里。敏锐的伽利略马上动手制作了一架,经不断改进,于同年12月又造出了一架放大20倍的望远镜。此后,开普勒、夏依纳、惠更斯、牛顿、赫歇耳等天文学家,不断地制造出折射式望远镜、反射式望远镜,为天文学的发展做出了巨大的贡献。

显微镜也是荷兰人发明的,时间大约在1590年。在眼镜店磨镜片的工人杨森,偶然间把镜片进行某种组合后,看见了极其细小的物体。这是把两块凸透镜和两块凹透镜各组成一对,通过凹透镜而看到的。显微镜的发明对刚刚诞生的近代生命科学起了很大的推进作用。

意大利人马尔切诺·马尔比基(Marcello Malpighi,1628—1694年)借助显微镜发现了毛细血管。他发现青蛙身体内十分纤细的血管,这些肉眼看不见的小血管在显微镜下清晰可见。正是它们将身体内部各处的动脉与静脉相连通,这解决了哈维血液循环理论中的一大遗留问题。他还发现蚕这种小动物有一个十分复杂的呼吸系统,用来呼吸的小管遍布全身。

荷兰人列文虎克(Antoni van Leeuwenhoek,1632—1723年)的发现则揭示了一个显微新世界。1675年,列文虎克发现了单细胞有机体即原生生物。1688年,他发现了蝌蚪的尾巴有50多个血液循环方式。他还最早发现了红血球的存在。他指出,人血和哺乳动物的血液中,红血球是圆球形的,而在低等动物身上,红血球是椭球形的。1683年,列文虎克发现了比原生动物更小的细菌。

当时已颇负盛名的物理学家胡克制造的复式显微镜开创了显微镜这种新仪器以后的发展方向。1665年,胡克发表了《显微图》一书,书中展示了在显微镜底下看见的昆虫器官的精细图案。胡克用他的显微镜发现了软木片上存在一些小孔,他为这些小孔创造了"细胞"(cell)一词。直到一个世纪以后,人们才发现,这些小孔本来充有复杂的液体,是生命组织的基本成分,即"细胞"。

另一位荷兰人斯旺丹麦(Jan Swammerdam,1637—1682年)利用显微镜研究昆虫的解剖结构,奠定了近代昆虫学的基础。他还用显微镜证实生命自然发生说是错误的,因为在每一个被认为是自然发生的地方,他都发现了更为细小的卵预先存在。

图3-6 胡克发明的复式显微镜

工匠们在大量实践的基础上偶然的发现,被具有良好科学素养的科学家迅速接受了,并凭借自己在理论科学方面的优势又把这种自发的发明完善提高。

望远镜和显微镜向人们揭示了宇宙空间和微生物界的奥秘,但它们真正的革命作用在于开拓了人类的眼界。一旦人的认识突破了往日狭隘的视野,随之而来的便是认识上的飞跃。

思考题

1. 为什么说16、17世纪的科学革命首先是一场观念革命?

2. 你如何理解牛顿的名言:"如果我比别人看得远些,那是因为我站在巨人们的肩上。"

3. 近代科学技术活动的表现形式有哪些?它们对近代科学发展的作用如何?

第四章

18 世纪:

第一次工业技术革命与理性启蒙

›››

　　在 18 世纪,理论科学研究的重大突破发生在化学领域,即化学革命;其他学科则较为平稳地发展。与理论科学领域的革命对应,在技术领域发生了一场深刻影响人类历史进程的革命:第一次技术革命。首先发生在英国的这次技术革命基本上与理论科学研究无关,但却马上带动了相应科学的发展,科学也越来越面向实用技术。

　　与科学技术领域发生的革命相对应,在 18 世纪的思想领域也发生了一场革命,这就是法国的启蒙运动,使近代的科学精神在法国广为传播。科学越来越为整个社会所了解,越来越成为一种推动历史前进的物质力量。法国大革命中诞生的民主政治的精英们充分认识到科学进步的意义,使法国一跃取代 17 世纪的科技强国——英国,成为科学强国。

第一节　第一次工业技术革命

　　第一次技术革命之所以首先发生在英国,是因为英国首先具备了发起一场技术革命的条件。首先,在政治上,英国率先于 17 世纪后期比较彻底地完成了资产阶级革命,掌握国家权力的资产阶级制定了一系列新法律,为工商业的发展扫清了障碍。其次,发生于农村地区的圈地运动,把大批农民赶到了城市,为工业发展提供了充足的人力资源。再次,英国早期商业资本家最早完成了资本的原始积累,他们开始寻求资本的增值而向工业领域扩展。第四,英国有足够储量的天然资源,如煤和铁矿石等。第五,英国有面积广大的殖民地,这为商品的出售提供了广阔的市场。

　　发生在 18 世纪的第一次技术革命,其鲜明特征是大批新机器被发明出来并被广泛运用,乃至机器取代人力。这场技术革命首先在纺织领域取得突破。

一、纺织机的发明和改进

如果说第一次技术革命是从纺织领域开始的话,那么这场革命的导火索就是"飞梭"的发明。在手工织布时期,纺织工用手来回掷梭子,不仅效率低,而且由于手臂长度有限,导致所织出的布匹宽度较窄。1733 年,约翰·凯(John Kay,1704－1764)发明了飞梭。他在梭子上装上小轮,而后把这样的梭子安装到滑槽里,再在滑槽的两端装上弹簧,这样梭子便可以极快地来回穿行,这就是"飞梭"。"飞梭"的发明和使用大大地改进了织布技术,不仅使得织布速度变快,织出的布面也因之大大加宽了。这导致了织布的上一个环节相对变慢了,即纺纱技术。尤其是约翰·惠特(John Wyatt,生卒年不详)和路易斯·保罗(Lewis Paul,生卒年不详)在 1738 年发明滚轮式纺织机后,纺纱技术显得更加落后了。

生产迫切要求纺纱技术的跟进,为此,皇家学会于 1751 年专门发出悬赏:征求"发明一架出色的能同时纺 6 根棉纱或麻线而只需一人照管的机器"。皇家学会的这一悬赏发出十四年后,纺纱工人兼木匠詹姆斯·哈格里夫斯(James Hargreaves,?－1778 年)发明了一种立式的多滚轮纺纱机,即锭子垂直放置的"珍妮机"。它一开始就装有 8 根锭子,后来更扩展到 80 根。其后,纺纱机技术继续进步。剃头匠阿克赖特(Arkwright,1732－1792 年)在别人的帮助下于 1769 年发明了可以机械地重复人工纺纱的动作的新纺纱机。这种新机器所纺棉纱不仅十分结实,而且改变了从前棉纱只能作纬线不能作经线的局面。新奇之处还在于它的动力,起初用畜力来驱动,1771 年又改用水力,故称"水力纺纱机"。

1779 年,新一代纺纱机出现了。塞缪尔·康普顿(Samuel Crompton,1753－1827 年)研究了阿克赖特与哈格里夫斯的纺纱机的优点,他将二者结合起来,发明了走锭纺纱机。人们称这种新机器为"骡机",意思是通过杂交得来。骡机最初只有 12 个锭子,锭子数虽然不及改进后的"珍妮机",但纺得的纱线不仅结实而且十分精细。后来,骡机经过进一步改进,可装 400 枚纱锭。到这时,纺纱技术已经超过了曾居领先地位近半个世纪的织布技术,织布技术反而显得落后了。

要求更先进技术的压力转到织布方面后,又进一步促进了织布技术的发展。1785 年,牧师卡特赖特(Edmund Cartwright,1743－1823 年)借助一位木工和一位铁匠造出了一架新织布机,这种带有动力的新织机很快推广开来。但卡特赖特本人并未从自己的新发明获益,因为不幸的是,他的工厂尚未运转就发生了火灾,他自己也因此而破产。得益于新式的动力纺纱机和织布机的发明,英国纺织业迅速成为世界第一大轻工业。

二、蒸汽机

希罗、波尔塔、考司、萨默赛特 在人们心目中,往往把瓦特当成蒸汽机的发明人。其实,他的功绩在于对原有的蒸汽机进行了革命性的改良。蒸汽机的发明可远溯到古希腊时期的希罗(Hero,1 世纪),他对机械学有许多卓越的认识和杰出的创造。早在公元 1 世纪左右,希罗曾运用蒸汽的力量,发明过一种玩具蒸汽机械。

这种机械是用蒸汽推动的空心球。空心球是用铜做的,上面连着两个空心的、方向相反的弯管。把这个空心球卡在连通着蒸汽的管道上,当球下面的器皿里的水烧得沸腾起来的时候,蒸汽进入那个空心球,然后从装在空心球上的两根弯管的管口喷了出来,利用管口喷出蒸汽的反冲力,使带有喷气管的臂能在一个轴上旋转。

这是人类最早发明的将蒸汽力转变为一种运动的方法，可以称得上是早期的蒸汽机。人们还根据希罗的一本著作《压缩空气的理论和应用》中的描述，画出了利用蒸汽推动神殿大门的示意图。在祭坛的 A 上点着火，使祭坛内部的空气压力增加，挤压着空心球 B 里贮藏的水通过水管流入水桶 C。当水桶的重量渐渐增加而向下沉时，就会拉动盘绕在殿门旋转轴 D 上的绳子，绳子被拉动时带着旋转轴回转，殿门于是缓缓打开。当祭坛的火熄灭以后，空气的压力恢复正常，安装在旋转轴下方的配重 E 就会下坠，同时拉动着以相反方向绕着的绳，使旋转轴朝着相反的方向转动，殿门又徐徐关闭。

图 4-1　利用蒸汽打开神殿殿门示意图

　　希罗之后的相当一段历史时期，以蒸汽为动力的机械发明与制造沉寂无闻，直到进入 16 世纪。文艺复兴时期的列奥纳多·达·芬奇曾描述过一种蒸汽炮（他认为这是阿基米德的发明），他把水滴到一个灼热表面上，利用水汽化所产生的骤然膨胀把炮弹射出去。

　　此后，有关蒸汽利用的记载多了起来。1601 年，意大利物理学家波尔塔在他的《神灵三书》中描述了一种利用蒸汽提水的机器。这是利用蒸汽对水的压力和蒸汽冷凝产生的真空，把水从低水位通过管子吸引上来。

　　1615 年，法国人所罗门·德·考司在《动力的理论》中描述了一种借助蒸汽的膨胀力提升水的机器。铜球 A 在 D 处有一开口，由此把球部分充水，然后用龙头盖紧。球中还有一根管子 BC，向下伸到接近底部的 C 处，在 B 处也有一个龙头。将球加热，当打开 B 处的龙头，水就通过它喷出。

图 4-2　波塔尔描绘的蒸汽机

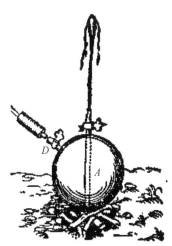

图 4-3　利用加热提升水

　　以上这些利用蒸汽的机械，要么是类似玩具，要么是停留在设想阶段。第一种认真尝试实际应用的机械是英国发明家爱德华·萨默赛特描述的一种"控水机"。他的著作《我所实践过的百年来的发明的名称和样品》发表于 1663 年，书中描述的这种"控水机"是用蒸汽提升水的装置，但没有提供机器的图解。后人按照书中的说明绘制了示意图，现存伦敦博物馆。爱德华·萨默赛特于 1663 年取得"控水机"的发明专利,为期 99 年。

爱德华·萨默赛特的"控水机"实际上是所罗门·德·考司机器的改进,将原来喷水的装置改良为提水的机器。在英国的沃克斯霍尔实际建造过一台,可将水提升到 40 英尺的高度。可惜,爱德华·萨默赛特没有能够成立一个公司来研制他的发明。他去世后,其遗孀曾为此作过长时间的努力,也未获成功。

如图 4-4 所示,控水机由一个高压锅炉和两个容器组成,当容器中的蒸汽冷凝之后,大气压就把水强迫泵入容器之中。

1608 年,惠更斯设计了一种用火药膨胀力作动力的机器,这是第一台带有汽缸和活塞的煤气机。图中 A 为汽缸,B 为活塞,C 为装有止回阀的排气管。火药在 H 处爆炸,把空气从汽缸中排出。当机器冷却时,汽缸 A 中的压力降低,大气压便迫使活塞 B 下行,这样便将悬吊在滑轮系 F 上的重物升高。但是,惠更斯所设想的这种机器从没有实际制造过。

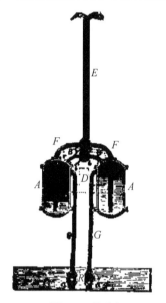

图 4-4 控水机

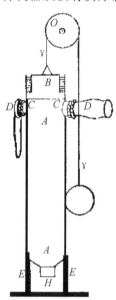

图 4-5 惠更斯的煤气机

巴本 第一部活塞式蒸汽机是 1690 年由法国人巴本(Denis Papin,1647—1712 年)发明的。巴本发现水沸腾时的温度与大气压力有关,由此发明了"蒸煮器"。巴本做了一个密封的容器,使水在沸腾时产生的蒸汽不能向外面散逸。这样,灼热的蒸汽因为受热膨胀就产生了相当大的压力,而用温度计测量容器里的水,沸点果然超过了 100℃。1679 年,巴本用他的蒸煮器把牛骨煮成了胶冻。这蒸煮锅获得了"蒸骨锅"的美名。1681 年,巴本被英国皇家学会吸收为会员。

巴本的一项重要发明是在"蒸骨锅"上安装了一个安全阀。安全阀应用了一根杠杆,杠杆的一头系着重物 N。当锅里的蒸汽达到一定压力的时候,蒸汽就会推动杠杆,使系在杠杆上的重物 N 向下移动,而被杠杆压着的活塞 Q 就会露出空隙,释放掉一部分蒸汽,当锅里蒸汽释放到允许的压力的时候,一切又恢复正常。

受活塞式风箱的启发,巴本提出了带活塞的汽缸的构想。汽缸里的活塞就像风箱里的活塞。巴本设想,将汽缸注入一定的水,放到火上加热,当水沸腾后,蒸汽即推动活塞慢慢上升。然后,撤去火源,汽缸内的蒸汽即慢慢冷凝,汽缸内便产生真空,在大气压力的推动下,活塞慢慢下降。

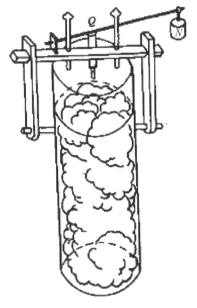

图 4-6 巴本的带有安全阀的蒸煮器

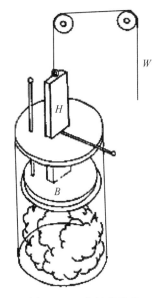

图 4-7 巴本的蒸汽机

巴本认为,由于蒸汽压力、大气压力和真空压力的相互作用,完全能推动活塞及其活塞杆作往返的直线运动。这种运动产生的机械动力可以带动其他机械的运动。1690 年,巴本在《学术论坛》上发表了自己的想法。由于得不到资助,巴本最终未能实现自己的宏愿。但巴本的设想第一次将汽缸、活塞机构、蒸汽冷凝形成真空原理运用于蒸汽机,以实现用蒸汽作为动力的理想,为以后活塞式蒸汽机的发展开辟了道路。

萨弗里 在 17 世纪末 18 世纪初,随着矿产品需求量的增大,矿井越挖越深,许多矿井都遇到了严重的积水问题。为了解决矿井的排水问题,当时一般靠马力转动辘轳来排除积水,但一个煤矿需要养几百匹马,这就使排水费用很高而使煤矿开采失去意义。

英国的托马斯·萨弗里(Thomas Savery,约 1650—1715 年)攻克了这个问题,最早发明了可实际应用于从矿井中泵抽水的蒸汽机,1698 年 7 月 25 日,萨弗里获得了设计专利权。1699 年,他用一具活动模型在皇家学会作了成功的演示。萨弗里是一位对力学和数学很感兴趣的军事机械工程师,他当过船长,具有丰富的机械技术知识。萨弗里把动力装置和排水装置结合在一起组成蒸汽泵,称之为"蒸汽机"。蒸汽机一词正是始于萨弗里。

萨弗里蒸汽泵的工作原理,是利用密闭容器内蒸汽凝结形成的真空,用大气压力把低水位的水,通过吸管压入容器,然后再用蒸汽将容器中的水向高处排出。萨弗里先后制造过几种蒸汽机,最后一种如图 4-8 所示。锅炉与水

图 4-8 萨弗里的最后一种蒸汽机

源分离,应用表面凝结方法冷凝蒸汽,设一个副锅炉,可不间断地向工作锅炉供水。只要机器不损坏,就可连续不断地工作。萨弗里还在锅炉中安装了量水旋塞以指示水位。但是萨弗里的蒸汽机没有使用安全阀,这样在深矿井中,机器就必须承受很大的压力。

这种机器也用来为城镇或私人住宅供水。也有一些矿井采用它,但为数不多。一是没有采用安全阀,锅炉有发生爆炸的危险。二是这种机器必须置于 30 英尺以下的地方,容易受到水淹。三是在深竖井中,需要多台引擎接力工作,才能把水从深矿井泵抽到井外。只要一台引擎出了毛病,抽水工作就得停下来。这样既昂贵又危险,所以矿主们宁愿仍旧采用马拉的方法。此外,机器热效率不高,燃料的浪费也很严重。由于萨弗里的蒸汽机具有这些缺点,所以它实际使用规模有限。但可贵的一点是,蒸汽动力技术基本实现了从实验科学到应用技术的转变。

纽可门　时间进入 18 世纪,1705 年英国的纽可门(Newcomen,Thomas,1663-1729年)设计制成了一种更为实用的蒸汽机。纽可门生于英国达特茅斯的一个工匠家庭,年轻时在一家工厂当铁工。从 1680 年起,他和工匠考利合伙做采矿工具的生意,由于经常出入矿山,非常熟悉矿井的排水难题,同时发现萨弗里蒸汽泵在技术上还很不完善,便决心对蒸汽机进行革新。为了研制更好的蒸汽机,纽可门曾向萨弗里本人请教。据说他专程前往伦敦,拜访过著名物理学家胡克。纽可门认为,萨弗里蒸汽泵有两大缺点,一是热效率低,原因是由于蒸汽冷凝是通过向汽缸内注入冷水实现的,从而消耗了大量的热;二是不能称为动力机,基本上还是一个水泵,原因在于汽缸里没有活塞,无法将火力转变为机械力,从而不可能成为带动其他工作机的动力机。对此,纽可门进行了改进。针对热效率问题,纽可门没有把水直接在汽缸中加热汽化,而是把汽缸和锅炉分开,使蒸汽在锅炉中生成后,由管道送入汽缸。这样,一方面由于锅炉的容积大于汽缸容积,可以输送更多的蒸汽,提高功率,另一方面由于锅炉和汽缸分开,发动机部分的制造就比较容易。针对火力的转换,纽可门吸收了巴本蒸汽泵的优点,引入了活塞装置,使蒸汽压力、大气压力和真空在相互作用下推动活塞作往复式的机械运动。这种机械运动传递出去,蒸汽泵就能成为蒸汽机。

纽可门经过不断地探索,综合了前人的技术成就,吸收了萨弗里蒸汽泵快速冷凝的优点,吸收了巴本蒸汽泵中活塞装置的长处,设计制成了气压式蒸汽机。纽可门蒸汽机实现了用蒸汽推动活塞做一上一下的直线运动,每分钟往返 16 次,每往返一次可将 45.5 升水提高到 46.6 米。该机随即被用于矿井的排水。

但是在实际操作过程中,感到很不方便的是,向汽缸内喷冷水和蒸汽阀门的开关必须由人手操作。后来,把龙头手柄与阀门开关用绳索连接起来,基本上实现了对龙头和阀门的自动控制。改进后的纽可门的蒸汽机马上投入使用,效果良好,到了 1712 年,这种新式蒸汽机已在英国的煤场和矿场普及,并一直使用了半个世纪之久。但随着工业生产的发展,对动力机的需要空前增长,又由于纽可门蒸汽机只能用于矿山抽水,需要新的蒸汽机的出现,于是瓦特蒸汽机应运而生。

瓦特　瓦特(James Watt,1736-1819 年)最大的功绩在于对原有的蒸汽机进行了革命性改良,使蒸汽机的使用范围大大扩展,甚至使蒸汽机成为第一次技术革命的标志性发明。瓦特能做出这样的贡献,或许与他早年的经历有关。

瓦特生于苏格兰西部格里诺克的一个工人之家,十几岁就来到伦敦的机械制造行业当学徒,但他未满学徒年限就于 1756 年回到苏格兰的格拉斯哥,在自己创业未果的情况下做了一名大学里的机修工。在这所大学里,瓦特不仅从著名的物理学家布莱克那里学到了许多热学知识,而且就在他思考如何改进纽可门蒸汽机的时候,得到了一次近距离接触纽可门蒸汽机的机会。那是 1763 年,格拉斯哥大学的一台纽可门蒸汽机坏了,瓦特受命修理这架机器,于是他详细研究了其结构,了解了纽可门机的缺点所在。

纽可门机采用直接冷却汽缸的方法在汽缸内制造真空:当蒸汽进入汽缸后即用冷水冷却汽缸,蒸汽遇冷凝结后,汽缸内出现真空。由于汽缸的温度已经降低,蒸汽再次进入汽缸后,只得先将汽缸加热才能推动汽缸使其充满高温蒸汽。纽可门机的这种工作方式,使得很大部分热量在一冷一热的过程中浪费掉了。这就使得纽可门机的使用范围有限,只能在煤矿里使用,因为那里有大量品位较低的煤可供利用。对于其他行业来说,使用纽可门机显然要付出高昂的成本。

如何才能避免直接冷却汽缸本身所带来的热量浪费呢? 瓦特在 1765 年想出的解决办法是在汽缸之后再加一个冷凝器。关于这个办法的思维过程,瓦特说:"那是一个晴朗的星期天下午,我出去散步,从察罗托街尽头的城门来到了草原,走过旧洗衣店。那时我正在继续考虑蒸汽机的事情。然后来到了牧人的茅舍。这时我突然想到——因为蒸汽是具有弹性的物质,所以能够冲进真空中。如果把汽缸和排气的容器连接的话,那么蒸汽猛冲入容器里,就可以在不使蒸汽冷却的情况下使蒸汽在容器中凝结了吧! 当这些在我的头脑里考虑成熟的时候,我还没有走到高尔夫球场。"

经过改进后的新蒸汽机于 1769 年制造出来了,这台新机器的一个重要部件——冷凝器——还被授予了发明专利。瓦特的冷凝器需要用到一台抽气机,以便在一些环节将冷凝器抽成真空。瓦特还在冷凝器与汽缸之间安装了一个可调节的阀门。当高温蒸汽注入汽缸时,这个阀门就关上,蒸汽做功后再打开,蒸汽马上紧接着就进入事先用抽气机抽成真空的冷凝器,冷却后在冷凝器和汽缸内均形成真空。

瓦特取得了一项重要的成功,但他并未就此止步。此后,他又做了几项重要的改进。1781 年,瓦特用一个齿轮装置将活塞的直线往复式运动转化为轮轴的旋转运动,改变了以往蒸汽机只能直线做功的缺点。1782 年,瓦特又设计出了双向汽缸,使热效率增加一倍。为了把进入汽缸的蒸汽量控制到合适的范围,他后来又发明了离心调节器。一个调节杆在蒸汽的驱使下转动,转得越快,调节杆上的两个金属球就相互飞离得越远,它使蒸汽出口变小;蒸汽输出减少后,调节杆转动就慢了,两个金属球就离得近了,它又使蒸汽出口变大。

经过一系列的创造性改进后,瓦特蒸汽机的使用领域极大扩展,成了一种几乎可用于一切动力机械的万能"原动机"。到 1790 年,瓦特机淘汰了老式的纽可门机。瓦特本人也开始作为蒸汽机的发明人而受到尊崇,他的先辈们反而很少被人提及了。

瓦特机带动了纺织、采矿和冶金等行业的迅猛发展、壮大,同时为了制造蒸汽机本身,另一个行业——机械制造业——也繁荣起来了。这个伟大的时代,瓦特本人是看到了,也得到人们应有的尊重。1800 年,瓦特被选入皇家学会,他曾就职的格拉斯哥大学授予他名誉博士学位。

图 4-9　瓦特设计的往复式蒸汽机

三、钢铁冶炼技术的革新

迅猛发展的工业对钢铁的需求日益增大,但铁产量有限,不能满足要求,主要是配料问题。起初,英国使用木炭炼铁,但英国的森林资源日见枯竭,用木炭炼铁成本越来越高。英国的煤储量倒是丰富,而且也大量开采了,但由于相应的冶炼技术跟不上,煤中所含的硫化物影响铁的质量。炼铁技术亟待提高。

1735 年,阿布拉罕·达比发明了焦炭炼铁法,解决了直接用煤炼铁存在的弊端。达比先把煤炼成焦炭,再用焦炭炼铁。这项发明一举两得,既提高了所炼铁的品质,又解决了配料短缺的问题,很快得到推广。

随着工业的发展,对原料的要求越来越高,不仅需要好的铁,还需要比铁性能更好的钢。从炼铁到炼钢要解决的是炉火温度问题,要把铁炼成钢需要足够高的温度。1750 年,钟表匠本杰明·亨茨曼(Benjamin Huntsman,1704—1776 年)发明了用耐火泥制坩埚炼钢,解决了这一问题。当时亨茨曼在市场上找不到适合制造发条的材料,于是便自己试验炼钢。他的方法是用焦炭把封闭在坩埚内的生铁化成为铁水,由于铁水温度较高,并与空气隔绝开来,所以炼出的钢纯度相当高。

钢铁冶炼术的另一项重要进步是鼓风机的运用。1760 年,工程师斯密顿(John Smeaton,1724—1792 年)发明了用水力驱动的鼓风机,随即被用于炼铁。鼓风机的运用,使得炉火温度大大升高,从而提高了炼铁的效率。瓦特蒸汽机发明之后,蒸汽机作动力的鼓风机取代了水力驱动的鼓风机,使炼铁水平普遍提高。

工程师亨利·科特(Henry Cort,1740—1800 年)的发明是关乎一种新的冶炼工艺。1784 年,他发明了搅拌法。这种方法是,将生铁置于搅炼炉内,待生铁熔化后搅拌成团,冷却后经锻压即成熟铁。此法省力而有效,使炼铁技术又上一个新台阶。经过钢铁冶炼技术的不断革新,英国的钢铁产量大幅度上升,率先于 18 世纪末进入钢铁时代。

四、化工技术的发展

英国纺织业的发展带动了化工技术的发展。最先发展起来的是制硫酸和制碱技术,因为硫酸和碱在棉麻织物的漂白、洗涤和染色等工序中起着重要作用。

早期的制硫酸法是炼金术士们发现的。他们通过干馏矾得到"矾精",燃烧硫磺得到"硫精","矾精"和"硫精"就是硫酸。但起初人们并不知道它们是同一种物质,直到 17 世纪才确认它们是同一种物质。但靠这两种方法所得到的硫酸无法满足要求。

1736 年,英国医生乔舒亚·瓦尔特(Joshua Ward,生卒年不详)发明了燃烧法制造硫酸。他让硫磺和硝石在密闭的玻璃容器里燃烧,燃烧所生成的气体被事先放入玻璃容器的水吸收,即得到硫酸。这种方法提高了硫酸的产量。后来,化学家约翰·罗巴克(John Roebuck,1718—1794)改进瓦尔特的方法,于 1746 年发明了"室法"制硫酸。罗巴克用铅室代替玻璃容器,解决了玻璃易碎的问题,容器的体积也可以做得比较大。由于成本大大降低,紧接着大规模生产硫酸的厂家出现了,大大提高了硫酸的产量。用酸处理织物速度较慢,例如漂白织物,实际生产需要更快漂白织物的方法。后来人们发现用碱处理织物速度较快,到 18 世纪中期,开始取代酸处理。舍勒于 1774 年发现氯气后,其极强的漂白功能马上被认识到。由于氯气与碱可配制成漂白粉,于是对碱的需求量大增。

1788 年,法国医生勒布朗(Nicolas Leblanc,1742—1806 年)发明了制碱新法。由于一直供应植物碱的西班牙与法国断绝了往来,一时间,法国碱奇缺。法国政府不得不通过悬赏的政策,征求制碱新法。勒布朗的方法是把普通盐、硫酸、石灰石和煤一起加热,得到"黑灰",其实是碱和硫化钙的混合物。在黑灰中加水,即可将碱分离出来,因硫化钙不溶于水。1790 年,勒布朗获得了巴黎科学院的奖金,但他的工厂被后来的法国革命政府没收了,勒布朗的制碱新法也未能在法国广泛推行。墙内开花墙外香,此法最先在英国得到大规模使用,并形成了新的制碱工业体系。

第二节　化学革命

一、近代化学的诞生

近代化学脱胎于古代炼金术,在 17 世纪成为一门科学。基本过程是炼金术的实用化导致了医药化学和矿物学的发展,而实用化学知识的增长最终促成了化学作为一门理论科学的诞生。在这一过程中作出重要贡献的是帕拉塞尔苏斯、阿格里科拉、赫尔蒙特、波义耳等人。

古代的炼金术在文艺复兴时期分成三个走向:一是继续传统的点石成金术;二是向医药化学发展,即将炼金术知识用于医药方面;三是将炼金术知识用于矿物冶炼方面,形成了早期的矿物学。

帕拉塞尔苏斯(Theophrastus Paracelsus,1493—1541 年,德国—瑞士)是医药化学的始祖,他的主要贡献是在西方把矿物质引进了药物。从前的药物主要来自植物,帕拉塞尔苏斯把药物来源扩大到了无机矿物质,这真是一大创举。为了制药,帕拉塞尔苏斯系统考察了许多金属的化学反应过程,并总结了标准反应的一般特征。他的这一工作在化学发展史上具有重要意义,启发了后人通过实验研究物质的化学性质,再按照其化学性质对物质进行分类。

德国医生阿格里科拉(Gergius Agricola,1494—1555 年)则被称为近代矿物学之父,他系统考察了采矿、冶金业,写出了著名的《论金属》。书中总结了当时采矿工人的实践知识,记述了当时已知的采矿和冶金方法。

比利时医生赫尔蒙特(Joan Baptista van Helmont,1579—1644 年)是从炼金术向化学过渡时期最重要的人物,他在化学领域引入了定量实验精神。在哲学上,他认为水是所有化学物质的基础,还设计并动手做了许多实验进行论证,其中最著名的是"柳树实验"。

赫尔蒙特用一个瓦盆盛上 200 磅干燥土,然后用水浇湿,种上 5 磅重的柳树干。五年后,柳树干长成了大树,重 169 磅 3 盎司多。赫尔蒙特重新将瓦盆里的土干燥,发现原来的土只减少了 3 盎司。赫尔蒙特认为,164 磅重的木头、树皮、树根只能是由水产生的。

罗伯特·波义耳的工作则使得化学成为一门理论科学,他在 1661 年出版的著作《怀疑的化学家》是近代化学诞生的标志。波义耳的贡献有四个方面。首先波义耳确立了近代的化学概念,化学不只是制造贵重金属或有用药物的经验技艺,而是自然哲学的一个分支,主要从事对物质现象的理论解释。其次,波义耳清除了旧的元素概念,确立了科学的元素概念。在他看来,万物由不多几种元素组成的思想是不可靠的;任何物体都不是真正的元素或要素,因为它们都处于化合状态,而元素是指"某些原初的和单纯的即丝毫没混合过的物体,这些物体不是由任何其他物体组成,也不是相互组成,而是作为配料,一切所谓的完全混合物质都直接由它们化合而成,最终也分解成它们。第三个贡献是澄清了火在化学分解中的作用。传统炼金术一直认为火是万能的化学分析工具,所有的元素都预先混合在物质之中,火可以将它们分离开来。波义耳首先认识到了混合与化合的不同,他认为火可以分离很多混合物,但不能分离一切混合物,例如玻璃。波义耳的第四个贡献是对燃烧问题的研究,波义耳通过研究真空中硫磺的燃烧过程,意识到了空气对燃烧的必要性。他进一步发现,只有某一部分空气才是燃烧所必需的。波义耳还认识到,动物的生命也依靠空气中的某一部分来维持,但他还没有认识到,维持燃烧的那一部分空气恰恰就是维持动物生命的那一部分空气。

二、燃素说

17世纪以来,燃烧问题一直是化学研究的一个核心问题,为了解释燃烧现象,出现了燃素说。德国化学家贝歇尔(Johann Joachim Becher,1635—1682年)首先提到燃素理论。在发表于1669年的《地下物理学》一书中,他认为化合物由三种土元素构成:玻璃状土、油状土、流质土。在有机物燃烧过程中,其中所含的油状土很快逸出,玻璃状土则留下来。他的这种说法被他的学生斯塔尔加以发挥,提出了系统的燃素说。

燃素(phlogiston)来自希腊文,意为使火开始。这个词很早就出现了,斯塔尔(Georg Ernst Stahl,1660—1734年)赋予它新的意义,并使它流行开来。斯塔尔在原子论的基础上建立了元素概念,他把贝歇尔的油状土叫做"燃素"。他认为,易燃物含有较多的燃素,所以易燃;灰烬不含有燃素,所以不能燃烧。物体燃烧时,空气起助燃作用并把燃素带走。

应用自己的燃素理论,斯塔尔给当时已知的许多化学现象做了解释。例如氧化—还原反应,他认为氧化过程是燃素逸出的过程。金属生锈与木材燃烧就是失去燃素的过程。需要指出,燃素说虽然是错误的,但它是化学史上第一个将各种化学现象统一起来的化学原理,并引导化学走向了更广阔的领域。

三、气体研究与氧的发现

在气体的化学研究方面,首先要提到苏格兰化学家布莱克(Joseph Black,1728—1799年)。布莱克发现,白镁氧(碱性碳酸镁)加热后会放出某种气体而变成氧化镁。石灰石加热后也会放出类似的气体而变成生石灰。由于这些气体是被固定在白镁或石灰这些固体中的,布莱克称它为"固定空气"。其实,这就是我们今天所熟知的二氧化碳。布莱克的发现在化学界掀起了巨大的波澜,此时人们才知道固体物质中居然会含有如此多的化学气体。此后,气体成为了一种重要的化学物质,它确实能够参与化学反应。布莱克推测,燃烧和呼吸时放出的空气里一定含有固定空气。

英国化学家普利斯特列(Joseph Priestley,1733—1804年)在气体研究方面的工作最为出色。他不仅研究了二氧化碳的性质,还是事实上的氧气发现者。普利斯特列发现,布莱克所说的"固定气体"也可由啤酒厂里谷物发酵产生。普利斯特列研究了这种气体的性质,它能部分溶解于水,而溶解了这种气体的水变成了一种味道十分可口的饮料。据此,普利斯特列于 1772 年发明了"苏打水"。他还发现薄荷小枝在充满这种气体的环境里能够十分茁壮地生长。由此他想到,动物的呼吸不断地污染空气,植物则可能充当了空气净化剂的角色。经过反复实验后,他说:"这么多动物的呼吸使空气不断受污染,……至少一部分为植物的创造所补偿。"

1772 年,普利斯特列发表了论文《对各种空气的观察》。在这篇长文中,报告了他利用集气槽收集到的各种各样的气体:由铜、铁、银等金属与稀硝酸制取的"亚硝空气"(氧化氮)、"燃素化空气"(氮),与浓硝酸制取的"亚硝蒸气"(二氧化氮)、"减缩的亚硝空气"(氧化亚氮),"酸性空气"(氢氯酸)。由于最后一种气体易溶于水,所以是在水银面上收集的。

两年后,普利斯特列发现了氧气,这是他最重要的贡献。普利斯特列通过加热当时人们已知道的一种红色矿灰,得到了氧气。这种红色矿灰是在空气里加热水银得到的,我们今天称之为氧化汞。普利斯特列将这种矿灰放在集气装置中加热,发现收集到的气体不溶于水,却使蜡烛以极强的火焰燃烧。1775 年,普利斯特列用这种气体做了实验。他发现,在这种空气中,老鼠的存活时间比在普通空气中存活时间长两倍。他本人吸入这种空气后,胸部感到极为舒服。他因此猜测这种气体可以用在医学上。他说:"谁知道将来这种纯空气不变成一项时髦的奢侈品呢?但到现在只有两只老鼠和我有过吸入这种气体的特权。"

就这样,氧气被发现了。当时并没有出现"氧气"一词,普利斯特列将新气体命名为"脱燃素空气"。之所以如此,是因为普利斯特列信奉燃素说,他用燃素理论来解释燃烧现象。他相信燃烧就是损失燃素。燃素被支持燃烧的空气所吸收,空气里包含的燃素越少,吸收的燃素就越多。他认为,正是因为新发现的这种气体十分缺乏燃素,所以才使燃烧这么猛烈。同年,普利斯特列向皇家学会宣布了这一发现。

说到"氧气"的发现,不能忘记瑞典化学家舍勒(Carl Wilhelm Scheele,1742—1786 年)。早在 1771 年,舍勒就发现了氧气。他加热一些与氧结合得不太紧密的物质制出了"火空气"(氧气)。舍勒发现,空气里包含有两种性质完全不同成分。其中一种不吸引燃素,他称作"浊空气",另一种吸引燃素,他称作"火空气"。他还发现"火空气"只占空气中三分之一到四分之一的质量。同普利斯特列一样,舍勒也相信燃素说,因而没能正确地认识氧在化学反应中的作用。

本来舍勒关于发现"火空气"的著作于 1775 年就送到印刷厂了,但由于出版商的耽搁,直到 1777 年才出版,此时人们已经知道是普利斯特列发现了"脱燃素空气"。舍勒还有许多发现:硫化氢、氯、氢氟酸、氧化钡、氢氰酸、钼酸、钨酸、砷酸、锰酸盐、高锰酸盐、亚砷酸铜等,后者至今仍被称为"舍勒绿"。由于是那个时代发现有机酸最多的人,舍勒还被认为是有机化学的奠基人。舍勒年仅 43 岁就去世了,有人说是由于劳累过度,也有人认为舍勒死于药物中毒,因为他对自己制出的新化学物质都要习惯性地尝一下。

四、拉瓦锡的化学革命

人们在气体化学领域获得了长足的进展,实验室里也揭示了越来越多的化学现象,但是还未形成一套科学的化学概念体系。氧气虽然已经被发现,但人们仍然相信燃素说。是拉瓦锡在化学领域发动了一场系统深刻的概念革命,就像上一个世纪牛顿在物理学领域所做的工作一样。

安东·洛朗·拉瓦锡(Antoine-Laurent Lavoisie,1743—1794 年)生于巴黎一个富裕之

家。身为律师的父亲希望儿子继承他的事业,但拉瓦锡的兴趣却投向了科学。1754 年,拉瓦锡进入马扎林学院。在这里,拉瓦锡接受了实验科学的基本训练。受化学家卢埃尔的影响,拉瓦锡对化学非常着迷。卢埃尔讲课幽默风趣,每次他都是先讲一段原理,然后说:"先生们,让我现在用实验来证明它们。"但是,当实验结果与他所讲的原理相矛盾时,他就提醒大家,要尊重实验,而不能从原理出发。

在他化学研究生涯的最初,拉瓦锡就极端重视定量测量。很长时间以来,人们一直认为水可以变为土。例如,前面提到赫尔蒙特曾经做过一个有名的柳树实验,以证明水确实可以变为土。拉瓦锡对此持怀疑态度,他用精确的定量实验进行了验证。1768 年,他把纯净水反复蒸馏了 8 次,而后置于封口玻璃容器内称重后进行加热,保持沸腾 100 天。水蒸气经冷凝再送回,使得整个加热过程中没有水的损耗。结果发现,水的重量并没有改变,仅仅出现了少量沉淀。反而发现玻璃容器重量有所减少,减少的重量正好等于沉淀物的重量。这个实验打破了水可以变为土的观念。

拉瓦锡化学革命的核心是通过研究燃烧问题否定了燃素说。拉瓦锡的第一步工作是切实搞清了空气是否参与燃烧。他认为燃烧需要空气的参与,为此他不惜用贵重的金刚石做了实验,证明没有空气的参与金刚石不会燃烧起来。拉瓦锡进一步通过实验发现,燃烧磷和硫的产物比燃烧前的磷和硫要重。他解释,那是因为空气中的某种东西加入了反应,才使反应物变重。

为了进一步论证自己的观点,拉瓦锡又于 1774 年做了新的实验。他加热密闭在容器里的锡和铅,两种金属表面均起了一层金属灰。前人已经从实验得知,带有金属灰的金属比原来的要重。但拉瓦锡发现,整个容器的重量在加热后并没有增加。这表明,如果金属的重量增加了,那么空气的重量必是减少了。拉瓦锡进一步推测,空气若有所失,密闭容器里便会形成部分真空。他的这一推测得到了实验的确认。他打开容器,再进行称量,发现容器的重量增加了,这是由于空气涌了进来,填补了原来的部分真空所致。这个实验雄辩地证明,金属燃烧的过程是与部分空气相化合的过程。

尽管拉瓦锡通过实验证实了空气确实参与了燃烧,但他并不知道空气是通过什么方式参与燃烧的。拉瓦锡的第二步工作就是科学地解释了空气是如何参与燃烧的,并建立了氧化的概念。拉瓦锡当时还不知道空气是多种气体的混合物。同年,普利斯特列对巴黎的访问,促进了拉瓦锡的工作。普利斯特列告诉拉瓦锡,他已发现了"脱燃素空气"。1775 年,拉瓦锡重做了普利斯特列的实验,随即明确指出燃烧是与空气的较纯净部分相化合的过程。他当时称这部分空气为"最宜于呼吸的空气",称其余不参与燃烧的部分为"硝",即无生命的意思。1790 年,化学家查普特尔(Chaptal,生卒年不详)改称为"氮",沿用至今。1779 年,拉瓦锡又给"最宜于呼吸的空气"起了新名称——"氧",意思是"可产生酸的东西",因为他认为各种酸里都含有这种气体。

这样,拉瓦锡就建立了氧化的概念,而这个概念一经建立,拉瓦锡就更深刻地解释了当时的许多化学反应过程。他指出,所谓的"固定空气",其实就是由碳和氧化合而来,而许多燃烧过程其实就是与氧气化合的过程。有关燃烧"氢"生成水的实验再一次证明了拉瓦锡的观点。

卡文迪许(Henry Cavendish,1731—1810 年)早在 1766 年就已经发现了"易燃空气":氢。1781 年,普利斯特列发现这种易燃空气在空气中燃烧之后形成小露珠。卡文迪许重做了这个实验,证实了生成的确实是水。这个实验结果传到拉瓦锡那里后,他马上意识到水是化合物而不是一种单纯的物质,即氧和"易燃空气"的化合物。

拉瓦锡的第三步工作是把燃素说从化学中清除出去。1783年,他向科学院提交了一篇论文,指出了燃素说的诸多困难,而氧化理论却可以十分合理地解释燃烧现象,燃素理论完全是一种多余的学说。拉瓦锡还在家里举行了一个特别的仪式,以宣告燃素说的终结,由扮作女祭司样子的拉瓦锡夫人焚烧了斯塔尔和其他燃素论者的著作。

拉瓦锡的另一项重要贡献就是与化学家德莫瓦(De Morvean,生卒年不详)、贝托莱(Claude Louis,Berthollet,1748—1822年)等人一起建立了一套严格、统一、科学的物质命名法。他们的著作《化学命名法》在1787年出版。书中的新命名法规定,每种物质均有自己的固定名称。单质的名称反映其化学特征,化合物则由组成它的元素来标定。其体系是那样条理清晰、逻辑性强,马上就流行开来。

1789年,拉瓦锡出版了一本阐述其新理论的教科书《化学纲要》。这本书不仅把由他发动的化学革命推向了高潮,也使他本人在化学史上留下了不朽英名。人们把《化学纲要》对化学的贡献与《自然哲学的数学原理》对物理学的贡献相比拟,称拉瓦锡是化学中的牛顿或近代化学之父。书中用详尽的证据推翻燃素说,系统阐述了以氧化理论为核心的新燃烧学说。书中还明确了化学的任务,那就是将自然界的物质分解成基本的元素,并对元素的性质进行检验。《化学纲要》还列出了化学史上最早的元素表,尽管当时所知的元素很有限。这本书还把物质守恒的思想应用于化学反应过程中,将化学反应过程数学化,给出了一个代数式,于是"就可以用计算来检验我们的实验,再用实验来验证我们的计算"。

拉瓦锡还把他的化学研究事业扩展到了生命领域。他研究了动物的呼吸过程和生理现象,并试图用化学的思想来解释。他认识到,动物的体温来自碳水化合物和氧化合生成二氧化碳和水的过程。但这项得到拉普拉斯(Pierre Simon Marqais de Laplace,1749—1827年)等人的协助、开始于18世纪80年代的工作,在法国大革命期间被迫终止了,而且他的整个科学研究生涯也就此结束。就在《化学纲要》出版的这一年,法国大革命爆发了。1793年,激进的雅各宾派上台执政,实行恐怖的独裁专政统治。不少科学家旋即受到迫害,这主要是政府认为他们对共和制认识不够、对旧王朝憎恨不够。拉瓦锡即在其中,不幸遇难。

拉瓦锡这位化学中的牛顿,在有生之年没有获得类似牛顿那样的殊荣,而是悲惨地被处死了。这在科学家中是比较少见的。与阿基米德被入侵的罗马士兵刺死、布鲁诺被教会烧死不同,拉瓦锡是被本国政府经法庭审理后判决处死的。

拉瓦锡被送上断头台的原因是科学史上的一桩公案,现在知道有两个原因。一个原因是他与包税公司有牵连,拉瓦锡不仅是包税公司总经理的女婿,他还曾经是一家包税公司的股东,每年他都从包税公司获得数目可观的资金。拉瓦锡入股包税公司倒也不能说是出于对钱财的贪婪,他本来就十分富有。但拉瓦锡确实很需要钱,因为要维持他的化学实验室,所需费用极大。法国的包税制度兴盛之时,他便将自己继承的遗产换了包税公司的股份。虽然拉瓦锡本人没有亲自参与令人痛恨的包税公司的征税行动,但他事实上参与了包税公司所获暴利的分配。另一个事实是,拉瓦锡从包税公司获取的资金被他花在了扩充他的化学实验室上,花在了科学研究上,并没有被他挥霍掉。

另一个原因,拉瓦锡被判处死刑据说是由于当时的革命领袖之一马拉的主意。当拉瓦锡与包税商们一起被抓起来时,马拉极力主张处死拉瓦锡。马拉之所以如此,缘于发生在他与拉瓦锡之间的一桩陈年旧事。出身于记者的马拉,多年前写了一篇论述火的本质的论文,申请成为科学院的院士,审稿人恰好是拉瓦锡,拉瓦锡认为马拉的论文太差,不能成为院士。马拉未能如愿,便怀恨在心。

当然,拉瓦锡作为一名很有名气的科学家,在政府中也不乏为其求情者,一些有影响力的人士建议免拉瓦锡一死。拉瓦锡本人也曾要求缓期执行,以便他能够完成正在进行的有关人汗的实验。但法庭副庭长科芬霍尔说:"共和国不需要学者"。拉瓦锡终究未能幸免。1794 年 5 月 8 日,拉瓦锡同其他包税商一起被处死。拉瓦锡被处决的次日,拉格朗日(Joseph Louis Lagrange,1736—1813 年)说:"他们砍下拉瓦锡的脑袋只需要一瞬间,可法国再过一百年也长不出这样一颗脑袋。"经历启蒙运动的法国人完全懂得拉瓦锡的价值,他的半身塑像在他死后不到两年就立在了巴黎。

第三节　思想革命与科学精神的传播

近代科学在 16、17 世纪诞生了,但很少为公众所了解。甚至在知识阶层,对新兴的自然哲学和科学方法论也所知甚少。是 18 世纪的思想革命有力地促进了科学知识和科学精神的传播,这场思想革命的开端就是发生在法国的理性启蒙运动,后来扩展到了几乎整个欧洲,成为长期的国际性发展过程。到 18 世纪末,在欧洲产生了重大影响,启蒙运动不仅宣传天赋人权,还宣传新的科技成果,促进了科学精神的传播。

一、理性启蒙与牛顿原理的传播

18 世纪的思想启蒙运动在科学上分为两个阶段,第一阶段主要是宣传牛顿力学。启蒙运动发端于一批著作家,他们的著作和思想长久地在法国以及欧洲流传并发挥影响,形成了近代史上著名的启蒙运动。在英国资产阶级革命之后,这批著作家宣传人类社会进步的思想,把他们的时代比作一个人类由蒙昧进入文明、由黑暗进入光明的黎明时期。他们认为封建特权之所以长久维持的原因就是生产落后造成的蒙昧状况的长期存在。他们宣传新的科学研究成果,揭露和批判愚昧无知,强调应当由理性的力量来支配人类生活的一切方面,只有理性才能保证人类社会的进步,理性是衡量一切事物的尺度和准绳。

启蒙思想家们手中高扬的"理性"旗帜,可以说,其来源之一就是刚刚在 17 世纪建立起来的牛顿力学。在伽利略——笛卡儿——牛顿的数理世界里,处处充满着井然有序的理性规律和法则。万有引力定律是它们的一个象征,凭借这个定律,人们可以预言行星在任一时刻的位置和速度,这深深地震撼了当时的知识界。他们把物质世界的自然规律扩展到了人类社会的发展中,认为只要掌握了社会发展的规律,人类就可以掌握自己的命运。理性不仅是对待自然界的正确态度,而且应该是对待一切事物的恰当原则。

理性启蒙发端于法国,离不开法国著名数学家和哲学家笛卡儿。笛卡儿的工作不仅使法国成为近代科学的发源地之一,也为法国特有的理性科学传统奠定了基础。但是,笛卡儿的学说长期未能在法国学界普及开来。直到 17 世纪末期,情况才得以改观,并最终为法国学界所接受,这主要归功于法国著名作家丰特涅尔(Bernard le Bouyer Fontenelle,1657—1757 年)。他是一个坚定的笛卡儿信徒,在 1691 年被选入法国科学院,又于 1697 年担任科学院的常务秘书,此后的 40 年一直担任此职。丰特涅尔还是法国科学界的活跃人物,他大力宣传笛卡儿的学说,其著作影响了法国读书界。丰特涅尔的努力有了回报,笛卡儿的科学理性精神和机械自然观在法国大大普及。

启蒙运动的代表人物是伏尔泰(Voltaire,1694—1778 年),因为坚持不懈地批判宗教蒙昧主义,他被公认为启蒙运动的领袖和导师。这位法国作家出身于一个地位低下的政府官员之家,却有着敏锐的思想、犀利的言辞,从小就展现出过人的才华和机智,尤其喜欢对貌似神圣和高贵的东西冷嘲热讽。他曾对那些贵族子弟们说:"我没有显赫的门第,但我的门第将因为我而显赫。"他甚至在一次晚会上因嘲笑一位绅士而遭到殴打。

伏尔泰早年游学英国,对英国有相当的了解。1726 年,伏尔泰来到英国,学习牛顿力学和英国哲学家洛克的社会政治理论。1727 年,牛顿去世,伏尔泰亲眼目睹了英国为牛顿举行的隆重国葬仪式,他被深深感动了。英国将牛顿安葬在威斯敏斯特大教堂,这里向来是王公贵族的墓地,牛顿成为第一个安息在此的科学家。出殡的那天,成千上万的普通市民涌向街头为他送行;抬棺椁的是两位公爵、三位伯爵和一位法官;在教堂合唱的哀歌中,王公贵族、政府大臣和文人学士们一起向这位科学巨人告别。伏尔泰感慨道:"走进威斯敏斯特教堂,人们所瞻仰的不是君王们的陵寝,而是国家为感谢那些为国增光的最伟大人物建立的纪念碑。这便是英国人民对于才能的尊敬。"

英国社会给伏尔泰留下了极好的印象。整个社会在向一个科学家表达着由衷的敬意,这是一个国家对于科学家的态度,也是一个国家对于科学的态度。他在文章中写到:"一些知名人士在讨论,谁是最伟大的人物——是恺撒、亚历山大、成吉思汗、还是克伦威尔?有人回答:毫无疑问是艾萨克·牛顿。非常正确,因为我们应该尊敬推崇的正是以真理的力量来统帅我们头脑的人,而不是依靠暴力来奴役人的人,是认识宇宙的人而不是歪曲宇宙的人。"

伏尔泰于 1729 年回国后,随即写了一系列著作介绍英国进步的文化和思想,批评法国当时的状况。著名的《哲学通信》在 1734 年出版,《牛顿哲学原理》于 1738 出版,《牛顿的形而上学》则出版于 1740 年。为使他介绍的牛顿物理学为法国公众所了解,伏尔泰还特别以法国学界逐渐熟悉的笛卡儿作为背景,因为笛卡儿与牛顿有许多共同的地方,尽管他们的宇宙图景不同。前者认为宇宙是一个大漩涡,处处连续,不存在虚空,而牛顿认为宇宙是由广大虚空空间中运动着的微粒组成的,微粒的运动遵循牛顿运动定律。伏尔泰把牛顿宇宙体系与笛卡儿体系相对比,以通俗的方式,向法国公众作了介绍。他还请他的女友夏特莱侯爵夫人,用漂亮的法文将牛顿的《原理》由拉丁文翻译成法文。译本于 1759 年出版,伏尔泰为法文本写了序言。伏尔泰为牛顿力学在法国的普及做出了巨大的贡献。

伏尔泰和所有启蒙运动的思想家们,如同冲破重重黑暗的亮光,打破了欧洲中世纪的神学枷锁,开启了科学和理性之门。而其中最根本的一点,就是马克思所说的:"认识到自己是人。"这也成为法国大革命爆发的内在动力。伏尔泰去世后,他的棺木上刻了这样一行字:"他拓展了人类精神,他使人类懂得,精神应该是自由的。"

牛顿力学被法国的科学家阵营所接受则与对地球形状之争的解决有关。1671 年,法国天文学家里歇(Jean Richer,1630—1696 年)意外地发现赤道处的摆钟普遍比巴黎的要慢。牛顿认为,摆钟之所以会变慢,是因为赤道离地心更远,重力减弱。法国的第二代卡西尼则主张地球在赤道处更扁,依据是当时在法国北部的经线测量。双方争执不下,科学院决定派出两支测量队分赴赤道和极地,用传统测地技术测定当地经线的一度弧长,以便确定地球的形状。克莱罗（Alexis-Claude Clairaul，1713－1763 年）率领的秘鲁远征队于 1735 年出发，莫培都率领的赴极地拉普兰地区考察队次年出发，测量结果表明牛顿是正确的。这次活动使牛顿力学很快在法国及欧洲大陆获得承认，法国因此出现了一批卓越的分析力学家。

二、《百科全书》对科学的传播

18 世纪的思想革命在科学上的第二个阶段的主角是"百科全书派"。几乎包括了所有在世的启蒙运动学者们，如哲学家狄德罗、霍尔巴赫、爱尔维修、孔迪亚克，政论家卢梭、孟德斯鸠，数学家达朗贝尔，博物学家布丰。他们在狄德罗（Denis Diderot，1713－1784 年）和达朗贝尔的主持下，编写了一部划时代的《百科全书》。这部巨著从 1751 年开始出版，到 1772 年共出齐 17 卷正文，11 卷图版，1777 年又出版 5 卷增补卷。

《百科全书》高举人文主义旗帜，宣称其宗旨是增进人类的幸福和人类社会的进步，对此狄德罗在《百科全书》条目中说得很明确："人是我们应当由之出发并应当把一切都追溯到他的独一无二的端点。如果你取消了我自己的存在和我的同胞们的幸福，那么，我以外的自然界的其余一切同我还有什么关系？"《百科全书》还继承了培根以知识为人类谋福利的思想，以大量的篇幅叙述人类已经取得的自然科学知识、技术和工艺过程。狄德罗特别强调技术在人类知识领域中的重大作用，将技术与科学、艺术并列为《百科全书》的三大类别。《百科全书》将各种零散的知识系统地整理，再以通俗的方式写出来，介绍给公众，是真正的启蒙伟业。

《百科全书》全部出版后，狄德罗声名远扬，俄国女皇叶卡捷林娜二世听说出名后依然不富裕的狄德罗为了给女儿置办嫁妆要卖藏书，就将藏书全部买下后又委托狄德罗保管，还每年付给他图书管理员薪金。叶卡捷林娜二世能如此，可见启蒙运动以及《百科全书》影响之大。狄德罗和他的《百科全书》对于法国掀起 1789 年的大革命贡献很大。《百科全书》的出版，是启蒙运动最伟大的成果，对法国、对整个近代世界的历史进程都产生了巨大的影响。

三、大革命时期的法国科学

法国大革命的情况在此不必赘述，仅就大革命时期的法国科学情况做介绍。大革命诞生的第一个科学成果是于 1795 年建立了新的度量衡制度：采用十进制；米的长度以经过巴黎的子午线自北极到赤道段的一千万分之一为标准，并铸出铂原器；一升等于一立方分米。

革命初期，科学家还是颇受尊重的，卡西尼、拉瓦锡、巴伊被选为国民议会议员，拉瓦锡更担任了新成立的计量改革委员会主席。但是随着对科学带有敌意的雅各宾党当权之后，情况发生急剧变化。1793 年 8 月 8 日，巴黎科学院被解散。

不过在战争期间，科学的作用还是被充分认识到了，科学家不仅参与政治事务，许多科学家还担任了国民政府的要职，以帮助解决军火问题。数学家蒙日（Gaspard Monge，1746－1818 年）被任命为海军部长，负责制造军火；另一位数学家卡诺（Lazare Nicolas Marguerite Carnot，1753－1823 年），即著名的热力学家卡诺的父亲，担任陆军部长；化学家富克鲁瓦（Antoine Francois de Fourcroy，1755－1809 年）担任火药制造局局长。

这里介绍后来成了拿破仑朋友的蒙日。大革命爆发的时候，蒙日已经在海军里服役六年了，后被任命为海军部长。蒙日发明的画法几何，能使三维空间中的立体得以在平面上表示出来，这在军事上十分有用，很长时间被作为军事机密。反法联军入侵时，法国武器弹药奇缺，蒙日指导人们从全国的每一角落里寻找硝石、铜、锡和钢，然后将它们制造成火药和铜炮。恐怖时期，蒙日也遭到检举，他只得逃离了巴黎。

科学和教育的重要性被战后的国民政府充分意识到。1794年，巴黎高等师范学校创办了，其首要任务是尽快为国家培养教师队伍，因为许多有学问的人在恐怖时期被处决，造成教师奇缺。著名的科学家于是纷纷前往该校任职讲学，然而由于财政困难，该校只办了三个月就夭折了。

1795年，综合工科学校创办了，这所后来著名的学校，为19世纪上半叶的法国造就了一大批优秀的科学人才。原因之一是当时的校长蒙日的办学理念，蒙日不仅将学校办成一个工程师的摇篮，而且重视理论研究，因为他深知基础研究与应用研究的相互依赖关系。尽管蒙日被国民政府委任为校长时曾受到指示："共和国现在迫切需要的不是学者，而是技术专家和工程师。"再加上当时最杰出的法国科学家都被聘为教授，这所新型的学校对任何出身的青年都敞开大门，鼓励他们为了共和国的未来努力学习，这所学校能在历史上留下美名也就不足为怪了。

1795年，被解散了的法国科学院重新恢复活动，并进行了改革。原来的院士会议只有贵族出身的名誉院士才能参加，院长、副院长都由名誉院士担任。但这些名誉院士并不太懂科学，所以旧科学院缺少生机。国民政府废除了旧的贵族院士会议，组建了全体院士均有发言权的新院士会议。科学院的改革使其在法国科学事业的发展中发挥出更大的作用。

进入19世纪，法国成为世界科技强国，18世纪的思想革命结出了果实。这其中也有军事强人拿破仑（Napoleon I，1769—1821年）的因素。在拿破仑称帝时期，他与巴黎科学院的院士们有着密切的往来关系，他的科学政策促进了法国科学的迅速发展。1808年，拿破仑将曾因财政问题而夭折了的巴黎高等师范学校重新开办，为自己的国家培养教师。1814年，欧洲反法联军兵临巴黎城下，综合工科学校的学生们要求参加保卫战。拿破仑为了保护法兰西未来的科学人才，拒绝了他们的请求，而且风趣地说了一句："我不能为取金蛋而杀掉我的老母鸡。"在他的政府部门，有不少科学家出任部长。1808年，虽然英法两国正在交战，拿破仑还是亲自在凡尔赛宫为英国化学家戴维颁奖。拿破仑曾写道："科学向我们打开了这么多秘密，消除了这么多偏见，为了使科学给我们建立更大的功勋，让我们鼓励科学，热爱科学家吧！"拿破仑本人还有志于从事科学事业，有人曾问拿破仑打完仗之后打算干什么，他毫不犹豫地回答道："我将退出军界，从事科学研究，争取有朝一日成为科学院院士。"他还去巴黎高等师范学校听化学课，在远征埃及时去实验室观看实验。拿破仑有很高的数学造诣，他曾向法兰西的院士们出题："不用直尺，仅用圆规，你们能四等分一个圆吗？"1797年12月，拿破仑与其他11名候选人角逐原卡诺院士的科学院院士席位，当选为数学学部院士。当时法兰西科学院共有145名院士席位，只有院士有缺额时才能增补院士。拿破仑后来在他所有的命令和文告上签名时都写上"科学院院士、东征方面军总司令"的头衔。

思考题

1. 有人说蒸汽机是第一次工业革命的"主角"，你怎样理解这一说法？
2. 蒸汽机是如何被发明出来的？在其发展过程中与相关科学的关系如何？
3. 试评说拉瓦锡的工作在化学革命中的地位？
4. 如何评价启蒙运动对近代科学的积极作用？

第五章

19 世纪：
科学技术形成体系与第二次工业技术革命

▷▷▷

19世纪被誉为科学的世纪。原因有二：一是在这个世纪里，近代自然科学的各个门类均相继成熟起来，由此建立了近代科学的大厦；二是在这个世纪里，科学成为社会生活的一个重要组成部分，科学知识被大大普及，理论科学的伟大创新转变成为技术的无比威力，第二次技术革命的发生就是明证。

在19世纪，今天的所谓三大学科：物理、化学、生物已实现了系统化。在物理学领域，以牛顿力学为基础统一了声学、光学、电磁学和热学，有效地支配着小到超显微粒子、大到宇宙天体的物理世界。在化学领域，定量分析方法引入了化学原子论，使得无机化学走向了系统化。在生命领域，以细胞学说和生物进化论为基础统一了生物学的诸分支，乃至确立了人在自然界的位置。在这个世纪，蒸汽动力在社会生活的许多方面发挥作用，被马克思称为"世界的加冕式"的铁路成了世界经济的大动脉；法拉第—麦克斯韦的电磁理论宣告了电气时代的到来。

第一节　三大学科的系统化

一、物理学的系统化

在19世纪，物理学走向了系统化，其基础是牛顿力学在18世纪的发展以及其他物理学分支在18世纪的知识积累，这里有必要做一简要回顾。

在力学领域，为补充牛顿定律的不足，惠更斯、莱布尼兹等人建立了运动量守恒原理和活力守恒原理。由于牛顿理论在处理多质点、多约束、非直角坐标系等复杂问题时显得不够,18世纪的数学家们以先进的数学工具重新表述牛顿力学体系,由此创立了分析力学。

在热学和电学领域,实验家们通过实验积累了知识。阿蒙顿、华伦海特、摄尔修斯等人改进、设计了新的温度计,华伦海特和摄尔修斯分别创立了华氏温标和摄氏温标。布莱克认识到温度与热量之间的区别,提出了"热容量"、"比热",和"潜热"的概念,其中潜热概念导致了瓦特对蒸汽机的改进。

电学领域一些仪器的出现推进了对电现象的研究,盖里克发明的摩擦起电机方便了对电现象的研究,而法国莱顿大学出现的莱顿瓶则解决了电的储存问题。富兰克林众所周知的风筝实验统一了天电和地电,他还区分了正电和负电。伏打于1800年制成的著名的伏打电堆使人们第一次有可能获得稳定而持续的电流,从而为研究动电现象打下了基础。1777年,卡文迪许提出了电荷作用的平方反比律,电荷只分布在物体的表面。法国物理学家库仑(Charles-Augustin Coulomb,1736—1806年)则用自己独立发明的扭秤于1785年测定了带电小球之间的作用力,就是今天人们熟知的库仑定律。

但是,电与磁之间的联系依然未被正确地认识,人们相信电与磁没有什么关系。19世纪电磁学的大发展,正是从认识到电与磁的内在统一性开始的,同时也揭开了物理学走向系统化的帷幕。

1. 电学和磁学的统一

(1)**奥斯特发现电流的磁效应** 电学和磁学走向统一与18世纪后期在德国兴起的一种自然哲学思潮有很大关系,这种思潮弘扬自然界中联系、发展的观点,批评牛顿科学中的机械论的成分,在当时的科学家中产生了重要的影响,其中就有丹麦的奥斯特。

丹麦物理学家奥斯特(Hans Christian Oersted,1777—1851年)青年时代就是康德哲学的崇拜者。后来,他周游欧洲,成了德国自然哲学学派的追随者。基于其哲学倾向,奥斯特一直坚信电、磁之间一定有某种关系,电一定可以转化为磁。奥斯特起初认为,既然电流通过较细的导线会发热,那么导线足够细就有可能产生磁效应,但他所做的实验并不成功。后来,奥斯特认为电流磁效应可能不在电流流动的方向上。经过多次失败,他的这一想法在1820年4月得到了证实,电流所产生的磁力既不与电流的方向相同也不与之相反,而是与电流的方向垂直。此外,电流对周围磁针的影响可以透过各种非磁性物质。

奥斯特的发现马上轰动了整个欧洲科学界。法国物理学家安培(Andrè Marie Ampère,1775—1836年)敏锐地感到这一发现的重要性,第二天即重复了奥斯特的实验。一周后向科学院提交了一篇论文,提出了磁针转动方向与电流方向相关判定的右手定则;再一周后,安培向科学院提交了第二篇论文,讨论了平行载流导线之间的相互作用问题。1820年底,安培提出了著名的安培定律。不仅如此,安培还提出了"电动力学"的概念,用来指研究运动电荷(电流)的科学。1821年,安培进一步提出了分子电流假说,物体内部的每一个分子中都带有回旋电流,因而构成了物体的宏观磁性。可惜,这个假说大大超前于时代,不为人们所重视。

(2)**欧姆定律的建立** 德国物理学家欧姆(Georg Simon Ohm,1789—1854年)热心于电学研究,借助当时刚刚发明的温差电池发现了后来以他的名字命名的定律。

法国数学家傅里叶已经发现,热传导过程中热流量与两点间的温度差成正比。受此启发,欧姆猜测电流也应该与导线两端之间的某种驱动力成正比。他把这种驱动力叫做"验电力",今天称为电势差。电流的磁效应发现后,欧姆照此原理设计了一个扭秤,用以测定电流的大小。他利用温差电池和电磁扭秤进行金属的导电实验,得出了"通过导体的电流与电势差成正比,与电阻成反比"的结论,这就是著名的欧姆定律。欧姆的实验结果发表于1826年,但起初欧姆的祖国并不承认他的工作。倒是英国很重视,伦敦皇家学会于1841年授予他科普利奖章,1842年接受他为会员。直到1849年,他的祖国才认识到了他的价值,慕尼黑大学聘请他为教授。

(3)法拉第发现电磁感应定律　电学和磁学统一的下一个重大进展是法拉第做出的,即奥斯特发现的逆效应:电磁感应。

奥斯特、安培等人的实验发现(电流的磁效应)公布后,激起了法拉第(Michael Fraday,1791—1867年)研究电磁现象的巨大热情。他想到既然"电能产生磁",那么,反过来"磁也应当能够产生电"。在这种想法指导下,他从1822年就开始了"由磁生电"的研究。和法拉第同时代的学者,其中包括英国化学界权威沃拉斯顿也曾设想过,并且做了将磁转变为电的实验,最后都失败了。

开始时,法拉第以为用强大的磁铁靠近导线,导线中就会产生稳定的电流;要么,在一根导线中通以强大的电流,近旁的另一根导线中也会产生电流。但实验结果都失败了。经过10年的顽强努力,终于在1831年8月取得了突破性的进展。

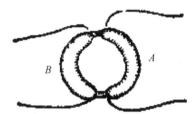

图 5-1　法拉第发现电磁感应的线圈

这次实验他用了一个圆铁环,圆环绕两个彼此绝缘的线圈 A 和 B。B 线圈两端用一条铜导线连接,形成一闭合回路,铜线下面平行放置一小磁针。A 线圈和一电池组相连后,接在开关上形成另一闭合回路。法拉第观察到,在线圈 A 回路中的开关合上有电流通过的瞬间,磁针偏转,开关断开的瞬间,磁针也偏转,这表明 B 线圈中感应出了电流。他立刻想到这就是他寻找了10年的磁产生电流的现象。法拉第进一步发现,仅仅用一根永磁棒插入或拔出线圈,就能使与另一个线圈相连的电流计指针发生偏转。

感生电流的发现有着重大的意义,它意味着通过连续的运动磁体可以不间断地得到电流。据说法拉第本人很快就做了一个模型发电机,电动机和发电机问世预示着人类电气时代的到来。

法拉第运用他自己创造的"场"和"力线"概念,建立了电磁感应定律。在法拉第以前,人们已经发现了许多物理作用力不是通过直接接触实现的。如牛顿的万有引力、库仑的静电力、磁极之间的作用力,以及新近发现的电流之间的磁作用力等,而且它们均遵守距离的平方反比关系。牛顿本人相信,引力是即时作用,不需要传播媒介。法拉第不同意这种超距作用观,天才地创造了"场"和"力线"的图景。

(4)电磁理论的建立　英国物理学家麦克斯韦(James Clerk Maxwell,1831—1879年)把库仑定律、安培定律和法拉第电磁感应定律综合在一起,创立了电磁理论,实现了电和磁的统一。

1855年,麦克斯韦发表《论法拉第的力线》一文,首次尝试将法拉第的力线概念数学化,初步建立了电与磁之间的数学关系。麦克斯韦的理论表明,电与磁不能孤立地存在,总是不可分离地结合在一起。这篇论文使法拉第的力线概念由一种直观的想象上升为科学的理论,引起了物理学界的重视。法拉第读过这篇论文后,大加赞扬。

1862 年,麦克斯韦又发表了第二篇论文:《论物理学的力线》,在这篇论文中,他提出了自己首创的"位移电流"和"电磁场"等新概念,并在此基础上,给出了电磁场理论的更完整的数学表述。1864 年,他向皇家学会宣读了另一篇著名的论文《电磁场的动力学理论》,文中不仅给出了今天称为麦克斯韦方程组的电磁场方程,而且提出了电磁波的概念。

2. 光学和电磁学的统一

几何光学在 17 世纪就基本上建立了。几何光学主要研究光线传播的几何性质,如光线传播的直线性,光线的反射、折射性质等。其中对光的折射性质的研究较多,这是制造光学仪器的需要。开普勒曾修正了托勒密关于入射角与折射角成正比的结论,并指出玻璃的折射角不会超过 42 度。通过大量实验,荷兰数学家斯涅尔(Willibrord Snell,1591－1626 年)于 1621 年得出折射定律:入射角与折射角的余割(正弦的倒数)之比为常数。笛卡儿在 1637 年出版的《折光学》一书中提出了折射定律的现代形式,即入射角与折射角的正弦之比为常数。后来,著名的法国数学家费尔马(Pierre de Fermat,1601－1665 年)运用极值原理推出了光的反射定律和折射定律。

牛顿完成分光实验以及发现牛顿环后,光学由几何光学进入了物理光学。牛顿未能对他的伟大发现做出正确解释,因为他相信光本质上是运动的微粒。与牛顿同时代的惠更斯主张光是一种波动,由此展开了近两个世纪的光的本性之争。

(1)光的本性之争 惠更斯最早明确地提出了光的波动说。1690 年,他的《论光》出版,提出了光的运动不是物质微粒的运动而是媒质的运动即波动的观点。惠更斯注意到,光线交叉穿过而没有任何相互影响,这一现象只能用波动来解释。靠着波动说,惠更斯成功地解释了光的反射、折射以及方解石的双折射现象。但他在解释光的干涉、衍射和偏振现象时遇到了困难,因为他认为光是纵波就像声音。

牛顿对波动说持怀疑态度,提出光是一种微粒的看法。在 1704 年出版的《光学》一书中,指出了波动说的几种不足:第一,波动说不能很好地解释光的直线传播现象,因为如果光是一种波动,它就应该有绕射现象,就像声音可以绕过障碍物而传播一样,但没有观察到光有这种现象;第二,波动说不能令人满意地解释方解石的双折射现象;第三,波动说依赖于介质的存在,可是没有什么证据表明,天空中有这样的介质,因为从天体的运行看不出受到介质阻力的迹象。但是,牛顿并不完全排斥波动思想,他曾提出光粒子可能在以太中激起周期性振动。由于牛顿倾向于微粒说,加上后来微粒说一派一定程度的故意,牛顿的波动思想被后人忘记,牛顿结果成了坚持微粒说的代表人物。

部分由于惠更斯波动说的不完善,部分由于牛顿的崇高威望,微粒说在整个 18 世纪占据主导地位。

(2)波动说的复兴和光学的发展 到了 19 世纪,英国医生托马斯·杨(Thomas Young,1773－1829 年)的一篇论文揭开了波动说复兴的序幕。1800 年,杨发表了《关于光和声的实验和问题》一文,对光微粒说提出异议。杨应用波动理论成功地解释了光的干涉现象。他还把光的干涉与声波中的差拍现象做了比较,差拍就是一种干涉效应。托马斯·杨指出,光学中各种颜色交替出现的现象(例如牛顿环)也可以同样用干涉原理来说明。

托马斯·杨于 1800 所做的双缝干涉实验为他的波动学说提供了确凿的证据,使牛顿的微粒说遇到严重的挑战,波动说在 19 世纪初开始得到了复兴。几乎同时,法国物理学家菲涅尔(Augustin Jean Fresnel,1788－1827 年)也提出了光的波动说。1815 年,菲涅尔向科学院提交了第一篇光学论文。文中仔细地研究了光的衍射现象,并提出了光的干涉原理。菲涅尔的论文实验证据确凿,很快在法国物理学界获得支持,本来信奉微粒说的阿拉果,在受命审查菲涅尔的论文之后,第一个改信波动说。菲涅尔与阿拉果一起继续进行实验研究,于1819年证实杨关于光是一种横波的主张。

由于杨和菲涅尔的工作,微粒说一统学界的局面被打破,在波动学说基础上的光学实验大量涌现,使19世纪在物理光学方面取得了重大的进展。

1849年,法国物理学家菲索(Armand Hippolyte-Louis Fizeau,1819－1896年)利用转动齿轮的方法,第一次在实验室中测定了光的速度,尽管数值不太精确。1862年另一位法国物理学家傅科(Jean Bernard Léon Foucault,1819－1868年)改进了菲索的方法,用旋转镜方法准确地测定了光速,从而发现密介质中光的传播速度较小。这就在实验上对微粒说和波动说之争做了一次支持波动说的判决,因为微粒说认为密介质中的光速大于疏介质中的光速,波动说认为正好相反。

光的波动说被确立以后,物理光学中最突出的成就是对光谱的研究。1814年,德国物理学家夫琅和费(Josef von Fraunhofer,1787－1826年)发现太阳光谱中有许多暗线,这就是后来的夫琅和费暗线。他又发现月光和行星的反射光谱与太阳光谱完全相同。1821年,夫琅和费利用自己首次发明的光栅,测定了太阳光谱线的波长。但他本人也不太明白太阳光谱线中暗线的意义。

1859年,德国物理学家基尔霍夫(Gustav Robert Kirchhoff,1824－1887年)解释了太阳光谱中暗线的含义。太阳光谱中的夫琅和费暗线是各种物质的特征谱线,因为在足够强的自然光下,物质的特征光谱被同波长的物质所吸收,其明亮的特征谱线便变成了明显的暗线。基尔霍夫因此断定,太阳中必存在钠、镁、铜、锌、镍等金属元素。

由基尔霍夫开创的光谱分析方法,不只是对鉴别化学物质有着巨大的意义。当天文学家将光谱分析方法应用于恒星宇宙时马上就证明了宇宙之间物质构成的统一性,并由此诞生了天体物理学。使得以光学仪器为主要观测工具的天文学也由方位天文学进入天体物理学,并促进了物理学与天文学的结合。光谱分析不仅开辟了天体物理学的广阔前景,而且也为深入原子世界打开了道路,近代原子物理学正是从原子光谱的研究中开始的。

(3)光学和电磁学的统一 赫兹的工作使得电磁学和光学得到了统一。赫兹(Heinrich Rudolph Hertz,1857－1894年)在学生时代就致力于用实验验证麦克斯韦理论。1886年,他在做放电实验时,发现近处的线圈也发出火花,感到这可能是电磁波在起作用。为了更好地确认这一点,赫兹再度布置实验。他设计了一个振荡电路用来在两个金属球之间周期性地发出电火花。按照麦克斯韦理论,在电火花出现时应该有电磁波发出。然后,赫兹又设计了一个有缺口的金属环状线圈,用来检测电磁波。结果,当振荡电路发出火花时,金属缺口处果然也有较小的火花出现,这就证明了电磁波的确是存在的。赫兹又进一步在不同的距离观测检测线圈,由电火花强度的变化粗略算出了电磁波的波长。1888年1月,赫兹发表了《论动电效应的传播速度》,证明了电磁波具有与光完全类似的特性。还证明了电磁波的传播速度与光速有相同的量级。这就把电磁学和光学统一在一起了。

3. 热学与牛顿力学的统一

18世纪热学领域的进展表现在两方面,计温学和量热学。计温学的发展成果是温度计的发明和温标的建立,华伦海特(Daniel Gabriel Fahreheit,1686－1736年)和摄尔修斯

(Anders Celsius,1701—1744 年)独自发明了温度计并建立了华氏温标和摄氏温标。量热学方面,布莱克首先区别了温度与热量,接着提出了"热容量"和"比热"的概念。这两个概念奠定了热平衡理论的基础。布莱克提出的潜热概念还导致了瓦特对蒸汽机的改进。伴随着量热学的发展出现了"热质说",是伦福德(Benjamin Thompson,Count Rumford,1753—1814 年)的大炮钻孔实验指出了"热质说"存在的困难。

到 19 世纪,卡诺(Sadi Carnot,1796—1832 年)在研究蒸汽机的热效率时建立了热力学,在此过程中,卡诺由"热质说"转向热之唯动说。在这个世纪,热学的重大发展是热力学第一定律和热力学第二定律的发现,分子运动论的引入则使热学与牛顿力学得到了统一。

(1)热力学第一定律的建立　18 世纪,分析力学家们实际上已经得到并开始运用机械能守恒定律。但是,发现广义的能量守恒原理是 19 世纪 40 年代的事情。多位研究者大致同时独立地提出了这一原理,这里仅介绍迈尔、焦耳、赫尔姆霍兹等人的工作。

德国医生迈尔(Julius Robert von Mayer,1814—1878 年)最早提出了这一原理。1842年,他写了《关于无机界力(能量)的说明》一文,以比较抽象的推理方法提出能量守恒与转化原理。他说:"力(能量)是原因,因此我们可以在有关力(能量)的方面,充分应用因等于果的原则。……我们可以说,因是数量上不可毁的和数量上可变换的存在物。……所以,力(能量)是不可毁的、可变换的、不可称量的存在物。"在文章的结尾部分,迈尔设计了一个简单的实验,粗略求出了热功相互转化的当量关系。但是,迈尔的工作长期得不到学界的认可,直到晚年才得到了应得的荣誉,1871 年英国皇家学会授予他科普利奖章。

最先为能量守恒原理提供确凿实验证据的是英国物理学家焦耳(James Prescott Joule,1818—1889 年)。1840 年,焦耳测量电流通过电阻线所放出的热,得出了焦耳定律,为发现普遍的能量守恒和转化原理打下了基础。1843 年,焦耳用手摇发电机发电,将电流通入线圈中,线圈又放在水中以测量所产生的热。结果发现,热量与电流的平方成正比。这个实验显示了机械作功如何转变为能量,最后转变为热。焦耳通过后续的实验第一次给出了热功当量的数值:每千卡能量相当于 460 千克米的功(即将 460 公斤物体提升 1 米或 1 公斤物体提升 460 米所做的功)。他认为,热功当量的测定是对热之唯动说的有力支持,也是对能量不灭原理的一个重要表述。

焦耳的划时代的工作也没有引起应有的注意,直到大约 1850 年,以焦耳实验为基础的能量守恒原理才得到公众的认同。这一局面的取得,有德国物理学家赫尔姆霍兹(Hermann von Helmholtz,1821—1894 年)的重要贡献。

1847 年,赫尔姆霍兹发表了《论力的守恒》一文,系统、严密地阐述了能量守恒原理(在德语中,"力"一词向来在"能量"的意义上被使用)。首先,他用数学化形式表述了在孤立系统中机械能的守恒。接着,他把能量的概念推广到热学、电磁学、天文学和生理学领域,提出能量的各种形式相互转化和守恒的思想。他将能量守恒原理与永动机之不可能相提并论,使这一原理拥有更有效的说服力。

能量守恒原理揭示了自然科学各个分支之间惊人的普遍联系,是自然科学内在统一性的第一个伟大的证据。由于它主要借助热功当量的测定而得以确立,故常常被称为热力学第一定律。

(2)热力学第二定律的建立　热力学第二定律的建立与威廉·汤姆森(Sir William Thomson,1824—1907 年)有关,即后来以开尔文勋爵(Lord Kelvin,1892 年册封)而著称的英国物理学家。

卡诺在研究其理想热机做功的过程中发现,热从高温流向低温是一个必然的过程,由于热机设计的不周到,不可能完全将这个过程利用起来做功。这里,实际上已经包含了热力学第二定律的基本思想:热总是不可避免地要从高温热源流向低温热源,虽然能量总量没有丧失,但它越来越丧失做功能力。

1849 年,开尔文发表《关于卡诺学说的说明》,指出卡诺关于热机做功并不消耗热的看法是错误的,卡诺理论应该予以修改。1851 年,他发表《论热的动力理论》,系统阐述了修改后的热力学理论,文中第一次提出了热力学第一定律和第二定律的概念。其中第二定律是:从单一热源吸取热量使之完全变为有用的功而不产生其他影响是不可能的。这个表述等价于永动机是不可能的。

德国物理学家克劳修斯(Rudolf Clausius,1822－1888 年)也独立地提出了热力学第二定律。1850 年,他发表《论热的动力与由此可以得出的热学理论的普遍规律》一文,引入了另一种形式的热力学第二定律:热量不可能自动地从较冷的物体转移到较热的物体,为了实现这一过程就必须消耗功。1854 年,克劳修斯又发表《论热的机械理论的第二原理的另一形式》,给出了热力学第二定律的数学表达式。1865 年,他发现一个系统热含量与其绝对温度之比在系统孤立(不与外界发生能量交换)之时总是会增大,在理想状态下它将保持不变,但它在任何情况下都不会减少。克劳修斯将之命名为"熵",热力学第二定律因而被说成是熵增加原理。

热力学第二定律的意义在于,它突出了物理世界的演化性、方向性和不可逆性,与牛顿宇宙机器图景完全不同。

(3)热学中分子运动论的引入　19 世纪,物质的原子结构学说(见后面化学的系统化)获得了广泛的认同。在此基础上,物理学发展出了对热力学的分子运动论解释。

1820 年,英国一位铁道杂志的编辑赫拉派斯(John Herapath,1799－1868 年)提出了气体理论。他认为气体压强是气体粒子碰撞的结果,明确提出气体温度取决于分子的速度。1848 年,焦耳在赫拉派斯工作的基础上,测量了许多气体分子的速度。在他的推动下,分子运动论引起了越来越多人的重视。其中克劳修斯、麦克斯韦、玻尔兹曼做出了重要贡献。

德国物理学家克劳修斯不仅建立了热力学第二定律,还用分子运动论解释了气体压力。1857 年,他发表论文《论我们称之为热的那种运动》,文中创造性地引入了统计概念,将宏观的热现象与大量微观粒子运动的统计效应相联系。1858 年,克劳修斯又发表《关于气体分子的平均自由程》,将气体分子运动论提高到了定量研究的水平。克劳修斯认为,由于分子很小,单独一次碰撞不可能为我们察觉,但由于分子数非常之多,碰撞次数也非常之多,其总体效应就不是一次次的撞击,而是一种比较稳定的作用力,即我们称之为压力的力。他假定,分子之间全部做完全弹性碰撞,并且分子的动能对应于气体的温度,这样,如果密度增加,碰撞的次数就要增加,压强因而也要增大,这就导出了波义耳定律;如果温度升高,则分子的动能增大,压强也要增大,这解释了盖—吕萨克定律。

19 世纪伟大的物理学家、电磁理论的集大成者麦克斯韦则用分子运动论解释了气体温度。麦克斯韦继续了克劳修斯的工作,在克劳修斯工作的基础上,继续将概率统计的方法引入分子运动理论中。1859 年,他发表《气体分子运动论的阐明》一文,修正了克劳修斯关于给定气体中所有分子的速度均相等的概念,用平均动能作为温度的标记。

奥地利物理学家玻尔兹曼(Boltzmann,1844－1906年)用气体分子运动论给热力学第二定律以微观解释。第二定律提出后,分子运动论面临的一个问题就是如何解释这个定律。但完成这个任务存在一个根本的困难:微观分子的运动遵从牛顿运动定律,是一种可逆过程,而热力学第二定律却表明物理过程是不可逆的,这两者之间存在矛盾。玻尔兹曼表明,所谓热力学系统的"熵",其实是分子排列的混乱程度;熵只能增加,分子的排列只能向混乱程度变大的方向进行。

热学中引入分子运动论,对微观分子应用牛顿力学解释了宏观的热学现象,从而统一了牛顿力学和热学。

二、化学的系统化

19世纪,物质的原子结构学说获得了广泛的认同,化学原子论引入了定量分析的方法,使无机化学走向了系统化。

1. 原子论—分子论

19世纪化学最重要的成就是英国化学家道尔顿(John Dalton,1766－1844年)原子论的提出和确立。1803年,道尔顿将希腊思辨的原子论改造成定量的化学原子论。他提出了下述命题:第一,化学元素是由非常微小的、不可再分的物质粒子即原子组成;第二,原子是不可改变的;第三,化合物由分子组成,而分子是由几种原子化合而成,是化合物的最小粒子;第四,同一元素的所有原子均相同,不同元素的原子不同,主要表现为重量的不同;第五,只有以整数比例的元素的原子相结合时,才会发生化合;第六,在化学反应中,原子仅仅是重新排列,而不会创生或消失。这种新的原子论很好地解释了化学中定比定律。1808年,道尔顿出版了《化学哲学的新体系》,系统地阐述了他的化学原子论。

1808年,盖—吕萨克发现了气体化合前后体积有十分简单的比例关系,世称盖—吕萨克气体化合体积定律,相同体积中的不同气体所含原子数目均相同。他原以为这是对道尔顿原子论的支持,道尔顿坚决反对这一设想,因为在道尔顿看来,不同元素的原子大小并不相同,同体积的不同气体的原子数不可能相等。

为了解决这两人之间的矛盾,意大利物理学家阿伏伽德罗(Amedeo Avogadro,1776－1856年)于1811年提出分子概念,从而修正了盖—吕萨克定律:所有相等体积的气体,无论是元素还是化合物,或者混合物,都有相等的分子数。他对道尔顿的解释是,气体元素的最小粒子不一定是单原子,很可能是由多个原子化合成的单一分子。这就调解了道尔顿与盖—吕萨克之间的争端:同等体积里的气体原子虽然不一样多,但分子数目是一样的。这就是原子—分子论。

原子—分子论确立之后,为原子量的测定工作铺平了道路,而随着大量元素的发现以及原子量的精确测定,人们开始探讨元素性质与原子量的变化关系,导致了元素周期律的发现。

2. 元素周期律的发现

提出元素周期律的是俄国化学家门捷列夫(Dmitri Ivanovich Mendeleev,1834－1907年)。1869年,门捷列夫发表了他关于元素周期性质的研究,提出元素性质与元素的原子量之间存在周期性变化规律,并给出了第一张元素周期表。他在论文《元素性质与原子量的关系》中提出了元素周期律的两大基本要点:第一,元素按照原子量的大小排列后,呈现出明显的周期性;第二,原子量的大小决定元素的特征。门捷列夫发现,按原子量大小排下去,原子价的大小会出现周期性,这样,他将相同原子价的元素排在同一竖栏,形成了周期表。门捷列夫除了将当时已知的所有63种元素全部列入表中外,还留下了一些空位,这些空位标有原子量,但没有名称,因为当时还没有发现这些元素。空位表现了门捷列夫周期表的预测性。第一张周期表公布之后,门捷列夫继续深入研究,运用新发现的周期律反过来修正了不少元素的原子量。1871年,门捷列夫发表了修正后的第二张元素周期表。

像所有新生事物一样,门捷列夫周期表一开始也遭遇了怀疑和嘲笑。但是,没过几年,化学家相继发现了门捷列夫在周期表的空位中所预言的那些元素,人们终于认识到了元素周期表的巨大意义。

3. 有机化学的诞生

19世纪化学的另一个重大发展是有机化学的创立与发展,德国化学家维勒(Friedrich Wohler,1800—1882年)最先破除了有机物与无机物之间的天然鸿沟。这就是人工合成尿素。他用氰气和氨水发生反应,得到了两种生成物。一种是草酸,另一种是某种白色晶体,进一步分析表明,它竟然是尿素。这使他大吃一惊,因为按照当时流行的活力论的看法,尿素这种有机物含有某种生命力,是不可能在实验室里人工合成出来的。维勒进一步实验,用多种方法合成出尿素来,因此在1828年,他很有把握地发表了《论尿素的人工合成》一文,公布了他的重大成果。随着合成有机物的增多,有机化学作为一门实验科学开始形成了。

被称为有机化学之父的德国化学家李比希(Justus von Liebig,1803—1873年)的工作推进了有机化学的大发展。李比希在有机化学领域的最重要贡献,是发展了有机化学的定量分析方法。他将有机物与氧化铜一起燃烧,然后精确测定生成物的各种元素的含量,从而推知有机物的元素结构。运用这种方法,他确定了不少有机物的化学式。李比希的定量分析方法,大大推进了有机化学的发展。他还是第一个尝试用化学肥料代替天然肥料的人,虽然不太成功,但不久就被证明是极为有效的,化肥的使用实际上掀起了一场农业革命,李比希正是这场革命的点火者。

三、生物学的系统化

生物学是一个庞大学科群,包括植物学、动物学、生理学,其中植物学和动物学属于博物学。博物学方面,在16、17世纪,与古代相比,只是所积累的物种知识有了量的增加,并无质的差别。到了18世纪,随着博物学家所积累的物种数目大大增加,瑞典生物学家林奈(Carl von Linné,1707—1778年)创立了生物分类学。在1735年出版的《自然系统》中,林奈系统地阐述了他的植物分类原则和见解。他把植物分为纲、目、属、种,并以双名命名法命名植物。物种起源问题也被提出来了,法国生物学家布丰(Buffon,1707—1788年)在生物学领域引入了变化和发展的思想,法国另外一位生物学家拉马克(Jean Baptiste Lamarck,1744—1829年)则建立了第一个用进废退、获得性遗传的进化理论。在19世纪,博物学达到了它的最高成就:进化论。达尔文发表《物种起源》一书之后,生物普遍进化的思想以及物竞天择、适者生存的进化机制成为学术界、思想界的公论。

生理学方面,如前所述,在16、17世纪就发生了革命性变化,但在整个18世纪却发展缓慢。直到19世纪,由于实验条件的大大改善,取得了伟大成就,即细胞学说和微生物学的创立。这也使实验医学成为可能,并在此基础上统一了生物学的诸分支。

1. 进化论的创立

拉马克的进化思想开始并未得到广泛的接受,地质学与生物学中反进化论的灾变说显赫一时,直到达尔文的进化论出现后这一局面才得以彻底改观。

(1)居维叶、赖尔 法国比较解剖学家居维叶(Georges Cuvier,1769—1832 年)在 1825 年出版的《地球表面的革命》一书中提出了灾变说,用来解释地层不同生物化石不同的现象。居维叶认为,历史上地球表面曾出现过几次大洪水,每次洪水将所有生物全部毁灭,其遗骸在相应地层中形成今日所见的化石。大洪水后,造物主再次创造新的生命,只是,由于造物主的每次创造都有所不同,才导致了地层中化石形态的不同。

与居维叶的灾变说思想相似但更早,17 世纪英国的医学教授伍德沃德(John Woodward,1665—1728 年)依据《圣经》中的摩西大洪水的说法,提出了地质构造的水成论。相对应于灾变说和水成论,在 18 世纪末期,英国地质学家赫顿(James Hutton,1726—1797 年)已提出地球在地热作用下缓慢进化的火成论。但是,由于水成论和灾变说符合人们习以为常的圣经故事,拥有更多的信众。

英国地质学家赖尔(Charles Lyell,1797—1875 年)的工作打破了这一局面。赖尔早期也是一位水成论者。19 世纪 20 年代中期,赖尔在了解了赫顿的火成论以及拉马克的进化学说后,结合自己的实地考察,提出了地质渐变的思想。1830 年,他出版了《地质学原理》的第一卷,次年出版了第二卷,1833 年出版了第三卷。这部著作文笔优美、逻辑严密,将各种地质现象包罗在一个渐变论的体系之下。该书问世后,影响巨大,赫顿的思想被广为传播,地质渐变的思想逐步深入人心,为达尔文进化论的出现做了准备。

(2)达尔文 英国生物学家查理·达尔文(Charles Darwin,1809—1882 年)创立进化论有三个来源,赖尔的地质渐变思想、马尔萨斯的人口论和达尔文本人的环球考察。

1831 年,达尔文随英国海军的"贝格尔号"舰去南美进行了科学考察,直到 1836 年才回到英国。考察期间,达尔文从随身携带的赖尔的《地质学原理》中接触到地质渐变的思想,并产生了强烈的认同感,他从书中了解到赖尔所倡导的地质学研究中的比较历史方法,受到深刻的启迪。在考察期间,达尔文发现物种有着巨大的丰富性和连续性,开始怀疑物种起源的上帝创造说。受赖尔的方法论影响,加上他本人实地考察所接触到的大量事实,达尔文产生了生物逐渐进化的思想。

1838 年,一个偶然机会,达尔文读了英国经济学家马尔萨斯(Thomas Robert Malthus,1766—1834 年)的名著《人口论》。书中提到,人类争夺食物将导致灾难性的竞争,给达尔文留下了深刻的印象。他联想到在自然界中,生物一定也有类似的生存竞争,而且由于它们繁衍更迅速,这种生存斗争就尤其激烈。马尔萨斯的著作使达尔文对生物进化的机制有了某种领悟。

1844 年,达尔文写出了《物种起源问题的论著提纲》,初步提出了以自然选择为基础的生物进化理论。1859 年 11 月 24 日,达尔文又出版了生物学史上划时代的巨著《论通过自然选择的物种起源,或生存斗争中最适者生存》(一般简称为《物种起源》)。

《物种起源》援引了大量的证据说明在自然选择作用下的物种进化规律,达尔文还论述了家养动物的进化情况。他认为,家养物种起源于少数几种野生物种,但由于物种本身有遗传和变异两种性质,其中对人类有用的变异就在人工选择过程中被保留了下来,被保留下来的有用的性状通过遗传继续传给后代,后代中又出现的变异则再一次被选择,家养物种就沿着对人类越来越有用的方向进化。

人类通过人工选择在一个相对较短的时间内,造就出了适合于自己需要的物种。达尔文认为,自然界同样也可以在一个相对缓慢得多的时间内进行这一过程,造就出与各种环境相适应的物种来,再加上自然条件地理上和历史性的多样性,自然界会造就出远比人工造就多得多的物种。

《物种起源》并没有涉及人类的进化问题,但许多激进的进化论者很快将之用于说明人类在自然界的位置,如赫胥黎、海克尔和斯宾塞等。直到1871年,达尔文出版了《人类的由来及其性选择》,才很谨慎地给出了人类进化的图景,并得出结论说:"人是与某些较低级的古老物种一起从同一个祖先进化而来的,人类的这些近亲现在已经灭绝了。"

达尔文的进化论一发表就受到各方面的攻击,但是,达尔文主义的一批忠实信徒在公开场合捍卫达尔文的进化思想,使进化论有效地传播开来,其中最为著名的是赫胥黎。

英国博物学家赫胥黎(Thomas Henry Huxley,1825—1895年),即科学史上闻名于世的"达尔文的斗犬",是一位优秀的科普作家、演说家,为进化论的传播立下过汗马功劳。不仅如此,赫胥黎要比达尔文本人更为激进。赫胥黎将人类纳入生物界进化谱系,最先提出了人猿同祖论,确定了人类在动物界的位置。他的《天演论》由严复翻译成汉文,在中国产生了巨大而深远的影响。

1860年6月30日,赫胥黎与主教威尔伯斯福进行了一场短兵相接、针锋相对的大论战,最后以赫胥黎为代表的进化论者大获全胜而载入科学史册。当时,在保守派的大本营牛津大学召开的不列颠学会年会上,达尔文进化论成了争论的焦点。威尔伯斯福并不懂进化论,他先是煽动听众的宗教感情,以此攻击达尔文的理论,"达尔文先生要我们相信的,是每一头四足兽、每一条爬虫、每一条鱼、每棵植物、每只苍蝇、真菌全都是第一个会呼吸的生命原生质细胞传下来的,这简直就是在否认神的意志的干预的存在。我们怎么能背叛正统的宗教?那是上帝在伯利恒赏赐给我们的,在橄榄山上宣讲的,在耶稣复活日启示出来的,我们怎能抛弃它,去相信达尔文的理论呢?"威尔伯福斯接着将讽刺的矛头指向赫胥黎:"请问赫胥黎教授,您是通过祖父还是通过祖母接受猴子的血统的?"赫胥黎先用通俗的语言向公众讲解了进化论,并说"关于人类起源于猴子的问题,当然不能像主教大人那样粗浅地理解,它只是说,人类是由类似猴子那样的动物进化而来的"。随后,赫胥黎直面威尔伯福斯:"我宁要一个可怜的猴子作为自己的祖先,也不要一个对他不懂的科学随便发表意见,把嘲讽和奚落带进庄严的科学讨论中的人作祖先。"威尔伯福斯落败而逃离了会场。

2. 细胞学说

"细胞"(cell)这个词的原意是小室的意思。自从英国科学家胡克在他的《显微术》(1665年)一书中首次将"细胞"一词用于他在复式显微镜下看到的软木片的细微结构——即死细胞的细胞壁时,这个词便具有了一定的生物学含义。

(1)布朗 19世纪初,细胞研究的一项重大成果是细胞核的发现,这一发现也为细胞学说的创立做出了一定的贡献。英国植物学家布朗(Robert Brown,1773—1858年)于1831年,在研究施肥对植物的影响时,利用了一台放大倍数约为300倍的显微镜,注意到植物细胞内部还有其他的结构。通过仔细观察,他发现了植物细胞的细胞核,并发现一个植物细胞只有一个细胞核。布朗当时对于细胞核的生物学含义既不重视又不理解,因而也没有进一步研究细胞核的结构和功能(当时的条件似乎也不允许他从显微解剖学的角度进一步研究细胞核）。布朗最著名的发现是我们现在所称的"布朗运动"，即悬浮花粉微粒的无规则运动。

（2）施莱登和施旺　1838年，植物学家施莱登（Mathias Jacob Schleiden，1804—1881年）提出细胞是一切植物的基本生命单元。动物学家施旺（Theodor Ambrose Hubert Schwann，1810—1882年）又将其推广到动物界。

1837年，施莱登与施旺相识，1838年10月，施莱登将自己关于植物细胞发生的理论告诉了施旺。施莱登认为细胞核是"植物中普遍存在的基本构造"，细胞核在细胞形成（发生）过程中起了至关重要的作用，并且他还首次提出了"细胞核"这个词。施莱登指出，任何植物，无论是高等的还是低等的，无论是简单的还是复杂的，都是由细胞组成的；在植物体中，每个细胞"一方面是独立的，进行自身发展的生活；另一方面是附属的，是作为植物整体的一个组成部分而生活着"。

3. 遗传学

19世纪50—60年代，奥地利牧师、业余科学家孟德尔（Gregor Mendel，1822—1884年）在捷克的一所修道院里，对于豌豆观察研究了8年，从而发现了生物遗传的规律。后来，人们尊称他为"遗传学之父"。

根据豌豆各种各样的生长变化，孟德尔向人们展示了什么是遗传的显性定律、分离定律和独立分配定律。孟德尔的工作是划时代的，其伟大之处在于把近代科学的实验加数学的方法运用到遗传问题的研究之中。植物的杂交试验当时非常普遍，但只有孟德尔对所有的杂交后代进行数学统计，也只有他用纯种进行试验，考察单个性状的遗传规律。正是这种特殊的科学方法使他将理性之光引入了遗传学领域，照亮了这长期漆黑一团的神秘领地，由于孟德尔像拉瓦锡将化学确立为科学一样将遗传学确立为科学，人们往往称他是"植物学上的拉瓦锡"。但是，他的这一发现并不能被当时的人所理解，直到20世纪，人们才能理解他的发现的意义。

4. 微生物学与现代医学

微生物学的建立可能是生物学史上可以与进化论相媲美的最伟大成就，它揭示了疾病的原因是微生物在作怪，从而指明了治疗疾病的正确途径。

（1）巴斯德　法国化学家和生物学家巴斯德（Louis Pasteur，1822—1895年）是微生物学的伟大创立者。

牛奶、葡萄酒、啤酒和许多食品放置久会变质，很长时间以来，没有人知道其中的原因，巴斯德通过精心的研究，揭示出原来是微生物细菌在作怪。灭菌法推广到如手术等医生的治疗过程，使手术病人的死亡比例下降至15%。他在与细菌作斗争的同时，还要为社会的无知耗费精力。著名英国物理学家丁铎尔（John Tyndall，1820—1893年）曾致信巴斯德："在科学史上，我们首次有理由抱有确定的希望，就流行性疾病来说，医学不久将从庸医的医术中解放出来，而置于真正科学的基础上。当这一天到来时，我认为，人类将会知道，正是您才应得到人类最大的赞扬和感谢。"

（2）詹纳　英国医生詹纳（Edward Jenner，1749—1823年）发明牛痘接种术。之前，欧洲人对付天花流行的办法，先是消极地逃避，后是广泛采用源自中国的人痘接种术。具体做法是将天花患者的痘粒脓浆或痘痂粉末作为接种材料，设法送入未患者鼻腔内以引发局部性痘疹，从而获得对天花的免疫力。在16—17世纪，人痘接种术在中国各地广泛应用，还流传到朝鲜、日本、土耳其、俄罗斯和英国等地。人痘法并不安全,轻的留下大块疤痕,重的还有死亡的危险。1738年改用人痘接种者的痘痂作接种材料后,死亡率大大下降,但仍有0.2%—0.5%的人惨遭不测。

詹纳发现,挤奶女工最初往往会感染上牛痘,但奇怪的是不管是谁只要得过牛痘后从此再也不会患上天花。同样,养马人和马车夫也常会患一种和"马踵炎"相似的疱疮,但从此也获得了对天花的免疫力。在人痘接种中詹纳还发现,感染过牛天花或者患过人天花的人,接种人痘往往不发生反应。经过艰苦的研究,1798年,詹纳的《牛痘来源及其效果研究》一书问世,一时极大地震撼了社会各界,这是人类征服天花的宣言书。

第二节　第二次工业技术革命

在19世纪,科学各个门类均有大发展。与此相呼应,技术专家们敏锐地意识到技术对人类生活的意义,纷纷投身于技术的开发。蒸汽船和蒸汽机车的发明使得发生在18世纪的第一次技术革命得以完成。内燃机和电动机则掀起了第二次技术革命。

一、运输机械的革命

1. 蒸汽船

使用蒸汽机之后,纺织品、煤炭、钢铁产量成倍甚至成十倍地增长。市场商品的激增、社会经济生活的极大活跃,对交通运输业的发展提出了迫切的要求。也正是蒸汽动力的运用,使运输机械发生了重大的变革。

(1)菲奇　首先将蒸汽动力用于船运的是美国工程师菲奇(John Fitch,1743—1798年)。早在1785年,这位美国发明家就开始尝试将瓦特刚刚制成的双向式蒸汽机装在帆船上。三年之内,菲奇造出了第一代汽船,一共四艘。1790年,他最好的一艘汽船在从费城到特伦敦的途中操作失灵,宣告了这项事业的失败。

(2)富尔顿　第一位取得成功的是美国另一位工程师富尔顿(Robert Fulton,1765—1815年),他的努力最终使蒸汽动力用于水运。1807年富尔顿成功制造出了一艘汽船,命名为"克莱蒙特号",它在哈德逊河上的试航非常成功。它不仅比一般帆船快,而且十分平稳,马上吸引了许多旅客。富尔顿颇受鼓舞,生产了一批这样汽船投入使用。他很快名

图5-2　富尔顿的明轮汽船

声鹊起,并逐渐被人们看作是第一艘蒸汽船的发明人,菲奇反被遗忘。

克莱蒙特号采用明轮推进系统,这是模仿陆路上的马车车轮,但在波涛汹涌的水面上,它反而不利于船的稳定性。其时螺旋桨的构思已经出现,富尔顿立即采纳了这个新的设计思想。随后的试验表明,螺旋桨果然优于明轮桨。1814年,富尔顿为美国海军建造的第一艘蒸汽军舰下水,海上战争进入新时代。汽船率先出现在美国,绝非偶然。限于地理环境,当时身处大洋包围中的美国,一切物资均要从外面运来,自己丰富的自然资源和矿产也需要运出,现实的需要使得美国人对运输技术格外关注。此外,还与美国人崇尚技术发明的文化

有关。成功的发明家不仅受人尊重,而且财源滚滚而来,顷刻可成百万富翁。

汽船航运成功后,汽船制造业也兴盛起来。多个国家制出了汽船,1812 年,英国的第一艘汽船"彗星号"胜利下水。大致同时,法国和德国也造出了自己的汽船。汽船问世后,带动了开凿运河的热潮,到 19 世纪二三十年代,汽船成为当时西方国家主要的内河航运工具。

1819 年,美国的蒸汽帆船"萨凡纳号"利用蒸汽动力成功横渡大西洋,不过,这艘汽船还带有风帆。1838 年,英国商船"天狼星号"完全依靠蒸汽动力成功横渡大西洋,宣告了海上远航也进入了蒸汽时代。

2. 铁路与火车

蒸汽动力用于陆路运输的主要标志是火车的出现。要有火车,先得有铁路,历史上也是这样,铁路先于火车在 18 世纪就已出现。

铁路的前身是"木路"。近代以来,为解决矿井里的运输问题,用木头铺上路轨,提高了运输效率。矿工们发现用铁皮包上木轨,摩擦力更小,运输量更大。后来,铁皮包着的木轨又被完全的铁轨代替,这就是铁路。

(1)特里维西克　如果说发明汽船是美国人的贡献,那么火车的出现要归功于英国人的创造。英国人特里维西克(R. Trevithick,1771—1833 年)将铁路与蒸汽机车相联系,于 1802 年造出了第一辆蒸汽机车。但特里维西克的火车面临一系列困难,车轴断裂、铁轨断裂、震动太大等等。第一辆火车由于得不到支持而湮没了,但在伦敦的工业博览会上展出后,激发了特里维西克的同胞斯蒂芬逊的雄心壮志。

(2)斯蒂芬逊　斯蒂芬逊(G. Stephenson,1781—1848 年)认真研究了车轮与路轨的摩擦力,首次运用凸边轮作为火车的车轮。1814 年,他研制成了第一辆蒸汽机车,成功地在达林顿的矿区铁路上进行了试运行。主要问题依然是振动太大,对铁轨很具破坏力。锅炉的安全系数也不高,有爆炸的危险。斯蒂芬逊进行了持续不断地改进,他的一系列改进有些至今仍在使用。例如,在车厢下加减震弹簧,在枕木下加铺小石块,增加车轮数量分散机车的重量,将锅炉安在车头以减小万一爆炸后可能造成的危害等等。斯蒂芬逊还用熟铁代替生铁作路轨材料。

经过改进后的铁路和火车达到了实用要求。1823 年,由斯蒂芬逊主持,第一条商用铁路在斯多克顿至达林顿之间铺设完毕。1825 年 9 月 27 日,新的试车开始了,火车是斯蒂芬逊设计制造的"旅行号"机车,并由他本人亲自驾驶。这列火车包括 6 节煤车、20 节挤满乘客的客车厢。它载重 90 吨,时速 15 公里。铁路两旁热闹非凡,人们都来观看这一激动人心的盛事,有的人还骑着马与火车一起奔跑,为这一奇迹欢呼。1830 年,斯蒂芬逊又修建了一条更长的铁路,这就是利物浦至曼彻斯特大铁路。这次,他驾驶的"火箭号"不再借助马匹,而是完全依靠蒸汽动力,平均时速提高到了 29 公里,而且全线没有出任何故障。

正如美国人将蒸汽动力用于水上运输一样,英国人则用蒸汽机大大推进了陆上运输。铁路运输的巨大优越性马上被人们所认识,铁路在世界各地兴建起来。美国第一条铁路于 1828 年修建,法国是在 1830 年,德国在 1835 年,均有了自己的铁路。此后 20 年内,欧洲发达国家已建起了遍布全国的铁路网。人类进入了"铁路时代",也标志第一次工业革命胜利完成了。

3. 内燃机与汽车

(1)巴本、默多克、勒努瓦、德罗夏　蒸汽机是利用外燃提供动力。由于外燃方式在进一步提高热效率方面固有的缺陷,人们很早就提出了内燃机的设想。这可追溯到蒸汽机的先驱——法国物理学家巴本,他研究过的用火药作燃料的技术就是内燃方式。但内燃方式的燃料必须是气体或是易于蒸发的液体,以便使废气能够较为容易地排出气缸。巴本的设计超前时代太多,所以未能实现。

1792 年,一位曾发明过用蒸汽作动力的车子的英国工程师默多克(W. Murdock,1754—1839),在干馏煤的过程中发现了可燃气体——煤气。此后,随着煤气生产成本的降低,制造内燃机成为可能。1860 年,法国工程师勒努瓦(J. J. E. Lenoir,1822—1900 年)造出了世界历史上第一台实用内燃机。它用煤气作燃料、用电火花作点火装置。勒努瓦用它分别装了一辆车子和一只汽船,效果均很好。但是,这种体积庞大的内燃机燃料消耗量很大,热效率也不高,只有 4%。

1862 年,另一位法国工程师德罗夏(A. B. de Rochas,1815—1891 年)在总结卡诺的热机理论和内燃机研制实践的基础上,找到了提高内燃机效率的有效途径,即内燃机的四冲程循环理论。按照该理论,通过四个冲程(快速往复的过程),内燃机可取得最大的热效率。

(2)奥托 德罗夏的四冲程理论启发了德国工程师奥托(Nikolaus August Otto,1832—1891 年)。据四冲程理论,奥托于 1876 年底造出了自己的第一台煤气内燃机。他还发现,依靠飞轮惯性,四冲程可以实现自动循环往复,德罗夏的四冲程理论得到了实践验证。这台内燃机的热效率有了较大提高,达 14%,每分钟可转 150—180 转。

经过奥托的持续试验和改进,其内燃机性能得以完善。在商业上,奥托也取得了巨大的成功,他的公司生产的内燃机成了热门货,至 1890 年,奥托公司的内燃机已遍布世界各地,形成取代蒸汽机之势。由于奥托声名大振,他被误认为是四冲程理论的创始人,四冲程循环也被称为奥托循环,德罗夏则往往不为人提及。但是奥托的内燃机还无法用在车、船这种远程移动性机械上。奥托内燃机必须带着一个大的煤气发生炉,以便提供煤气作为燃料。

历史提供了机缘。1854 年,美国工程师西里曼(Benjamin Jr. Silliman,1816—1885 年)发明石油分馏法,可提供汽油、煤油、柴油等优质燃料油。1859 年,世界上第一口油井出现在美国宾夕法尼亚州。自此,石油被大量开采和利用。四年后,德国发明家戴姆勒(Gottlieb Daimler,1834—1900 年)研制出燃烧汽油的内燃机。1892 年,另一位德国工程师狄塞尔(Rudolf Diesel,1858—1913 年)又造出了以柴油作燃料的内燃机,它采用高压自动点火装置,进一步提高了热效率,达 27%—32%。从此,柴油机这种马力大、体积小、重量轻、效率高的新式动力机逐渐普及,成为工业上的主要动力机,蒸汽机很少见到了。

内燃机发明后,汽车的发明成为理所当然,并引领了陆路运输的另一场革命。1885 年,仅仅在发明汽油内燃机两年之后,戴姆勒就把它装在了两轮车上,发明了摩托车。另一名德国工程师本茨(C. Benz,1844—1929 年)则把自己独立发明的汽油内燃机装在了三轮车上,发明了三轮汽车。此后,戴姆勒、本茨和美国人福特先后于 1886 年、1890 和 1892 年发明了汽油内燃机作动力的四轮汽车。本茨与福特还各自成立了自己的汽车公司,成批量地生产汽车。一个新的工业部门——汽车工业诞生了。

图 5-3 福特制造的汽车

二、电力革命与电气时代

电动机的发明导致了电力革命,使人类进入了电气时代。所谓电力革命指的是,新兴的电能开始作为一种主要的能源形式支配着社会经济生活,主要体现在动力传输与信息传输两方面。与动力传输系统相关联,出现了大型发电机、高压输电网、各种各样的电动机(马达)和照明电灯。与信息传输相关联,出现了电报、电话和无线电通讯。

1. 电动机与发电机

最早发现电流磁效应的那些实验装置,均可以看成是原始的电动机。第一台电动机由法拉第制成:使小磁针绕载流导线连续运动的那个装置。

实用电动机必须借助强磁场,而天然永磁体的磁场强度往往不大。1822 年,法国物理学家阿拉果(Arage,1786—1853 年)发明了电磁铁。后来,美国物理学家亨利(Joseph Henry,1797—1878 年)通过把裸铜线换成绝缘线的方法大大增强了电磁铁磁力。1831 年,他用一块电磁铁居然吸起了一吨重的铁。1834 年,第一台实用电动机出现了,它由德国物理学家雅可比(Mortz Hermann von Jacobi,1801—1874 年)发明,转子由电磁铁做成。1838 年,雅可比将这台经进一步改进的电动机装在一艘小船上,成功地进行了航行。1850 年,美国发明家佩奇(Charles Grafton Page,1812—1868 年)将电动机的功率提高了 10 马力,并试图用它来驱动有轨电车。

与此同时,发电机也在研制当中。当时,电磁感应理论已经建立,人们对动磁可以生电已不陌生。1857 年,英国电学家惠斯通(Charles Wheatstone,1802—1875 年)发明了自激式发电机,他的这台发电机用电磁铁代替了永磁铁。但其电磁铁依然靠伏打电池供电,本质上还是它激而不是自激,自激式的本质在于将发电机本身所产生的电流用来为自身的电磁铁励磁。由于受制于伏打电池,这种它激式发电机不仅结构笨重,使用也不经济。

1867 年,德国工程师西门子(Ernst Werner von Siemens,1816—1892 年)发明了真正的自激式发电机,大大提高了发电机的发电量。由于不再依赖伏打电池,发电机结构变得轻巧。自此,电能开始赢得青睐,因为它既大量、又廉价。

19 世纪末期,电动机作为新的动力机在企业工厂中得以普及。人们把能够装电动机的机械都装上了电动机,从电锯、钻床、磨床、车床,到起重机、电梯、电水泵、电动压缩机等等。

2. 电站与远距离输电

最初的发电站输出的是直流电。到了 19 世纪 80 年代末,直流电机已经不能满足社会的用电需要,交流电开始登上舞台。

依据旋转磁场原理,在 1885 年,意大利物理学家费拉里斯(Galileo Ferraris,1847—1897)和美国物理学家特斯拉(Nikola Tesla,1857—1943 年)各自独立地发明了交流感应电动机。1886 年,美国的斯坦莱(William Stanley,1858—1896 年)则建立了最早的交流发电站。随后的十几年,快速发展的交流电逐步代替直流电。

交流电之所以替代直流电,一个很重要原因是,交流电有效地解决了远距离输电问题。在早期的远距离输电中,为了减少路耗,人们就采取了提高输电电压的办法。但是,设计高压直流发电机和高压直流电动机存在困难,使用起来也不安全。人们转而求助于久被遗忘的交流电,因为它非常容易实现变压,极适合远距离传输电能。1883 年,法国人高拉德(Lucien Gaulard,1850—1888 年)和英国人吉布斯(J. D. Gibbs,生卒年不详)制成第一台实用变压器,理论依据是法拉第早在 1831 年发现的电磁感应现象。

第一个实现远距离输电的人是法国物理学家德波里(Marcel Deprez,1843－1910 年),他建成了世界上第一条远距离直流输电线路。1882 年,他在德国工厂主的资助下,建立了从米斯尼赫水电站到慕尼黑的输电线路。该线路将相距 57 公里的电厂发电机与博览会的一台电动水泵连接起来。电厂电压为 1343 伏,水泵电压为 850 伏,输送功率只有不到 200 瓦,78% 的电能被线路所消耗。直流电在远距离输电中的局限性被充分暴露出来。

相比较直流电,交流电在远距离输电中优势明显,其初次运行时的输电效率就达到了 80%。那是在 1891 年 8 月 25 日,德国法兰克福正在举办国际工业展览,其照明用电由 170 公里外的奥地利劳芬水电站通过线路送来。水电站发出的三相交流电先经升压传到法兰克福,再通过变电所降压后供照明用。这是世界上第一个三相交流输电系统,它的建成得益于在当年早些时候发明的三相交流发电机、三相异步电动机以及变压器。

图 5-4 19 世纪的发电站

3. 电灯、电影

光明是电给予人类最早的馈赠。早在 1809 年,英国化学家戴维(Sir Humphry Baronet Davy,1778－1829 年)就曾发明过弧光灯,它以两千多组伏打电池作电源,通过两根碳棒之间进行强电流放电发光。但这种弧光灯成本太高,光线太强,不适合民用。电灯的发明关键是找到合适的灯丝,它得能够在通电状态下发光,还要经久耐用。

首先取得进展的是光学用具制造商海恩里希·戈贝尔(Heinrich Globel,1818－1893 年)。他是德国人,后移居美国。1854 年,他将炭化了的竹子纤维放入抽成真空的玻璃管内,通电后,竹子纤维发出很亮的光,第一个白炽灯就这样诞生了,可惜寿命不长。

美国的大发明家爱迪生(Thomas Alva Edison,1847－1931 年)发明了长寿命的白炽灯。少年时代的爱迪生喜欢苦思冥想,爱提古怪的问题,在小学里,他的古怪问题总是把老师问得张口结舌,那位老师居然当着他母亲的面说他是个傻瓜,还说他将来不会有什么出息。母亲一气之下让他退学,决定自己亲自教育。在家里的这段时间爱迪生的天资得到了充分的展露。母亲指导他阅读了大量书籍。爱迪生自己在家中建了一个小实验室,为支撑他的这个实验室,爱迪生到火车上当报童挣钱。后来他又把实验室搬到了火车的行李车上,但是这个实验室因化学药品着火差点酿成火灾,被行李员拆掉了。

1862 年,15 岁的爱迪生在火车即将来临之时,从铁轨上救下了车站站长的儿子。站长为表示感激,遂决定教他学习收发电报技术,爱迪生不久成了熟练的报务员。1869 年,他设计了一台股票行情自动收报机,从一家大公司获得了四万美元。这项发明的成功促使爱迪生决意当一名职业发明家。1877 年,当时才 29 岁的爱迪生发明了"会说话的机器"——留声机——使他声名鹊起。

1878 年,爱迪生对研制电灯发生兴趣,其关键是找到灯丝材料。爱迪生先后试验了1600 多种耐热材料和 6000 种植物纤维,但都失败了。1879 年 10 月,爱迪生从一本杂志上的报道得知,英国电机工程师斯旺(J. W. Swan,1828－1914 年)用碳丝制成了白炽灯,受此启发,爱迪生于同年 10 月 21 日成功制出了一只白炽灯。他把棉线烧成碳丝,再将碳丝装进灯泡,小心地抽成真空,当电灯通上电流时,灯丝不仅发出明亮的光,而且持续了45个小时。

爱迪生并不满足,这只灯的寿命还不够长。他经过多次反复实验后发现,竹子纤维在碳化后可以做灯丝,其寿命长达1200小时。爱迪生从世界各地选择最好的竹子,最后发现日本生产的一种竹子最适合做灯丝。爱迪生马上把这种灯泡投入大批量生产。作为配套设施,爱迪生专门建造直流电站,架设了电网。1882年,爱迪生在纽约建起的电力系统是当时世界上规模最大的,其直流发电机功率达到600多千瓦,可为几千用户提供照明用电。爱迪生独立建立的电力系统后来还成了各国电力建设的示范工程,推动了电力事业的发展。可以说,爱迪生创建的配套供电系统比他发明的电灯还要重要、还要伟大。

爱迪生在电气领域还有一项著名的发明:电影。爱迪生研制电影机始于1889年。他先是详细研究了英国医生罗吉特(Peter Mark Roget,1779—1869年)于1824年发现的视觉暂留现象,即人眼睛里的物像能在物体消失后继续保持一个短暂的时间,该现象表明,不连续的画面快速变动时可以在人眼中形成连续的景象。接着爱迪生又考察了法国人此前根据暂留原理制作的动画片,搞清楚了电影放映机的基本原理。1894年,他用电灯光和电动机制成了世界上第一台电影放映机,用电灯光将动画投射到屏幕上就能看到活动的影像,也就是电影。同年,他的公司拍摄了世界上第一部电影,片名为《列车抢劫》。

爱迪生被人们称为"发明大王"、把电的福音传播到人间的天使。他一生取得了1300多项发明专利,尤其在电气应用领域,更是成果累累、功勋卓著。人们看到了爱迪生成功的一面,但在背后他经历了许多失败:为寻找灯丝,他试验了数千种材料;为了试制一种新的蓄电池,他失败了八千次。爱迪生说得好:"天才不过是百分之一的灵感,再加上百分之九十九的汗水。但那百分之一的灵感最重要,甚至比那百分之九十九的汗水都要重要。"这句话固然强调天才也需要努力,但更突出强调了科学技术原创的价值,"百分之一"正是原创部分。

4. 电报

电报是将电作为一种信息传媒的最早利用,其雏形可追溯到安培。早在奥斯特发现电流的磁效应之时,安培就试制过一种电报,是通过电磁方式完成信息传递工作的。他用26根导线连接两处26个相对应的字母,发报端控制电流的开关,收报端的每个字母旁各有一个小磁针,可以检验出连接该字母的导线是否通电。

在电报的发展过程中,美国物理学家亨利发挥了重要作用。由于电流太弱,导致信息难以准确传递较远的距离,成为当时电报面临的主要问题。亨利(Joseph Henry,1797—1878年)创造性的工作解决了这一问题,他提出在线路的中间加装电源,采用接力的方式传送信息。美国人莫尔斯(Samuel Finley Breese Morse,1791—1872年)则简化了电报系统。莫尔斯改革了字母发报方式,发明了一套新的、以他的名字命名的电码。这种电码废除了26个字母符号,只由点和横两种符号组成。1844年,在莫尔斯鼓动下,美国国会架设了第一条电报线路,由华盛顿到巴尔的摩。这是电报由实验阶段进入了实用阶段的开始。由于电报通讯明显的优越性,各国起而效之。1846年,英国紧接着成立了第一家电报公司。在一个不长的时间内,欧洲各大城市均办起了电报公司。

以后,随着社会经济的发展,电报业成了一项国际性事业。1847年,英吉利海峡铺设了第一条海底电缆,沟通了英国和法国的电报通讯。1856年,大西洋海底铺就电缆,将英美两国之间的电报通讯连接起来。

5. 电话

1860 年,英国物理学家惠斯通又提出了"电话"的概念,即通过电流传播人的声音和语言。次年,德国青年教师赖斯(J. P. Reis,1834—1874 年)进行了发明电话的第一次尝试,做了一个能反映说话节奏的装置。这个电话装置的发话器的振动膜由猪肠做成,薄膜上附着一块金属小片。当薄膜随着声音震动时,金属片就不断地和另一个触片接触,从而使电路随声音节奏而开闭。发话器是一个缠有线圈的勾针,勾针被放在共鸣箱中,当断断续续的电流通过线圈驱动勾针发出声音时共鸣箱把声音加以放大。

美国发明家贝尔(A. G. Bell,1847—1922 年)发明了真正的电话。贝尔在大学的专业是语音学,毕业后在一所聋哑学校当过一段时间的教师,对人的发声机理和声波振动等知识非常熟悉。在做改进电报的实验时,贝尔偶然发现,铁芯线圈附近的簧片在振动时引起磁铁线圈内电流强弱的变化,反过来,同样的电流变化又导致磁铁线圈附近簧片的振动。贝尔根据这一物理原理制造出了送话器与受话器。1876 年 2 月,他成功地造出了第一部电话。

1877 年,爱迪生利用炭精受压会改变电阻的原理发明炭精话筒,使话筒的质量得到极大的改进。此后,电话机这种新发明很快投入市场并普及。1880 年,美国的电话用户已有五万家。为了开发和推广电话事业,贝尔在 1881 年建立了自己的电话公司。

不断增多的电话用户促成了电话交换机技术的进一步改进。早期的电话交换是由人工实现的,打电话的一方先把电话打到电话线路的枢纽中心,告知接线员要通话的另一方,接线员负责把双方的线路接通。1889 年,美国人阿尔蒙·斯特罗格(Almon Strowger,1889 —?)发明了"自动拨号电话",并取得了相关的技术专利。这种自动电话的原理是,将通话对方的电话号码顺序输入电话线,每一个电话号码产生一个电流脉冲,而电流脉冲驱动电话局里的选择器进行工作。经过与电话号码位数相同的次数选择之后,使发话者与受话者之间接通线路。这个原理非常简单,并且直到今天还在发挥作用,但实现起来并不容易。当初,斯特罗格的选择器只能为 100 个用户服务,选择器的大发展是 20 世纪的事情了。

6. 无线电

有线电报和电话这样的有线通讯离不开固定线路,造价高、机动性差是其固有缺陷,其应用受到一些限制。如在无法铺设线路的原始森林、沙漠、沼泽地、海上,在活动的机车上等等地方,都无法起作用,于是,无线通讯的设想出现了。

电磁波的预言与证实为无线电通讯奠定了基础。1865 年,英国物理学家麦克斯韦从理论上预言了电磁波的存在。1886 年,德国物理学家赫兹在实验室里证实了电磁波的存在。随后敏感的发明家马上意识到电磁波可用于无线电通讯。

英国物理学家奥利弗·洛奇(Sir Oliver Joseph Lodge,1851—1940 年)走在最前列,他研制了一种电磁波接受器,能够接收到来自 800 米以外的电波信号。意大利工程师马可尼(Guglielmo Marchese Marconi,1874—1937 年)则最早取得成功。他在 1894 年制成了金属粉屑检波器,为提高接收和发射效率,他在发射机和接收机上安装了天线和地线。1895 年,马可尼的这套装置已经能够实现 1 英里远的无线电通讯。第二年,距离增加到了 9 英里。1897 年达到 12 英里。1898 年是 18 英里。此时,他已经在考虑将自己的发明商业化。1900 年,马可尼的专利申请获英国政府批准,专利号 7777。

与马可尼同时,俄国物理学家波波夫(Alexander Stepanovich Bobov,1859—1906 年)也独立地发明了无线电通讯,但他的发明在经济落后的俄国得不到相应重视,影响不大。马可尼则幸运地得到了英国政府(他的祖国意大利也不太支持他的发明,所以他去了英国)的大力支持,获得了专利和公众的认可。马可尼等人的装置仍有缺点,主要是频带太宽,导致相邻的两个频率之间产生严重干扰。英国的洛奇提出改进措施,让发射和接收电路对相同频率进行共振,接收器就会比较敏感地接收这个频率,此即调谐原理。至于要增加通讯距离,当时主要是采用大功率的发射机和巨大的天线。一时间,从巴黎的埃菲尔铁塔,到海上的船只都装上了巨大的天线。

起初,无线电只能实现无线电报通讯,马可尼和波波夫的无线电通讯即是如此。后来,随着无线电报技术的成熟,又实现了无线电话通讯。1901 年,波波夫与他的助手一起研制了无线电话接收机,这次他们及时取得了发明专利权。1902 年,美国物理学家费森登(R. A. Fessenden,1866—1932 年)发明了无线电话。他利用麦克风对来自交流电机的连续电磁波进行直接调制,从而实现无线通话。受限于送话器的输送功率和载波功率,通信距离不大。无线电技术的大发展是在 20 世纪。

第三节　近代科学的思想与方法

近代科学技术在 19 世纪的大发展,还有赖于 17 世纪建立的一套崭新的、区别于古代和中世纪的自然观和方法论,就是机械自然观和实验—数学方法论。在其建立过程中,代表人物有弗兰西斯·培根、笛卡儿、伽利略、牛顿。

一、弗兰西斯·培根

注重实验是近代自然科学的第一个特征,在倡导实验方法方面,英国著名哲学家弗兰西斯·培根(Francisco Bacon,1561—1626 年)起了引人注目的作用。他以其出色的文笔写出了许多脍炙人口的散文,批判经院哲学,宣传新的科学方法论,为促进人类的知识增长作出了积极的贡献。

培根有一句名言:"知识就是力量",表明他已经充分认识到一个新的时代就要来临了。1605 年,培根发表《学术的进展》,为即将到来的科学时代而欢呼,他高度评价印刷术、火药和指南针的发明,认为它们改变了整个世界的面貌。他意识到科学技术将成为一种最重要的历史力量,因此高度赞扬科技发明,认为"在所能给予人类的一切利益中,我认为最伟大的莫过于发现新的技术、新的才能和以改善人类生活为目的的物品"。

他还进一步揭露了人类认识产生谬误的根源,提出了著名的"四假相说"。他说这是在人心普遍发生的一种病理状态,而非在某情况下产生的迷惑与疑难。第一种是"种族的假相"——这是由于人的天性而引起的认识错误;第二种是"洞穴的假相"——是个人由于性格、爱好、教育、环境而产生的认识中片面性的错误;第三种是"市场的假相"——由于人们交往时语言概念的不确定所产生的思维混乱;第四种是"剧场的假相"——是指由于盲目迷信权威和传统而造成的错误认识。培根指出,经院哲学家就是利用四种假相来抹杀真理,制造谬误,从而给经院哲学以沉重的打击。但是培根的"假相说"渗透了培根哲学的经验主义倾向,未能对理智的本性与唯心主义的虚妄加以严格区别。

培根认为当时的学术传统是贫乏的,原因在于学术与经验失去接触。他主张科学理论与科学技术相辅相成。他主张打破"假相",铲除各种偏见和幻想,他提出"真理是时间的女儿而不是权威的女儿",对经院哲学进行了有力的攻击。

培根的科学方法观以实验和归纳为主。他继承和发展了古代关于物质是万物本源的思想,认为世界是由物质构成的,物质具有运动的特性,运动是物质的属性。培根从唯物论立场出发,指出科学的任务在于认识自然界及其规律。培根的归纳法集中体现在他于 1620 年出版的《新工具》一书中,他尖锐地批判了亚里士多德以及后来经院哲学中对演绎法的过分依赖,认为三段论不能给人以新知识,新的科学工具就是实验和归纳。他认为科学知识是经过证明了的知识,理论的基础、原始的概念和命题是依靠经验得出来的,从经验上升到理论是一个逐步上升的过程。因此他强调,运用归纳法必须记住两条规则:

(1)放弃所有先入为主的概念而重新开始;

(2)暂时不要企图上升到一般的结论。

培根虽然不是个科学家,也几乎没有进行过认真的科学实验,但他是近代哲学史上首先提出经验论原则的哲学家。他重视感觉经验和归纳逻辑在认识过程中的作用,开创了以经验为手段,研究感性自然的经验哲学的新时代,对近代科学的建立起了积极的推动作用,对人类哲学史、科学史都做出了重大的历史贡献。为此,罗素尊称培根为"给科学研究程序进行逻辑组织化的先驱"。

二、笛卡儿

法国的笛卡儿(René Descartes,1596—1650 年)在近代科学建立过程中占有重要地位。他是近代哲学的开创者,第一个系统表述了机械自然观,创立了数学演绎方法,还在数学和力学上做出了重要的开创性贡献。

1637 年,笛卡儿出版了《方法谈》一书,书中载有他的数学方法论、他发明的解析几何以及他关于光学的一些研究成果。

笛卡儿有一个很著名的哲学命题:"我思故我在",这个哲学命题就出自《方法谈》。他是在何种情况下提出这个哲学命题的,要从他的数学演绎方法说起。在他看来,培根以经验为基础进行推理很容易发生错误,但演绎法却不可能出错,只要其前提没有问题。如何才能得到一个真正可靠的前提呢?笛卡儿认为必须首先怀疑一切,然后在怀疑中找出那清楚明白,不证自明的东西。他找到的第一个自明的前提是"我思",因为什么都可以怀疑,但对我正在怀疑这件事不能怀疑,怀疑即我思,而我思意味着我在,因此,"我思故我在"是一个清楚明白的命题。从这个命题出发,笛卡儿确认了上帝、外在世界的存在。笛卡儿还由此发展出他的二元论哲学思想,物质的本质属性是广延,心灵的本质属性是思维,即物质—心灵二元论。

笛卡儿还有一句名言:"给我广延和运动,我将造出这个世界"。这句话反映了他眼中的世界图景,世界充满了物质,而物质就是连续的广延;物质处在不断地运动之中,而运动导致了局部的不均匀性。笛卡儿还以此解释人们眼前的世界为何到处是离散的物体。在笛卡儿眼中,世界是如此模样,都由他的演绎方法推理而来。不仅如此,笛卡儿还直接演绎出了运动的惯性原理,其表述竟然比伽

图 5-5　笛卡儿的
宇宙涡旋假说

利略通过实验所发现的原理更为明确："静止的物体依然静止,运动的物体依然运动,除非有其他物体作用;惯性运动是直线运动。"

笛卡儿是近代第一个机械论者,他在《方法谈》给出了机械自然观的基本论点。"机械的"一词原意是"力学的",但笛卡儿的理解是"可以用机械模型加以模仿的"。他认为宇宙中无论天上还是地下处处充满着同样的广延物质和运动,他又将运动定义为位移运动即力学运动,而且提出运动守恒原理。依据守恒原理,笛卡儿演绎出宇宙处在永恒的机械运动之中的思想。他认为人造的机器与自然界中的物体没有本质的差别,只不过,前者的每一部分都是我们很明确地看到的。他相信,人体本质上是一架机器,它的机能均可以用力学加以解释。他所构想的具体世界图景有许多是幼稚的,但他的机械论哲学却影响深远。

笛卡儿还在数学上做出了很大的贡献,发明了直角坐标系,发表于《方法谈》的附录《几何学》中。他发明的直角坐标系意义重大,这一发明将代数和几何统一了起来,将几何曲线与代数方程相联系,为数学的发展开辟了无限广阔的前景。微积分出现可以说直接得益于解析几何的建立。

笛卡儿在物理学方面也做出了贡献。这些贡献大多不是通过实验做出的,靠的是天才的直觉加严密的数学推理。因为笛卡儿不太重视实验,而是重视数学,他认为数学公理与演绎法相类似,是直观的可靠的真理。他还用演绎法证明了光线折射的正弦定律,记录于《方法谈》的另一附录《折光学》中。

三、伽利略和牛顿

伽利略和牛顿不仅在科学上做出了伟大贡献,在科学方法论方面,他们把实验观察与数学演绎十分紧密地结合在一起,代表了近代科学方法论的真正精神。

伽利略最先倡导并实践实验加数学的方法,创立了理想实验与数学处理相配套的方法。理想化的实验是伽利略首创,他认为地球上的任何力学实验都不能避免摩擦力的影响,人们要认识基本的力学规律,首先得从观念上排除这种摩擦力。

在伽利略的科学方法论中,第一步是直观分解,先将无比复杂的感性自然界中直观隔离出的标准样本通过直观翻译成简单明了的数学量,即自然的数学化。第二步,由这些量通过数学演绎推出其他一些现象,此即数学演绎。第三步,再用实验来验证这些现象是否确实如此,这就是实验证明。其中第一步最重要,近代物理学就是建立在自然的数学化基础之上的,正是基于这一点,伽利略被称为近代物理学之父。

牛顿的方法是把归纳和演绎结合起来。牛顿十分重视归纳,他说:"尽管从实验和观察出发的归纳论证并不能证明一般性结论,但它依然是事物的本性所容许的论证方法。"他强调数学演绎,但与笛卡儿的单纯数学演绎有很大不同,他认为演绎的结果必须重新诉诸实验确证。

牛顿的这套方法论集中载于《自然哲学的数学原理》一书的第三篇篇首,名为"哲学中的推理法则",共四条:

法则1,除那些真实而已足够说明其现象者外,不必去寻求自然界事物的其他原因。

法则2,对于自然界中同一类结果,必须尽可能归之于同一种原因。

法则3,物体的属性,凡既不能增强也不能减弱者,又为我们实验所能及的范围内的一切物体所具有者,就应视为所有物体的普遍属性法则 4，在实验哲学中，我们必须把那些从各种现象中运用一般归纳而导出的命题看作是完全正确的，或者是非常接近于正确的，虽然可能想象出任何与之相反的假说，但是没有出现其他现象足以使之更为正确或者出现例外之前，仍然应当给予如此的对待。

四、机械自然观的确立

数学化是近代科学的另一个显著特征，这是自然的数学化导致的必然结果。近代科学的先驱们相信，自然的数学结构是普遍真理。"哥白尼的宇宙体系只因比托勒密体系有着数学上的优越性，就激起了开普勒、伽利略等人为之辩护，最后导致了牛顿力学的诞生。"自然界存在着数学结构也是近代机械自然观的重要组成部分。牛顿力学建立后，机械自然观也随之确立。

机械自然观的基础是区分了物体的外在属性和本质属性，这是伽利略的贡献。他认为物体存在"第一性"与"第二性"之分，依赖于人感官参与的属性是第二性，如物体的颜色、气味、声响等，物体本质属性是第一性，如广延、形状。第一性是纯量的东西，可以用数学来处理。自然界表现出其机械性，正是由于将自然界完全还原为一个量的、数学的世界。

机械自然观认为，自然界完全由微粒组成。微粒量和空间排列的不同决定了自然界物体的千差万别；运动没有改变物质的属性，只是位置的改变；一切运动包括生物的生长是机械位移和机械碰撞的结果。机械自然观还主张，科学的任务是对运动作出数学的描述，而不是寻求最终的目的论的解释；包括人体在内的一切自然事物都可以借助机械模型加以说明，自然应该成为人类理性透彻研究的对象。

笛卡儿在机械自然观的建立过程中发挥了重要作用，是他第一次系统表述了机械自然观的基本思想：第一，自然与人是完全不同的两类东西，人是自然界的旁观者；第二，自然界中只有物质和运动，一切感性事物均由物质的运动造成；第三，所有的运动本质上都是机械位移运动；第四，宏观的感性事物由微观的物质微粒构成；第五，自然界一切物体包括人体都是某种机械；第六，自然这部大机器是上帝制造的，而且一旦造好并给予第一推动就不再干预。牛顿用自己的科学实践对笛卡儿的机械自然观作了一些局部的修改，例如，自然界中除了物质与运动外还有力的作用存在，但基本看法没有变化。

现在人们把机械自然观概括为四个方面：第一，人与自然相分离；第二：自然界的数学设计；第三，物理世界的还原论说明；第四，自然界与机器的类比。

五、机械自然观的衰落

机械自然观在力学领域确立后，马上在其他领域发挥了威力，为科学事业的发展建立了巨大的功勋。在近代科学时期里，这种自然观曾经为科学家们所普遍接受并指导了近代科学的发展。例如，光学方面，自牛顿到 19 世纪 60 年代，光学理论始终是在机械论的框架中发展的；电学和磁学方面，19 世纪 20 年代以前，其每一步发展几乎都成为机械自然观的胜利，尤其是库仑定律的发现；热学方面，伦福德的实验及他对实验的解释也完全是在机械论的观念之下进行的；近代生命科学的发展更是受到了机械自然观的直接影响。到了 19 世纪，随着机械自然观在自然科学诸多领域的成功，一部分自然科学研究者竟然把机械论自然观下构建起来的科学的机械论图景看作是自然界的实实在在的图景和摹写。他们把机械自然观与认识论上的独断论结合起来，造成了认识上的僵化和科学革命面前的顽固的保守倾向。正是在 19 世纪近代机械自然观节节胜利、近代科学系统化的同时,机械自然观也开始走向了衰落。

首先是法拉第提出了与机械自然观图景不同的另外一种新图景——场的图景。为了解释电和磁的相互作用,法拉第在 19 世纪 30 年代引进了场和力线的概念。他认为"真空"不是绝对虚空而是布满力线的场。场是带电体、电流或磁体周围的以太介质的一种性质或状态。带电体所产生的场称为电场,相应的力线称为电力线;磁体或电流所产生场称为磁场,相应的力线称为磁力线。电力线发源于正电荷,终止于负电荷,这种力线有在横向上扩张、在纵向上收缩的趋势,所以同性电荷相斥、异性电荷相吸。通电导线周围形成了以电流为中心的环形力线,它使平行于导线的磁针偏转到力线指示的方向。如果导体做成环形,那么当环形导体相对于磁场运动时,由于切割磁力线而使环形导体内的磁场强度不断发生变化,由此在导体中产生了感应电流。这就是电和磁相互作用、相互转换的机制。这种机制是牛顿自然哲学观所没有的。法拉第把电场和磁场看作是一种物理实在,这是对牛顿物质观的一大拓展。这一观念以后为物理学家所普遍接受:物质存在有两种基本形式,一种是实物粒子,一种是场。

进入 19 世纪下半叶,少数思想敏锐的科学家更是对机械自然观提出了批判,其中最为深刻的是奥地利物理学家和哲学家恩斯特·马赫(Ernst Mach,1838—1916 年)。马赫在 1883 年出版的《力学及其发展的历史批判概论》(以下简称《力学》)一书中,对牛顿力学进行了极为严格、极为有力的批判,特别是对牛顿的"绝对时空观"。牛顿力学的一个特征,是它不得不把时间和空间都看作同物质一样独立的客观实在。"绝对时间"、"绝对空间"以及"绝对运动"的观念是牛顿力学中基本的"形而上学"(即哲学)假定。

首先,马赫认为,在牛顿关于绝对时间的表述中,时间是某种独立的东西,这实际上是人们对时间的一种"错觉"的表述。其次,马赫认为,在牛顿的绝对时间的观念中,绝对时间在本体论上是先于物体运动的,而且事物的运动和变化要靠这种绝对时间来度量,这"完全是超出了我们的能力。时间是一种抽象,我们借助于事物的变化才达到这种抽象"。再次,马赫还认为,世界上所有的东西都是相互联系和相互依存的,不存在什么绝对的时间,凡时间都是与事物的运动变化相关的,"一种与变化无关的时间是没有什么正当理由的。这种绝对时间可以不与运动相比较而度量出来;因此,它既没有实用价值,也没有科学价值,并且没有人有理由说他对它有什么了解。它是一种无用的形而上学的概念"。

牛顿曾用"水桶实验"来论证他的"绝对空间"和"绝对运动"观念:用一根长绳吊起一个水桶,在其中盛满水,并让桶和水一起保持静止。然后不断旋转,直到最后绳子被拧紧,随后把手松开,这时桶就会突然沿着相反的路线飞转。开始当桶已旋转而水还未动时,水面依然与静止时相同,是一个平面;但到最后水随桶一起旋转时,水面就呈现出一个凹形曲面。水面的变形说明有一个力在对其作用,由运动第二定律知水面变形时就有一个加速度。牛顿认为,这个实验表明,当水静止时不管它是否与水桶有相对运动,水面都是平的;而当水旋转时,不管它是否与水桶相对静止,水面都是凹形曲面。因此与水面变形有关的加速度与水相对于桶的运动的加速度无关,它必定是与绝对空间有关。根据水面的平或凹,可以判定水相对于绝对空间是静止或旋转,由此证明了绝对空间的存在,也证明了绝对运动的存在,如水面的变形运动就是一种绝对空间中的绝对运动。

马赫认为,一切运动都是相对的,同绝对空间联系的惯性系、惯性质量、惯性力等等,本身也是相对的。他指出："在物质的空间系统中，如果存在具有不同速度物体的质量，它们彼此之间构成一定的相互关系，则这些质量就告诉我们诸力的存在。只有当我们知道哪些质量产生的速度以后，我们才能确定力的大小。如果所有的质量都没有静止，那么正处于静止的质量也是力。"在马赫看来，一个孤立物体的惯性是没有意义的，惯性必须归结为诸物体之间的相互作用。

马赫进一步认为，在牛顿的水桶实验中，造成水面变形的运动不是水面相对于所谓绝对空间运动的结果，而是相对于地球以及无数恒星运动的结果。他指出，牛顿用转动的水桶所作的实验，只是告诉我们："水对桶壁的转动并不引起显著的离心力。而这离心力是由水对地球的质量和其他天体的相对转动所产生的。"

马赫还认为，一个物体被加速时所表现出来的惯性并不是由于加速度的绝对性，而是由于物体抗拒它相对于宇宙中其他物体产生加速度而引起的，因此惯性系是由宇宙中的质量分布决定的。一个物体的惯性质量由宇宙中所有其他物质的存在所决定，惯性力在本质上是一种引力。这种思想，后来被人称为"马赫原理"。马赫指出："我们的确可以把所有物体的质量看作是彼此关联的，而加速度在这种诸物体质量之间的关联中起着重要的作用，这应该作为一个经验事实来接受。"

许多物理学家，特别是爱因斯坦，对马赫关于牛顿力学的批判给予很高的评价。他指出："马赫已清楚地看出了古典力学的薄弱方面，而且离提出广义相对论已经不远，而这一切是在几乎半个世纪之前的事情！"。"我同马赫之间并无特别重要的信函来往，可是，马赫的确通过他的著作对我的发展有相当大的影响。"事实上，马赫的研究工作为20世纪初相对论的诞生提供了认识论基础。

六、"发展"和"演化"的新自然观

热力学第二定律突出了物理世界向下的、越来越糟的单向不可逆演化，与此对照，进化论则揭示了生命世界向上的、越来越高级的演化形式，它们共同发展了"演化"概念，并给出了与牛顿机械论自然观完全不同的世界演化图景，深化了人类对宇宙的认识。

以牛顿力学为代表的机械自然观，其科学原理都只是一种相对的、有条件的、简化了的认识。这些自然科学原理都具有所谓"时间反演"的不变性，是研究暂时的、重复的可逆过程，但是自然界许多过程并不是可逆的，相反，一切自发过程都是不可逆的。用可逆的物理方法去描述不可逆的客观现实世界，既忽略了物体内部的层次结构，又简化了物体与外部世界的相互关系。

热力学第二定律却从另一个侧面反映了自然界局域过程发展的方向性，如实地研究自然过程的不可逆，它在物理学领域中第一次真正触及到了自然界发展的不可逆问题，这在自然科学发展历史上具有独特的重要意义。

近代自然科学受到机械论自然观的支配，把世界视为永恒的、不变的。热力学第二定律的"熵增加"理论演绎出了对自然界的新认识。熵理论的本质代表着一种非永恒、非平衡和非实体的思想观念。任何物体、任何事物都处在一种惊人的随机热运动状态，在任何物体的内部结构中都存在一种固有的分子衰变趋势。熵原理是将"此物"的存在必须以"彼物"的存在为前提来把握的，这就是热力学第二定律所要陈述的事物本质。

以熵理论为基础的新自然观，体现出以下特征：事物发展过程的不可逆性（非循环性），就以地球发展过程来说,不仅地球上生命发生发展过程不可逆,就是无机界的各类物质也是不可逆的;反均衡论的观念,事物从一个状态到另一个状态的连续变化过程,只能是从一个非平衡态到另一个非平衡态,即只有事物处于非平衡态时才有它的发展和演化;事物存在的非永恒性,熵增加理论指出,任何一个系统都是处于一种不断变化的状态,所以对具体事物来讲,除了它的演变规律的逻辑必然性之外,就不可能具有其他的永恒存在的东西;非实体思想,熵理论体现出事物之间的关系,一切皆为过程,"此物是以彼物为存在前提"的,只有在与他物的相互依存中才能维持自身的稳定和发展;非决定论性的因果论,机械自然观认为只要把握了物质系统的力学状态就能说明它的一切性质,但这种决定论只适用于无机自然界的宏观过程,微观粒子并不服从决定论规律,只遵循统计规律;非还原论的观念,牛顿希望"从力学原理中导出其余自然现象",其目的是希望借助原子论来为一切自然现象构造力学的模型,即原子的机械运动,然而物质世界的运动形式是无限多样的,它们各有其特殊的本质,并不能相互"还原"或"归结";时间(发展)的方向性;空间的不对称性;真理的非普遍性(真理的局限性、有条件性)。

以熵理论为代表的新自然观,取代机械论旧自然观,是历史的必然。

思考题

1. 为什么说 19 世纪是科学世纪,结合科学史谈谈你的看法。

2. 第二次工业革命的主角是谁? 它们的出现与相应科学的关系如何?

3. 近代科学的思想与方法有哪些? 它们有何异同?

4. 弗朗西斯·培根为近代科学的建立作出的贡献表现在哪些方面?

5. 笛卡儿在数学和力学上作了哪些贡献? 他为什么不借助实验也能在力学上作贡献? 结合近代物理学的发展历程作答。

6. 马赫是如何批判牛顿力学的?

第六章

现代物理学革命

▷▷▷

　　科学的发展表现为渐进与飞跃两种基本形式。科学发展的渐进形式是科学进化，即人类对客观世界规律性的认识没有突破原有科学的规范和框架。比如，某些新规律的发现，对原有理论的局部修正、拓宽和深化。科学发展的飞跃形式是科学革命。科学革命是指人类对客观世界规律性的认识发生具有划时代意义的飞跃，从而引起科学观念、科学研究模式以及科学研究活动方式的根本变革。19世纪末20世纪初的30多年，是物理学发展史上一段风云激荡的岁月，所取得的成就对于物理学来说是革命性的，对其后的科学与技术的影响也是革命性的，由此也给人们的世界观和认识论带来了深刻的影响。

第一节　经典物理学的危机

　　自1687年牛顿的集大成著作《自然哲学的数学原理》出版以来，物理学此后两百年间基本上是在牛顿力学的理论框架内发展起来的。到19世纪末，几个主要学科——力学、热学、电磁学和光学，都建立了完整的理论体系，在应用上也取得了巨大成果。当时，囿于机械论自然观的物理学家普遍认为，物理学大厦已经建成，物理学基本问题都已经解决。未来的物理学不会再有伟大的发现，物理学家今后的工作要么是在一些细节上对已有理论做些修补，要么在实验上将物理常数测得更精确一些而已。

　　然而，正当物理学家怡然自得、沾沾自喜之时，一些实验事实却在他们心头暗暗地投下了阴影。从1895到1905的10年间，是一个实验上新发现风起云涌的年代，这些发现使经典物理学理论显得捉襟见肘，束手无策。这些有悖于经典理论的实验事实强烈地撼动了刚落成的物理大厦，让人们深深地感到了经典物理学的危机。在众多新发现中，X射线、放射性和电子的发现具有特殊意义，被称为世纪之交的三大发现，下面来逐一介绍。

一、X射线的发现

　　X射线、放射性和电子的发现都直接或间接与阴极射线的研究有关。19世纪是电气工业从萌芽到快速发展时期,发电机、变压器、高压输电在生产中逐步开始应用,同时,电气照明也成为研究的一个热门领域,而电气照明与低压气体放电现象有关。1858 年,德国人盖斯勒(J. H. W. Geissler,1814−1879 年)发明了低压放电管,为低压气体放电研究准备了条件。同年,德国人普吕克尔(J. Plücker,1801−1868 年)用盖斯勒放电管研究气体放电时,注意到在正对阴极的管壁上发出绿色的荧光,并推测荧光是由一种从阴极发出的射线所致。后来,这种射线被另一位德国物理学家哥尔茨坦(Eügen Goldstein,1850−1930 年)命名为阴极射线。但是,人们并不知道阴极射线究竟是什么? 当时两种争锋相对的观点,一种认为是粒子流,一种认为是类似于紫外线的"以太波"(电磁波)。这一争论持续近 20 年,引出了一系列重大成果。

X 射线是阴极射线研究导致的第一项重大发现,是由德国维尔茨堡大学的伦琴(Wilhelm Conrad Roentgen,1845−1923 年)教授发现的。1895 年 11 月 8 日傍晚,伦琴在实验室里做阴极射线管中气体放电的实验,为了避免可见光的影响,他在暗室中做实验,并且用黑纸将放电管包起来。他奇怪地发现,在放电时,离放电管一段距离的一个荧光屏也在闪光,这不可能是阴极射线所引起的,因为阴极射线的穿透能力很弱,不能穿过放电管的玻璃外壳。也不会是放电管内的光引起,因为已用黑纸将放电管包住。他在放电管和荧光屏之间放了几本书,荧光屏依旧闪光。他把手伸到放电管与荧光屏之间,吓了一跳,在荧光屏上看到了手的骨骼! 伦琴确信他已经发现了一种新的射线,为了尽可能了解它的特性,他进行了连续六个星期的紧张工作,12 月 22 日,伦琴的夫人到实验室来,伦琴为她拍摄了一张带着戒指的左手照片。

1895 年底,伦琴发表了题为《一种新射线》的论文,将他的发现公布于众。文章总结了新射线的以下性质:新射线来自被阴极射线击中的固体,固体元素越重,产生出来的射线越强;新射线直线传播,也不被磁场偏转;新射线可使荧光物质发光,使照相片感光;新射线的穿透力远比阴极射线强,一块 15 毫米厚的铝板,尽管会大大降低射线效果,但是不能使荧光消失。

X 射线的发现迅速通过报刊、杂志、书信等方式传遍了全世界,人们以极大的热情进行了关注,不出三个月,伦琴的论文印了五次,并被译成许多种文字。据统计,在 1896 年一年中,出现流传关于 X 射线的专著和册子达 49 种之多,有关论文竟达 1044 篇。这种研究、传播的热潮可谓盛况空前,即使在 20 世纪也没有出现过。

由于不知道这种射线的本质,伦琴将它命名为 X 射线,人们尊重伦琴的发现,又称之为伦琴射线。它的发现像一根导火线,引起了一连串的反应,它很快被应用于透视人体,检查伤病,金属探伤等领域,它引发的 X 射线研究热潮导致了放射性、电子等的发现,为原子科学的发展奠定了基础。

我们知道,X 射线是阴极射线打到金属、玻璃或其他固体介质上,与靶原子碰撞,使原子内层电子发生跃迁而产生的,事实上在伦琴发现它以前,不少研究阴极射线的学者都碰到过它。比如 1895 年前,很多人就已经知道照相底片不能存放在阴极射线装置旁边,否则有可能变黑。例如,英国牛津有一位物理学家叫斯密士(F. Smith),他发现保存在盒中的底片变黑了,这个盒子就搁在克鲁克斯放电管附近。他只是叮嘱助手以后要把底片放到别的地方保存,而没有认真追究原因。又如,1890 年美国的古德斯庇(A. W. Goodspeed)和金宁斯(W. N. Jeanings)在宾夕法尼亚大学做电火花实验时,意外地拍摄到凸台圆盘的 X 射线照片,但未能解释这个奇怪的效应。后来,他坦诚地宣称,"我们不能要求伦琴射线的发现权,因为我们没有作出发现。我们能提出的顶多就是:先生们,请你们记住六年前的这一天,世界上第一张用 X 射线得到的图片就是在宾夕法尼亚大学物理实验室得到的。"

可以想象,在当时的历史条件下,即使伦琴没有发现 X 射线,其他人也会利用同样的装置或迟或早地发现它。伦琴是幸运的,但是,他的发现并非偶然,正如在伦琴获得诺贝尔奖时,柏林科学院在贺词中所说的:"科学史告诉我们,在每一项科学发现中,功劳和幸运独特地结合在一起;在这种情况下,许多外行人也许认为幸运是主要的因素,但是,了解您的创造个性特点的人将会懂得,正是您,一位摆脱了一切成见的,把完善的实验艺术和最高的科学诚意及注意力结合起来的研究者,应当得到作出这一伟大发现的幸福"。

二、元素放射性的发现

1896 年初,法国科学家彭加勒(Henri Poincaré,1854—1912 年)收到伦琴寄给他的论文预印本和有关照片,他在 1896 年 1 月 20 日的法国科学院每周例会上展示了这些资料。法国科学院院士贝克勒尔(Henri Becquerel,1852—1908 年)出席了这次会议,他立即对新发现产生了兴趣。他问彭加勒:射线来自于装置的哪个部分?彭加勒说,也许是正对着阴极的发出荧光的管壁发出的,荧光和 X 射线可能出于同一机理。贝克勒尔受到启发,能够发出荧光的物质可能同时发出 X 射线吗?第二天,贝克勒尔立即动手用荧光物质做实验,可是试来试去并没有发现他希望出现的 X 射线,当他正准备放弃实验时,读到了彭家勒的一篇关于 X 射线的文章,文章提到了 X 射线与荧光可能同时产生,受到鼓舞的贝克勒尔重新投入到实验中,当他用一种铀盐的荧光物质(当时人们以为磷光和荧光没有什么区别)进行实验时,他发现了所希望出现的效应。

1896 年 2 月 24 日,他向法国科学院报告了这一发现,"我用两张厚纸包住一张照相底片,包得如此之厚以致在太阳下曝晒一整天也不会有雾状出现。我在纸上放了一层磷光物质(铀盐),把整个东西放在太阳下几小时,在我将底片显影时,我看见了磷光物质在底片上的黑色轮廓,我再试做这同样的实验时,在磷光物质和纸之间放一块玻璃,这样可以排除当磷光物质被太阳光照热后可能会有蒸汽,从而发生化学反应的可能性。因此我们可以从这些实验得出这样的结论:该磷光物质能发射出穿透不透光的纸的辐射。"贝克勒尔还用发射光和折射光反复进行实验,都得到同样的结果。

当时,贝克勒尔错误地以为铀盐发出射线是由于太阳光照射铀盐的结果,但是很快他改变了这一认识。3 月 2 日是法国科学院例会,贝克勒尔本想再多做一些相关实验,可是 2 月 26、27 日连续阴天,他无法将实验材料曝晒,不能进行实验,就把铀盐和密封的底片一起放进了抽屉。3 月 1 日,太阳在天空中出现了,他准备继续这个实验。一向严谨细心的贝克勒尔取出底片,想预先检查一下,冲洗了其中的一张,他意外地发现底片已经曝光,上面又有很明显的铀盐的像。第二天,科学院举行例会上,贝克勒尔作了新的报告,他说明他前一次的报告有误,即使不在阳光下曝晒,铀盐也能够自身发出一种神秘的射线。

此后,贝克勒尔集中精力对铀元素和铀的化合物进行研究,进而发现,铀盐所发出的射线不仅能使照相底片感光,还能像 X 射线一样穿透物质,能使气体电离,引起验电器放电。他还发现,温度的变化、放电等对放射现象都没有影响,各种铀的化合物都具有这一性质,纯铀所产生的辐射比他所用的硫酸铀盐的辐射强 3—4 倍。于是,在 1896 年 5 月 18 日,贝克勒尔宣布：发射穿透射线的能力，是铀的一种特殊性质，而与采用哪一种铀化合物无关，它完全不受外界条件的影响，它的强度似乎也不随时间衰减。

为了区别于 X 射线，后来人们称这种射线为"贝克勒尔射线"，这种射线的发现并没有引起像 X 射线那样的轰动。同时，由于贝克勒尔认为射线仅是铀的一种特殊性质，并不具有普遍性，在对铀作了全面的实验研究后，贝克勒尔对这种新的射线的兴趣逐渐减小了。实际上，天然放射性是原子核的性质，贝克勒尔的工作已经使人类的认识向微观领域又深入了一个层次，从对原子的认识进入到了对原子核的研究，这是人类认识史上划时代的伟大发现。很可惜，贝克勒尔开拓了新的研究领域，但是没有能够将开创的事业引向深入，没有能推进这一领域的科学发展。

将贝克勒尔的工作推向深入的是居里夫妇。皮埃尔·居里（1859－1906 年）是一位有成就的物理学家和化学家，他和兄长一起研究晶体物理，发现了压电效应，他们还利用压电石英发明了一种能进行很小的电量测量的仪器和非常灵敏的非周期天平，这些仪器在居里夫妇研究放射性的工作中起了重要作用。

居里夫人原名玛丽亚·斯可罗多夫斯卡（Marie Sklodowska，1867－1934 年），出生于波兰，1891 年到法国巴黎求学，她生活简朴，刻苦用功，成绩特别优秀，靠奖学金的资助完成学业，1892 年获得物理学硕士学位。1894 年与皮埃尔·居里相识，1895 年结为夫妻。

1897 年，居里夫人为获得博士学位，选择贝克勒尔射线作为研究课题。在对铀盐的放射强度进行测量之后，她打破贝克勒尔的局限，提出这样一个问题：是否还有别的元素也具有这种性质。她系统地研究了当时已知的各种元素和化合物。1898 年，她和德国科学家施米特（G. C. Schmidt，1856－1949 年）同时发现了钍也具有这种性质，她建议把这种性质叫做放射性。

在对铀和钍的混合物进行测量时，居里夫人观察到有些铀和钍的混合物的放射性辐射强度比其中铀和钍的含量所应发射的强度高很多。她认为这些矿石中必定含有少量还没有被发现的化学元素，同时这种元素具有很强的放射性。她的丈夫皮埃尔·居里立即意识到这一研究的重要性，放下自己的研究课题，和 M·居里一起投入到寻找这种新元素的艰巨的化学分析工作中。1898 年，他们得到了一种新元素，为了纪念 M·居里已被俄国占领的祖国波兰，他们将这元素命名为钋（Polonium），1898 年 12 月，他们又宣布了镭的发现。

要让人们承认这两种新元素的存在，必须将它们分离出来。经过 45 个月的艰苦繁重的劳动，到 1902 年，他们从 8 吨沥青铀矿渣中提炼出了 0.12 克的氯化镭，初步测定了镭的原子量是 225，其放射性比铀强 200 多万倍，并找到两根非常明亮的原子特征光谱线，证实了镭元素的存在。

天然放射性现象是原子核的行为，放射性现象的发现迈出了原子核发现的第一步，揭开了原子能利用的序幕。1903 年，居里夫妇和贝克勒尔同时获得了诺贝尔物理学奖，然而他们却极端藐视名利，他们把自己的一切都献给了科学事业，而不捞取任何个人私利。在镭提炼成功以后，有人劝他们向政府申请专利权，借以大发横财。居里夫人说："那是违背科学精神的，科学家的研究成果应该公开发表，别人要研制，不应受到任何限制"；"何况镭是对病人有好处的，我们不应当借此来谋利"。

三、电子的发现

X 射线是由带电粒子组成还是以太的波动呢？科学家们设计了各种实验来支持自己的观点。1895 年，年轻的法国物理学家佩兰(Jean Baptiste Perrin,1870—1942 年)设计了一个实验(装置如下图)。阴极射线从阴极 C 出发,经过小孔进入阳极 B 的空间,射线打到并

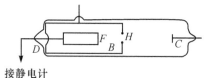

图 6-1

被收集到法拉第筒 F 上。佩兰发现,阴极射线是带负电的,如果用磁铁靠近阴极射线管,则阴极射线便无法进入法拉第筒,这样,法拉第筒就不会带电。佩兰发表论文,用这一实验支持粒子说,而反对者认为实验并未满足高真空的条件。佩兰测到的不一定是阴极射线所带的电荷。

争论的僵局是由 J. J. 汤姆逊(1856—1940 年)打破的。汤姆逊诞生于英国曼彻斯特的一个书商和出版家的家里。在父亲的影响下,汤姆逊小时候就喜爱书籍。14 岁时,汤姆逊进入欧文斯学院(后改为曼彻斯特大学)读书。他学习刻苦,成绩突出,深受教授们的赞赏。1876 年,汤姆逊获得剑桥的数学奖金而进入剑桥大学三一学院深造,1880 年毕业后留校,在瑞利(Baron Rayleigh,1842—1919 年)领导下的卡文迪许实验室从事研究工作,很快取得了一系列重大成果。1884 年,年仅 28 岁的汤姆逊被选为皇家学会会员,并接替瑞利,担任了卡文迪许实验室的主任职务。此后,直到 1919 年卢瑟福(Ernest Rutherford,1871—1937 年)接替他为止,领导这个实验室达 35 年之久。在汤姆逊的组织领导下,卡文迪许实验室成为世界第一流的物理学研究基地,并培养出许多优秀的物理学家,其中有 7 名后来获得了诺贝尔奖。

汤姆逊的实验建立在佩兰的基础上,汤姆逊为了不给反对粒子观点的人"留下余地",他对佩兰的实验装置进行了改进(见图)。汤姆逊把法拉第筒与放电管分开放置在真空管中,由于阴极并不正对着法拉第筒,所以验电器并无反应。加上磁场后,只是磁场增加到一定量时,法拉第筒上的电荷就猛增。实验说明磁场对阴极射线的作用与对负电荷的作用是一样的。"因此,这种负电与阴极射线是牢不可分的"。为了进一步证明射线的负电性,汤姆逊又设计了新的实验——用电场偏转阴极射线。该实验赫兹生前就做过,但是,并未看到被电场偏转的现象。最初,汤姆逊在实验中也得不到偏转现象,后经仔细观察,注意到

图 6-2

在加上电压的瞬间,射线轻微地摆动了一下,汤姆逊马上意识到是管内残留的气体电离不能建立起静电场的原因。于是,他在实验室技师的协助下提高了放电管的真空度,并且为了防止电场对空气的电离,减小了极板间的电压,实验获得成功。

汤姆逊用两个实验确认了阴极射线的粒子本性。他写道:"因为具有负电性的阴极射线就像携带负电荷的物体那样会被静电力偏转,又会受磁力的作用,表现出的行为同带负电的物体沿射线路径运动时在磁力作用下所能发生的运动是同样的。因此,我不得不得出这样的结论,即阴极射线就是带有负电的物质粒子。"这样,关于阴极射线本质的争论也就结束了。

确定阴极射线就是带有负电的粒子后,汤姆逊提出了新的问题:"这种粒子是什么;是原

子？是分子？还是可再分成更小层次上的物质？为使这一点明确起来，我进行了一系列有关这种粒子的质量与其所带电荷之比的测量。"

汤姆逊使用了两种方法对阴极射线粒子的荷质比（e/m）进行测量。一种是测量粒子的能量、磁场、电量和粒子的轨道半径，而后计算出的荷质比。另一种方法是利用静电场和磁场使阴极射线偏转，当电场与磁场大小满足一定量时，可以方便地测量和计算出粒子的荷质比。在测量粒子的荷质比时，汤姆逊将不同的气体充入阴极射线管，并用不同的金属材料作阴极，结果测量的荷质比都相同，这说明阴极射线的荷质比与气体和金属无关。

他又与当时已知的氢离子的荷质比作了比较，前者是后者的 1000 多倍。这里，汤姆逊也要判断：阴极射线粒子与氢离子相比，二者的电荷或质量哪个更大些，通过比较别人的研究工作，汤姆逊认为，阴极射线粒子的质量是氢离子质量的 1000 分之 1。当时，人们认为氢原子的质量是最小的。

综合上述实验，汤姆逊指出，"粒子是广泛分布的，但不论在何处发现，它总是保持其个性，总是等于某一常数，不论物质所处的条件多么不同，看来粒子是各种物质的组成部分，因此很自然地被认为是建造原子的基砖。"1897 年 8 月，汤姆逊把他的发现写成长篇论文《论阴极射线》，10 月发表在《哲学杂志》上，此文标志着电子的发现。

为了进一步证实电子的存在，需要测量电子的电量，测量电量最有名的实验是罗特·密立根（1868－1953 年）在 1912－1917 年间用油滴实验完成的。再由荷质比 e/m 的值可以得到电子的质量为氢原子的 1/1830。电子的发现，打破了原子不可分的传统观念，开辟了一个崭新领域：原子物理学。

除上述三大发现外，还有 α、β、γ 射线的发现，光电效应，热辐射能量分布等等。面对着无法纳入力学理论框架的新事物，物理学家们表现出来十分复杂的心态。有的科学家一筹莫展，经典电子论奠基人洛仑兹（Hendrik Antoon Lorentz，1853－1928 年）哀叹道："在今天，人们提出了与昨天完全相反的主张，这就无所谓真理的标准了，我真后悔没有在这些矛盾出现的五年前死去。"有的科学家则固守经典理论，没有觉察到物理学的危机。英国科学界元老开尔文（Lord kelvin，1824－1907 年）认为，物理学的发展不过是遇到了几个较为严重的困难而已，这些困难能够通过适当的方案逐一加以解决，而无须触动整个物理学的基础。也有一批具有批判眼光的物理学家，他们在危机中预见了物理学新的机遇。法国著名数学家、物理学家彭家勒认为，物理学发生了"严重的危机"，"物理学有必要重新改造"。他高瞻远瞩地指出，我们已经发现了阴极射线、X 射线、铀射线和镭射线，一定还会有不速之客接踵而来，"过去的收获已经不少，未来的收获将会更多"。这种危机并非凶兆，而是吉兆。"也许我们将要建立一种全新的力学，我们已经成功地瞥见它了"。

第二节　相对论的建立

相对论是物理学革命的重要成果，它包括狭义相对论和广义相对论。狭义相对论，适用于除了引力以外的一切物理现象，广义相对论则提供了引力定律，以及它同自然界别种力的关系。

一、狭义相对论的创立

经典物理学的困境 在伽利略 1638 年出版的《关于力学和局部运动两门新科学的谈话》中,伽利略借他人之口,对匀速直线运动的船舱里的力学现象作了精彩地描述:只要船的运动是均匀的,也不忽左忽右地摆动,人们所观察到的现象将同船静止时完全一样,人们跳向船尾不会比跳向船头来的远;从挂着的水瓶中滴下的水滴仍会滴进正下方的罐子里;蝴蝶和苍蝇继续随便地四处飞,绝不会向船尾集中,或者为赶上船的运动而显出疲惫的样子;点燃的香冒出的烟,也向云一样向上升起,而不向船尾偏。这一现象被伽利略总结成力学相对性原理:在一个系统内做任何力学实验,不能知道这个系统是静止还是作匀速直线运动,或者说力学定律在任何惯性系内都成立。伽利略还给出了相对于一静止的惯性系 o 系做匀速直线运动(沿 x 轴)的另一惯性系 o' 系之间的坐标和时间的变换公式(伽利略变换):

$$x'=x-vt \quad ; \quad y'=y \quad ; \quad z'=z \quad ; \quad t'=t.$$

从这一组变换可知,无论在哪个惯性系中,物体的长度总是一定的;同一运动在不同的惯性系中速度是不同的,即速度是相对的;无论在哪个惯性系中观察,先后发生的两事件的时间间隔是一样的。这一组变换也是对"绝对时空观"的诠释。

在 19 世纪,由于力学的巨大成就,因而在建立电磁学理论时,就借助了与力学的类比。麦克斯韦从理论上预言了电磁波的存在,赫兹用实验证实了电磁波。麦克斯韦还证明了光也是电磁波,从而把光现象统一在电磁理论中。根据与力学的类比,声波的传播需要空气作为介质,那么,光波是在什么介质中传播呢? 当时物理学家们假设,光波是在"以太"这种介质中传播的。并认为以太是绝对静止的,它充满了整个宇宙空间。很明显,绝对静止的以太,便是一个原始的惯性参照系。

显然,光在以太中以每秒 30 万公里的速度穿行,如果人也相对于以太运动,则光相对于人的速度就不是每秒 30 万公里,而要大于或小于这个速度。爱因斯坦在 16 岁时无意中脑海里产生这样一个实验:"如果我以速度 c(真空中的光速)追随一条光线运动,那么我就应当看到,这样一条光线就好像一个在空间里振荡着而停滞不前的电磁场"。但是,爱因斯坦认为,这种光静止的事情是不会发生的。首先,按照麦克斯韦方程看来不会有这样的事情。另外,人并不能知道自己是以光速运动着,因此,他看到的光的运动应该与他在静止时看到的完全一样。

爱因斯坦还举了一个绝妙的理想实验:假若一个人看着一面用电灯照亮的镜子,人是可以从镜子中看到自己的,若此人和镜子以光速运动,根据伽利略变换,电灯的光线永远不能到达镜子,该人在这个速度上也就从镜子里看不到自己。根据直觉,这也是不可能的。这两个实验让我们看到,当观察者达到光速时理论推理和事实就会发生矛盾,说明物理学的理论在哪里出问题了。

"以太"观念的提出可以追溯到古希腊,亚里士多德认为天体间一定充满某种媒质,这种媒质就被称作以太。1687 年,惠更斯把光振动类比于声振动,把光看成是以太中的弹性脉冲,从此在 200 多年的时间里光与以太接下了不解之缘。

既然以太是静止的,而地球是在转动着,那么以太和地球之间必有相对运动,这种运动被形象称作以太漂移,因此,可以通过测量以太相对于地球的漂移速度来证实以太的存在。然而,直到 1879 年,还没有一个实验能测出以太的漂移。麦克斯韦很关心这件事,他在为

《大英百科全书》撰写的"以太"条目中写道:"如果可以在地面上从光由一站到另一站所经时间测到光速,那么我们就可以比较相反方向所测速度,来确定以太相对于地球的速度。然而实际上在地面上测光的速度取决于两站之间的往返行程所增加的时间,以太的相对速度等于地球轨道速度,由此增加的时间仅占整个传播时间的亿分之一,所以的确难以观察。"

观测以太漂移的一个著名实验是迈克尔逊(Albert Abraham Michelson,1852－1931年)—莫雷(Edward Williams Morley,1838－1923年)实验。迈克尔逊设计了一种新的光学干涉系统,可以通过观测干涉条纹的移动来确定以太的漂移速度,这种仪器灵敏度极高,可以达到理论计算所要求的数量级。1881年春天,迈克尔逊进行了第一次观测,出乎他的意料,没有观察到条纹的移动。由于受到著名物理学家瑞利(1842－1919年)和开尔文的鼓励与催促,1886年开始,迈克尔逊和莫雷合作,他们重新调整仪器和改进了实验的办法,实验的精度又进一步得到提高。他们满怀信心,认为这一次一定会测出以太的漂移速度,实验结果却令他们失望,他们还是没有观察到条纹的移动,这就是著名的以太漂移"零结果"。

对以太漂移"零结果"的最直接的解释就是以太并不存在,进而也不存在相对于以太的绝对运动。这种解释动摇了经典力学和电磁学的基础。

面对困境物理学家们的态度与工作　　以太漂移"零结果"对经典物理学构成一个致命威胁,因为如果以太不存在,就意味着不存在绝对静止,也就是不存在一个原始的惯性系,而且电磁波的传播也失去了依凭。迈克尔逊不愿意接受这个事实,把这个"零结果"实验看作是实验的失败。

洛仑兹坚持以太的存在,并且为捍卫以太的存在进行了卓越的努力。1892年洛仑兹提出了经典电子论理论,他假定以太是静止的,完全不被运动物质所拖曳,将以太系作为麦克斯韦方程组成立的参照系。为了解释以太漂移"零结果",1892年晚些时候,他提出了"长度收缩假说",即运动物体会在其运动方向上发生长度的缩短,其收缩程度与物体运动速度相关。随后在1895年和1904年洛仑兹先后对收缩假说进行了系统论证,并在两个相对运动的惯性系之间建立了一组坐标和时间的转换方程,即著名的"洛仑兹变换"。这一变换不仅圆满地解释了以太漂移"零结果",还可以使麦克斯韦方程组在一切惯性参照系中保持形式的不变,并且得到一些重要的成果。

彭加勒早在1895年就对以太漂移的实验研究表示不满。他反对洛仑兹等人针对每一个新的实验事实而引入一些孤立的假设的做法,他认为应当采纳一个更为普遍的观点。他相信,用任何物理实验都不可能检测到地球与以太之间的相对运动。在1902年出版的《科学与假设》一书中,彭家勒讲到经典力学时,他提出了几条原则:(1)没有绝对空间,我们所能设想的只有相对运动;(2)没有绝对时间,说两段时间相等毫无意义;(3)我们不仅没有关于两段时间相等的直觉,甚至没有关于发生在两个不同地点的两件事的同时性的直觉;(4)力学事实很可能要使用非欧几里得空间来描述,这种空间虽然使用起来不很方便,但却像我们通常的空间一样合理。

1904年,彭加勒在一次演讲中,阐述了他提出的"相对性原理",他说:"根据这一原理,物理现象的定理应该是相同的,不管观察者处于静止还是匀速直线运动状态。因而,我们没有,也不可能有任何方法来判断我们是否处于匀速运动之中"。他指出,以太漂移"零结果"实验就是这一原理的必然结果。在这次演讲中,他做出了极其精确的预见,他说:"也许我们将要建造一种全新的力学,我们已经成功地瞥见到它。在这个全新的力学中,惯性随速度而增加,光速成为不可逾越的极限,原来比较简单的力学依然保持为一级近似,因为它对不太大的速度还是正确的,因而,在新力学中还可以找到旧力学。"但是,他接着又说:"我急于要说的是,我们现在仍未达到这种地步,直到目前为止,还没有任何东西证明(旧原理)不会胜出,并且经过斗争保持纯净。"

显然,彭加勒已经站在了相对论的大门口,只因他对旧理论情有不舍,没有决绝的勇气而被挡在了大门之外。

爱因斯坦狭义相对论思想的形成   阿尔伯特·爱因斯坦(Albert Einstein,1879－1955年)1879 年 3 月 14 日诞生于德国乌尔姆一个经营电气作坊的犹太业主的家庭里。据爱因斯坦后来回忆,在他四五岁时第一次见到罗盘,对罗盘产生了强烈的好奇心。他想:"为什么罗盘指针总是指向南北?这里一定有什么东西隐藏在事物的背后。"12 岁时他对欧几里得几何产生了浓厚的兴趣,"三角形的三个高交于一点,虽然不是显而易见,却可以很可靠地加以证明,以致不给任何怀疑留下余地。"他说:"这种明晰性和可靠性给我造成了一种难以形容的印象。"

1894 年,15 岁的爱因斯坦放弃德国国籍,随家迁居意大利,后来又只身来到瑞士的阿劳州立中学补习功课。他后来写道:"这所学校以它的自由精神和那些毫不依赖外界权威的教师们的淳朴热情给我留下了难忘的印象。"在《自述片段》中他写道:"在阿劳这一年中,我想到这样一个问题:倘若一个人以光速跟着光波跑,那么他就处在一个不随时间而改变的波场中。但看来不会有这种事情!这是同狭义相对论有关的第一个朴素的理想实验。"

从此,这个问题让他思考了十年之久。爱因斯坦在 1922 年的讲演中回忆说:"最初当我有这个想法时,我并不怀疑以太的存在,也不怀疑地球相对以太的运动。"后来他知道了迈克尔逊—莫雷的零结果实验,他认识到,地球相对于以太的运动是不能用任何仪器测量的。他回忆说:"如果承认迈克尔逊的零结果事实,那么地球相对于以太运动的想法就是错,这是引导我走向狭义相对论的第一步"。

后来,爱因斯坦读到了洛仑兹 1895 年的论文,对洛仑兹变换发生了兴趣,通过进一步推算,他得出了光速对任意参照系都不变的结论,这是与伽利略速度合成法则相抵触的。为什么会互相矛盾呢?爱因斯坦回忆道:"我觉得这个问题很难解决,我花了整整一年时间,试图仿照洛仑兹的设想来解决这个问题,但是徒劳无功。是我在伯尔尼的朋友贝索偶然间帮我摆脱了困境。那是一个晴朗的日子,我带着这个问题访问了他,我们讨论了这个问题的每一个细节,忽然我领悟到了这个问题的症结所在。这个问题的答案来自对时间概念的分析:不可能绝对地确定时间,在时间和信号速度之间有着不可分割的联系。利用这一新概念,我第一次彻底地解决了这个难题。"在此后的五星期内,爱因斯坦完成了那篇历史性的论文《论动体的电动力学》。

还要指出的是,爱因斯坦从少年开始就喜欢哲学。马赫在《力学史评》中对牛顿的绝对时空观的批判给他留下了深刻的印象。1902 年前后,爱因斯坦和几个年轻朋友组成一个叫"奥林匹亚科学院"的小团体,每晚聚在一起,研读斯宾诺莎、休谟、彭加勒等人的科学和哲学著作。可以想见,这些哲学著作对他批判精神和科学思想的形成起了很大的作用。

狭义相对论的基本内容   爱因斯坦发现,根据伽利略变换,麦克斯韦方程组应用到运动惯性系时,方程组的形式就会改变,从而方程组表示的意义就会与事实不符,他意识到,在经典力学理论和电磁学理论之间发生了矛盾,这一矛盾的解决导致了狭义相对论的问世。

狭义相对论是一个演绎体系，演绎基础只有两条公设：

（1）（相对性原理）物理学规律对所有惯性系都可表示为相同的数学形式。也就是说，物理学定律与惯性系的选择无关，所有的惯性系都是等价的。

（2）（光速不变原理）在所有的惯性系中，真空中的光速具有相同的量值，与光源的运动无关。

以经典力学的绝对时空观念看来，这两个公设是不相容的，但是光速在任意惯性系下的不变性与相对性原理又是统一的。

从上述公设出发，爱因斯坦导出了两个不同惯性系（假定 o' 系沿 x 轴方向相对于 o 系以速度 v 运动）之间的时空变换方程，称作洛仑兹变换：

$$x'=\frac{x-vt}{\sqrt{1-v^2/c^2}} \quad ; \quad y'=y \quad ; \quad z'=z \quad ; \quad t'=\frac{t-\frac{v}{c^2}x}{\sqrt{1-v^2/c^2}}$$

这一组方程和此前的洛仑兹变换虽然形式上相同，但是，它们的含义并不相同，由于他们的思路完全不同，对这一组方程的理解也完全不同，洛仑兹只是在经典理论的框架内工作，虽然得出了 $t\neq t'$，但他并不理解其中含义，爱因斯坦则由此创立了全新的理论。爱因斯坦从上述洛仑兹变换出发可以得到以下结论：

(1)同时的相对性　在 o 系中观察到两件事同时发生于不同地点，在 o' 系中的观察者将会发现这两件事并不同时发生，即同时是相对的。

设想一宇宙飞船正在太空中做匀速直线运动，在船舱两端放两面镜子，在两镜子连线的中点处放一光源，然后让光源发出一光信号，这个光信号将以同样的速度向两端传播，因此同时到达两面镜子，在飞船上的人看来，两面镜子同时接收到了光信号。但是，这件事在地球上的观察者看来，在光信号向两端传播的过程中，飞船也在向前运动，因此飞船前端的镜子将离开光信号而去，因此为了追到它，光必须走过大于一半的路程；但是后面的镜子是迎着光信号而来，所以这段距离较短，因此光信号会先到达后面的那面镜子，也就是说，在地面上的观察者看来，这两件事不是同时发生的。可见同时性并不是绝对的。

(2)运动的杆缩短　一长度为 l_0 的木杆，当它以速度 v 运动时（速度方向与杆长方向一致），其长度要缩短，其长度变为 $l=l_0\sqrt{1-v^2/c^2}$，v 越大，杆越短。

(3)运动的时钟变慢　在 o' 系中测得同一位置上相继发生的两件事的时间间隔为 $\Delta t'$，则在 o 系中测得的同样两件事的时间间隔 Δt 要比 $\Delta t'$ 长，二者关系为：$\Delta t=\frac{\Delta t'}{\sqrt{1-v^2/c^2}}$，也就是说，相对于静止参照系运动的钟变慢。比如，一对孪生子，一个留在地球上，一个乘快速运动的飞船作星际旅行，当他返回地面时，人们会发现那个作星际旅行的要比地球上的年轻，因为飞船上的时间比地球上的时间慢。

(4)光速是极限　根据洛仑兹变换可以进一步得到两参照系之间的速度变换公式 $v_x=\frac{v'_x+v}{1+\frac{v}{c^2}v'_x}$，按照该式进行速度合成时，就不会像按照伽利略速度合成公式那样得到大于光速的速度。

爱因斯坦从他的理论中进一步得到以下结论：

(5)质量的相对论效应　物体的质量随速度的增大而增加，运动质量与相对静止质量之间的关系是：$m = \dfrac{m_0}{\sqrt{1 - v^2/c^2}}$。

(6)质能方程　将质量和能量统一起来,质量可以理解为能量的一种储藏或能量的量度,其关系为：$E = mc^2$。

狭义相对论的早期遭遇　著名物理学家普朗克慧眼识才,他认识到爱因斯坦论文的价值,将论文在自己主编的《物理学年鉴》上予以及时发表,后来人们说普朗克有两大发现,一是发现了"能量子",二是发现了爱因斯坦。

但是,由于受传统观念的影响太深,爱因斯坦的论文,在相当一段时间里受到怀疑甚至遭到反对。在法国,直到1910年以前,几乎没有人提到爱因斯坦的相对论。在美国,爱因斯坦的相对论在最初十几年中也没有得到认真对待。迈克尔逊至死(1931年)还念念不忘"可爱的以太",认为相对论是一个怪物。英国也不例外,在人们的头脑里以太的观念太深了,相对论彻底否定了以太的必要性,被人们看成是不可思议的事。当时甚至掀起了一场"保卫以太"的运动。1911年美国科学协会主席马吉说："我相信,现在没有任何一个活着的人真的会断言,他能够想象出时间是速度的函数。"被爱因斯坦誉为相对论先驱的马赫,竟声明自己与相对论没有关系。有一位叫惠特克的科学史家在写相对论的历史时,竟把相对论的创始人归于彭加勒和洛伦兹,认为爱因斯坦只是对彭加勒和洛伦兹的相对论加了一些补充。

观念的改变不是一朝一夕之事。1911年索尔威会议召开,由于爱因斯坦在固体比热的研究上有一定影响,人们才注意到他在狭义相对论方面的工作。只是到了1919年,爱因斯坦的广义相对论得到了日全食观测的证实,他成为公众瞩目的人物,狭义相对论才开始受到应有的重视。

爱因斯坦是1921年获诺贝尔物理学奖的,但不是由于他建立了相对论,而是"为了他理论物理学研究,特别是光电效应定律的发现"。诺贝尔物理奖委员会主席奥利维拉为此专门写信给爱因斯坦,指明他获奖的原因不是基于相对论,并在授奖典礼上解释说：因为有些结论目前还在经受严格的验证。

二、广义相对论的建立

狭义相对论的局限性　狭义相对论的局限性存在于两个方面,一是狭义相对论不适用于非惯性系。狭义相对论是按照一切惯性系都等价的相对性原理建立的,它解决了物理规律在惯性系之间的坐标变换不变性问题。然而,在惯性系中物理规律的数学表达形式在非惯性系中就不再成立了。自然规律为什么偏爱惯性系呢? 物理规律在惯性系和非惯性系之间的这种不对称性让爱因斯坦感到不满意。二是狭义相对论不能解决万有引力问题。狭义相对论问世后,许多人致力于检验各种物理定律在洛仑兹变换下表达形式的不变性,都获得了成功。但是,包括爱因斯坦本人在内,都发现当把牛顿的引力定律纳入到狭义相对论理论之中时,却遇到了明显的矛盾,在经过艰苦的努力未果后,爱因斯坦在1907年开始认识到"在狭义相对论的框架里,是不可能有令人满意的引力理论的。"

难能可贵的是,狭义相对论在上述两方面的局限性是由爱因斯坦本人发现的,这两个关键问题的解决导致了广义相对论的诞生。

作为广义相对论基础的两个公设　在动力学方程 $F = ma$ 中,质量 m 与运动状态改变的难易程度有关,因此称为惯性质量;在万有引力定律中 $F=G\dfrac{m_1 m_2}{R^2}$ 中,质量 m 描述物体的引力效应被称为引力质量。这两个量,物理含义不同,逻辑上没有联系。但从最早的伽利略斜塔实验——不同物体具有相同的重力加速度,以及后来的一些实验中,能够证明二者严格相等。1933 年 6 月 20 日,爱因斯坦在英国的格拉斯哥大学作了《广义相对论的来源》的报告,他说:"在引力场中,一切物体都具有同一加速度,这条定律也可以表述为惯性质量与引力质量相等的定律,它当时就使我认识到它的全部重要性。我为它的存在感到极为惊奇,并猜想其中必定有一把可以更加深入地了解惯性和引力的钥匙。"

这把钥匙在哪里呢?爱因斯坦在寻找解决问题的线索。1922 年,爱因斯坦在京都大学做《我是如何创立相对论的》报告,他说:"这个难题的突破点突然在某一天找到了,那天我坐在伯尔尼专利局的办公室里,脑子突然闪出一个念头:如果一个人正在自由下落,他绝不会感到他有重量。我吃了一惊,这个简单的想象给我的印象太深了,它使我由此找到了新的引力理论"。

在上述思考的基础上,爱因斯坦产生了这样一个思想实验。假如某人处于一个自由下落的升降机中(他不能看到外面),他并不能感受到自己受力,当他释放一物体时,由于物体和他具有同一加速度,所以物体相对于他保持静止,在他看来物体不受力且处于静止状态,因此,他判定自己处于一惯性系中。从这一实验中,爱因斯坦得到"引力场同参照系的相当的加速度在物理上完全等价。"也就是可以用一个均匀加速的参照系来代替均匀引力场。这就是广义相对论第一条公设:等效原理。

有了等效原理就可以把惯性系和非惯性系放在平等的地位上,这就需要推广狭义相对论中的相对性原理。1907 年,爱因斯坦把相对性原理推广到参照系作均匀加速平移运动的情形。到了 1916 年,在一篇标志着广义相对论正式诞生的论文《广义相对论的基础》中,爱因斯坦明确提出:"物理学的定律必须具有这样的性质,它们无论对于哪种方式运动着的参照系都是成立的。"这就是广义相对论第二条公设:广义相对性原理。两个公设构成了推导广义相对论的理论的基本出发点。

广义相对论的"柔性"时空观 狭义相对论对于绝对时空观给予了有力的冲击,克服了同时性的绝对性,及时间间隔与空间长度的测量与参照系运动状态无关的传统观念。但是,在同一参照系中,仍保持着统一的时间和长度的测量标准,即具有刚性的尺和同步的钟。空间长度、时间间隔的测量,仍然与坐标差对应,其时空是"均匀"和"各向同性"的。这种观念包含着一个默认的假定,时空是"平直"的。这种时空观是建立在欧几里得几何基础上的。

与广义相对论相适应的时空观是"柔性"时空观。爱因斯坦用一个实验来说明"柔性"时空观:当一个刚性圆盘转动时,在处于中心轴处的观察者看来,就不存在静止的刚性尺和同步的钟,因为在不同的半径处,由于旋转的线速度不同,放在不同地点的尺子收缩的程度不同,钟变慢的程度也不同,时空就失去了均匀性和各向同性,也即失去了"刚性"而具有"柔性"结构,从而其坐标差也就失去了直接量度的物理意义。用来描述这种"柔性"时空的几何是黎曼(1826－1866 年)几何,黎曼几何是关于曲面的几何,球面就是一个黎曼空间,黎曼空间里,由三条最短程线围成的三角形内角之和大于 180 度。

从 1907 年提出等效原理和广义相对性原理,到 1916 年广义相对论大功告成,爱因斯坦花了八年时间,其间主要解决了两个问题,一是关于时空问题的思考,二是寻找新时空观下的数学表达工具。对这两个问题的解决分别导致了时空观的变革和新的数学工具在物理中的首次应用。在广义相对论中,物质的存在改变了物理时空的平直性质,空间、时间是弯曲的,时空的弯曲程度反映了引力作用的强弱,广义相对论终于把时间、空间和物质统一在一起了。

在广义相对论建立的初期,爱因斯坦通过计算提出了三个可供实验验证的推论:水星近日点进动、光线弯曲、引力红移,它们不久就被天文观测所证实。另外,20世纪60年代的雷达讯号经过太阳附近时的延迟和70年代双星因引力波辐射损失能量而使双星运动周期稳定变短的观察,都证实了爱因斯坦理论的正确性。用天文观测检验广义相对论的事实还有很多,例如:关于宇宙膨胀的哈勃定律、黑洞的发现、中子星的发现等等,通过这些观测检验,广义相对论越来越令人信服。这里特别要说明的是,现在还有几种与广义相对论并列的理论,尽管现在看来广义相对论占有明显优势,但是我们不能说它是唯一正确的理论。

第三节　量子力学的建立

量子力学是在20世纪初的30年中发展形成的,这30年是物理学发展史上最激动人心的30年。这一时期,电力的广泛应用和工业在各领域的全面推进为物理学的发展提供了前所未有的物质条件。于是,自然界好像急切地要把它从创世纪以来一直隐藏的秘密公布于众——新的实验现象井喷般地呈现,冲击着人们已经习惯于经典力学的大脑。对经典物理情深依恋的老一辈物理学家,致力于调和新实验和经典物理学之间的矛盾,而少保守的年轻才俊们,带着离经叛道的想法加入到这场理论革命的盛宴中来。年轻人没有辜负那一时期的物理学,物理学因他们所贡献的理论和人格魅力而愈加成熟,而他们也因物理学名垂青史。

一、量子理论的准备

从1900年普朗克(Max Karl Ernest Ludwig Planck,1858—1947年)提出"能量子"假说,到1924年德布罗意(Louis de Broglie,1892—1987年)提出物质波概念,这一时期可以看作量子理论的准备期。其间,一批年轻物理学家主动用量子的观点来解释实验现象、猜测原子的行为,为量子力学的建立准备了必要的概念、方法和思想。

"能量子"假说的提出　由于工业上对高温测量的需要,19世纪中期以后,热辐射成为一个新型研究领域。其中,关于物体在不同温度下辐射的电磁波能量按波长分布的函数关系成为研究的热门方向。我们知道任何物体都在不停地发射电磁波,同时也在吸收和反射来自周围环境发出的电磁波。用于这种研究的理想物体就是黑体。所谓黑体就是能够将外来电磁波完全吸收而能够发射自身产生的电磁波的物体。最初人们是用表面涂黑的金属来当黑体。1895年,德国物理学家维恩(1864—1928年)提出用一个带有小孔的空腔来作为黑体,因为从小孔进入的电磁波经腔内壁多次反射后几乎会全部被吸收,从加热的空腔内壁经小孔辐射出来的电磁波即可作为测量研究的对象。

1896年,维恩得到一个半理论半经验的辐射公式,后来被称作为维恩分布定律。由于不满意维恩在定律推导中使用过多的假设和经验成分,普朗克在1899年运用电磁学理论通过熵的计算从理论上导出了维恩公式,使定律获得了普遍意义。1899 年 11 月,维恩的合作者通过实验发现,维恩公式只在波长较短、温度较低时才与实验结果相符,而在长波区域则系统地低于实验值。

英国著名物理学家瑞利了解到维恩公式与实验之间的偏离后,于 1900 年 6 月,发表论文公布了他推导出的一个新公式(后来在 1905 年由金斯(1877—1946 年)修正了公式中的一个系数,这一公式因此被称为瑞利—金斯公式)。这一公式在长波区域与实验值符合得很好,而对于短波比如紫外区的电磁波,按照公式就会辐射出足以造成灾难的巨大能量,这显然是荒谬的,而按照经典理论又找不到公式推导中理论上的错误,物理学家很迷惑,1911 年,埃伦费斯特(1879—1952)把这种理论窘境称作“紫外灾难”。

瑞利公式公布后不久,普朗克从好友鲁本斯那里得知瑞利公式对于长波是正确的,于是他着手寻找新的公式,试图把适用短波的维恩公式和适用长波的瑞利公式综合在一起,很快就得到了一个新的公式。鲁本斯将实验结果跟公式进行比较,发现实验与理论计算“令人满意地相符”。1900 年 10 月 19 日,普朗克在德国物理学会发表论文报告了他的新公式。普朗克的辐射公式是一个经验性的公式,作为理论物理学家,他意识到公式中可能隐藏着重要的信息,他立即开始寻找公式蕴含的物理意义,正是这一工作导致了“能量子”的诞生。

普朗克后来说,“经过一生中最紧张的几个星期的工作”,很快发现,他所心爱的热力学的普通理论是不可能解决这一问题的。出于无奈,他转而求助于从前厌恶的热力学统计观点,尝试使用玻尔兹曼的方法,接受熵的几率解释。后来,他把自己的这一转变过程称作“孤注一掷的行动”。30 年后,1931 年在给友人的一封信中,普朗克回忆当时的心情说:“我已经为辐射和物质之间的平衡奋斗了 6 年(从 1894 年开始),仍然没有成功。我知道这个问题对整个物理学是至关重要的。我已经找到了确定能量谱分布的那个表达式,因此,无论花多大代价我必须为它找到理论上的解释。我非常清楚经典物理学是不能解决这个问题的,因为按照它,所有的能量最终都会从物质化为辐射。为了避免这一点,就需要有一个新的常量来保证能量不会分解。”他说,除了热力学的两条基本定律,他准备牺牲以前对物理定律所抱的任何信念。

经过近两个月的努力,普朗克通过假设谐振子的能量为 $\varepsilon=h\nu$,(其中,h 为一常数,后来被称普朗克常数,ν 为振动频率)运用玻尔兹曼的统计方法推导出了他的黑体辐射公式。1900 年 12 月 14 日普朗克在德国物理学会上宣读了论文《关于正常光谱的能量分布定律的理论》,阐述了他的“能量子”假说,这一天后来被看作量子论的诞生日。

在经典物理学中,能量是连续的,而“能量子”则要求能量的辐射是一份一份的,以 $\varepsilon=h\nu$ 为最小单元,这显然与经典物理学相悖,因此,大多数物理学家对这个假说不以为然,连普朗克自己也为“能量子”感到不安,后来他花了多年功夫,企图用能量的连续性得到辐射公式,没有成功。时间是试金石,1918 年,普朗克“因为发现能量子而对物理学的发展做出杰出贡献”而获得诺贝尔物理学奖。

“能量子”早期的两项应用 新事物、新观点早期的命运一般不会怎么好,这个在经典物理学中被视为异类的“能量子”问世后,并没有引起同行的关注,几乎无人问津,是爱因斯坦的两项工作才让它被关注和接受。

光电效应是指金属表面受到光照后,从金属表面逸出电子的现象。早在 1887 年,赫兹就注意到这一现象,后来有多位科学家对该现象进行了不同方向的研究,发现了以下让物理学家们大惑不解的问题：(1)电子逸出金属表面的最大速度与照射光的强度无关；(2)只有当光频率大于某一临界值时才能逸出电子，低于这一频率时，不论光的强度多大都不会有电子逸出；(3)在光照射到金属的瞬间就会逸出电子。光电效应是电子由于获得了照射光的能量克服金属表面的束缚而逸出的，按照经典理论，光的能量只与光强度有关，与频率无关，而且，电子从光照中获得能量要有个积累过程，显然，经典理论与上述实验现象产生了分歧。

1905 年，爱因斯坦在论文《关于光的产生和转化的一个试探性观点》中，借鉴了能量子思想，很容易就解决了上述困难。他认为光在发射、传播以及在与物质的相互作用中都可以看作是能量子，这种能量子称作光量子，光量子能量 $\varepsilon = h\nu$，ν 为光的频率。光量子的能量是被电子一份一份吸收的，一次只能吸收一个光量子的能量，当 ν 过小时，光量子的能量不足以使电子脱离金属的束缚，电子不能逸出。虽然爱因斯坦的解释简单明了，很有说服力，但在当时却遭到冷遇，因为光量子具有粒子性，与光是电磁波的认识有冲突。1913 年，普朗克等人在提名爱因斯坦为普鲁士科学院会员时，在高度评价爱因斯坦成就的同时指出，"有时，他可能在思索中失去了目标，如他的光量子假设。"后来，在 1916 年，美国物理学家密立根(Robert Andrews Millikan，1868－1953 年)用实验证实了爱因斯坦对光电效应的解释，并从光电效应中测出了普朗克常数 h 的值。

固体比热是 19 世纪中期后一个重要的研究课题。1906 年，爱因斯坦发表了《普朗克的辐射理论和比热容理论》，文章应用量子假说，从理论上解释了人们已知的物质比热随温度降低而减小的实验事实，并且得到了定量的比热表达式，这一工作当时也没有引起学术界的关注。直到 4 年后物理学家能斯特(Walter Nernst，1864－1941 年)通过低温实验得出了与爱因斯坦理论相符的数据(能斯特做实验的本意是为了检验自己的热学理论)。由于存在技术上的困难，这一实验有相当的难度，历时超过 3 年。能斯特在文章中写道："我相信没有任何一个人，经过长期实践对理论获得了相当可靠的实验验证之后(这可不是一件轻而易举的事)，当他再来解释这些结果时，会不被量子理论强大的逻辑力量所说服，因为这个理论一下子澄清了所有的基本特征。"

比热研究的成功，引起了人们的对量子论的注意，有些物理学家开始用量子思想来研究问题了。为了扩大量子论的影响，能斯特积极活动，争取到比利时化学工业巨头索尔威(E. Solvay，1838－1922 年)的资助，于 1911 年 10 月在比利时布鲁塞尔召开了有历史意义的第一届索尔威国际物理会议，会议主题就是"辐射理论和量子"。与会者多是一流的科学家，这次会议很好地宣传了量子理论，有力地推动了量子理论的发展进程。此后一个时期，索尔威会议每隔 3－4 年召开一次，每次都荟萃了众多优秀的科学家，及时讨论当时重大的科学前沿问题，对物理学发展起了积极的促进作用。

玻尔的原子结构理论 电子和放射现象的发现，让人们意识到原子不是组成物质的不可再分的最小微粒，原子是有结构的。物理学家们开始根据有关线索猜测原子的内部组成结构和运作原理。丹麦物理学家玻尔(N. Bohr，1885－1962 年)将量子思想引入到原子结构之中，阐明了光谱的发射和吸收的机理，完美地解释了氢光谱，使量子理论取得了重大进展。

从 1908 年开始，卢瑟福用 α 粒子轰击金属薄膜，得到"入射的 α 粒子中每 8000 个粒子有一个要反射回来"的统计结果，经推算和猜想，1911 年，卢瑟福得到了这样的原子模型：在原子的中心有一个带正电的核，核的体积远远小于原子体积，却几乎集中了原子的全部质量,电子象行星一样绕核旋转着。玻尔的原子理论就是建立在上述原子模型的基础之上。1912 年,玻尔曾在英国曼彻斯特大学卢瑟福的实验室里工作过四个月,其时正值卢瑟福组织学生和助手继续做 α 粒子散射实验以期了解更多关于原子结构的知识。玻尔非常认可卢瑟福的研究方法,相信他的有核原子模型是符合客观事实的。

1913 年初,玻尔好友光谱学家汉森(H. M. Hansen,1886－1956 年)来拜访玻尔,向玻尔询问原子结构和光谱的关系,玻尔不熟悉光谱学,没有想过这个问题,汉森向他介绍了关于氢光谱波长的巴尔末公式和德国物理学家斯塔克(Johannes Stark,1874－1957 年)关于价电子从高能状态向低能状态跃迁而发光的观点。后来,玻尔回忆道:"当我一看到巴尔末公式,我对整个事情就豁然开朗了。"于是,玻尔很快写出了题名均为《原子构造和分子构造》的三篇论文,人称玻尔"三部曲"。文章中,玻尔提出了"稳定态"的假设,氢原子的稳定态是与氢原子的电子在不同半径的轨道上做圆周运动联系在一起的,在稳定态下电子虽然做圆周运动,但是并不向外辐射电磁波,因此原子是稳定的。玻尔还算出了每一定态对应的电子的轨道半径,以及每一定态的能量值,轨道半径和能量都是量子化的,是一些分立的值。当电子从高能态的轨道跃迁到低能态的轨道时,就会辐射电磁波,即发出一定频率的光,这就是原子光谱的成因。光的频率等于两定态之间的能量差与普朗克常数的比值,即:$v=(E_2-E_1)/h$。玻尔从理论上得到了巴耳末公式,并且预言了氢原子的其他光谱线。

玻尔的原子理论成功地解释了氢原子光谱,但是并不适用其他原子的光谱,也不能解释氢原子光谱的精细结构和光谱线在磁场中分裂为几条的塞曼效应等实验现象。但是,从这个经典力学与量子思想混合的理论中,物理学家们看到了量子观念对于原子研究的价值。此后,一些物理学家在完善玻尔的工作中发展出了重要的量子思想和方法。

电子自旋概念的提出　1925 年,泡利(Wolfgang E. Pauli,1900－1958 年)在对反常塞曼效应研究中提出了一条原理:"在一个原子中,决不能有两个或两个以上量子态相同的电子。"这一原理称为泡利不相容原理。为了给出这条原理的模型解释,一个美国物理学家克罗尼格想到了电子的自旋,即电子围绕自己的轴像地球那样自转,他还进行了有关计算,觉得这种想法是有道理的。克罗尼格带着他的想法去征求泡利的意见,不料却遭到反对。泡利说:"你的想法的确很聪明,但是大自然并不喜欢它。"原来,泡利曾经考虑过这种自转模型,计算发现电子的表面速度会超过光速,违背了相对论,另外,泡利不希望在原子研究中保留经典物理的概念。克罗尼格由于泡利的反对就放弃了自己的想法。

半年以后,荷兰年轻的物理学家乌伦贝克和古兹密特在不了解克罗尼格工作的情况下,提出了同样的想法。他们就此与导师埃伦费斯特进行了讨论,得到了导师的支持。埃伦费斯特认为他们的想法非常重要,当然也可能完全错了,建议他们写成论文发表。于是,他们写了一篇只有一页的短文请埃伦费斯特推荐给《自然》杂志。接着他们两人又去找荷兰物理学界老前辈洛仑兹请教。洛仑兹热诚地接待了他们,答应想一想再回答。一周后,他们再见到洛仑兹时,洛仑兹给他们一叠稿纸,上面写满了计算公式和数字。洛仑兹告诉他们,如果电子围绕自身轴旋转,其表面速度将达到光速的十倍。这个结果当然是荒唐的,于是他们立即回去请埃伦费斯特还给他们那篇论文,承认自己犯了错误。可是埃伦费斯特已经把论文寄走,可能就要发表了。乌伦贝克和古兹密特感到十分懊丧。

乌伦贝克和古兹密特的论文发表后,海森伯立刻来信表示赞许,并认为可以利用自旋——轨道耦合作用,解决泡利理论中所谓"二重线"的困难。不过,乌伦贝克和古兹密特当时还不能解释双线公式中多出的因子 2。正在此时,爱因斯坦来到莱顿大学讲学,爱因斯坦向他们提出了关键性的启示:在相对于电子静止的坐标系里,运动原子核的电场将按照相对论的变换公式产生磁场,再利用一级微扰理论可以算出两种不同自旋方向的能量差。受到这一思路启发,1926 年,英国物理学家托马斯解决了因子 2 的困难。

玻尔很欣赏乌伦贝克和古兹密特的工作,他没有想到困扰物理学家多年的光谱精细结构问题,用"自旋"这一简单的力学概念就可以解决。但是泡利始终反对利用力学模型来进行思考。泡利对玻尔争辩说:"一种新的邪说将被引进物理学。"两年以后,泡利终于把电子自旋纳入了量子力学的体系。这是用不同于别人的不用力学模型的能够描述电子自旋性质的泡利矩阵解决的。泡利坚持自己的观点用另一种方法实现了自己的目标。不久,狄拉克(Paul Adrien Maurice Dirac,1902—1984 年)建立了相对论量子力学,从他的理论中可以自然地得出电子具有内禀角动量这个重要结论。

泡利不相容原理的提出和电子自旋的发现,使人们对原子内部电子的分布和运动有了更深入的认识,使光谱的精细结构、反常塞曼效应和斯特恩—盖拉赫实验等得到了理论说明。

德布罗意波的提出　德布罗意是一位半路出家的法国物理学家。他 1910 年获得历史学学士学位,第一次世界大战期间,在军队服役,从事无线电工作。他的兄长莫里斯·德布罗意是一位研究 X 射线的专家,两人经常讨论一些科学问题。莫里斯曾在 1911 年第一届索尔威会议上担任秘书,负责整理文件。会后德布罗意看到了会议文件,受到启发,从此迷上了物理学。

德布罗意在谈到波粒二象性思想起源时这样写道:"在我年轻时代,也就是在 1911—1919 年间,我满腔热情地钻研了那个时期理论物理的一切新成果。我了解彭加勒、洛仑兹、朗之万等人的著作,也了解玻尔兹曼和吉布斯关于统计力学方面的著作。但是,特别引起我注意的是普朗克、爱因斯坦、玻尔论述量子观点的著作。我注意到爱因斯坦 1905 年在光量子理论中提出的辐射中,波和粒子共存是自然界的一个本质现象。在我随哥哥莫里斯作了 X 射线谱的研究后,我觉察到电磁辐射的这种二重性具有十分重要的意义。在研究了力学中的哈密顿—雅可比理论后,我进一步在其中发现了一种波粒统一的初期理论。最后,在深入地研究了相对论后,我深信它是一切新的假设的基础。"

1923 年 9 月到 10 月,德布罗意在《法国科学院通讯》上连续发表三篇有关量子和波的文章,提出并论述了实物粒子也具有波粒二象性的观点及其在相关问题中的应用。同年,德布罗意以上述文章为基础,完成了他的博士论文。他后来回忆道:"在 1923 年我写出了博士论文,为了得到博士学位我想把它寄出去。我将论文复制了三份,将其中一份寄给了朗之万,以便他决定是否可以作为博士论文接受。朗之万也许对我的新思想的新奇有点感到惊异,又向我要了一份寄给爱因斯坦,请爱因斯坦评定。爱因斯坦读完以后就宣布,在他看来我的思想是很有趣的,这促使朗之万接受我的论文。"爱因斯坦很欣赏德布罗意的论文,认为它揭开了"自然界巨大面罩的一角"。1924 年 11 月 25 日德布罗意通过了论文答辩。1927 年,美国实验物理学家戴维孙(Clinton Davisson,1881—1958 年)和英国剑桥大学的 G. P. 汤姆逊分别独立地在实验中得到电子衍射图样,证实了德布罗意的观点。1929 年,德布罗意由于物质波理论获得诺贝尔物理学奖,这也开创了博士论文得诺贝尔奖的先例。戴维孙和 G. P. 汤姆孙两人也因发现电子的衍射现象,共同获得了 1937 年诺贝尔物理学奖。

二、量子力学的创立

矩阵力学的创立　矩阵力学是 1925 年由德国物理学家海森堡（Werner Heisenberg，1901－1976 年）首先提出，后来由玻恩（Max Born，1882－1970 年）、约当等人共同完成的。它的建立标志着量子理论从初期的对分立现象的猜测、假设、拼凑的研究方法中脱离出来，进入一个综合性的理论构建阶段。

海森堡是著名物理学家索末菲的学生，1922 年 6 月，第一次听玻尔的报告，他就尖锐地指出了报告的几处错误，引起了玻尔的注意。1923 年，海森堡获得博士学位。1924－1926 年间，海森堡先后在哥廷根的玻恩和哥本哈根的玻尔的指导下研究量子论。对于自己的科学成长，海森堡曾经说："在索末菲那里学了物理，在玻恩那里学了数学，在玻尔那里学了哲学。"

矩阵力学是在玻尔原子理论基础上建立的。海森堡特别强调原子理论应建立在可观察量的基础上，通过实验观察到的只是光谱线的频率和强度，而不是电子的位置和速度。实际上没有任何实验证明电子按一定的轨道运动，因而，电子轨道的概念很可能是虚构的。1925年，海森堡完成了《关于运动学和动力学关系的量子论的新解释》，在论文中他自创了一种运算方法，他对这种运算没有把握，就把论文拿给玻恩看，请教是否有发表价值。玻恩开始也感到茫然，经过几天的思索，记起了这正是大学学过的矩阵运算。玻恩立即推荐发表，并着手运用矩阵方法为新理论建立一套严密的数学基础。一次偶然的机会，玻恩遇见了年轻的数学家约当，约当正是矩阵方面的内行，欣然应允合作。1925 年 9 月，两人联名发表了《关于量子力学Ⅰ》一文，首次给矩阵力学以严格表述。同年的 11 月，海森堡、波恩、约当三人合作完成了《关于量子力学Ⅱ》，奠定了以矩阵形式表示量子力学的理论基础。

波动力学的创立　在海森堡等人创立矩阵力学后不久，物理学家薛定谔（Erwin Schrödinger，1887－1961 年）创立了量子力学的另一种表达形式——波动力学。

薛定谔是奥地利人，1906－1910 年在维也纳大学物理系学习，1910 年获博士学位。1921 年受聘于瑞士苏黎世大学任数学物理教授，他在这里工作了 6 年。薛定谔的波动力学是在德布罗意物质波的影响下创立的。他在一篇关于波动力学的论文中写道："这些考虑的灵感主要得自德布罗意先生的独创性的论文。"

1925 年，在著名的化学物理学家德拜（Peter Debye，1884－1966 年）主持的一个物理学定期讨论会上，薛定谔被指定报告德布罗意的工作。报告之后，德拜指出，讨论波动而没有波动方程，太幼稚了。几星期之后，薛定谔再次报告，宣布找到了方程，这就是著名的薛定谔方程。1926 年 1 月到 6 月间，薛定谔连续发表了四篇论文，题目都是《量子化就是本征值问题》，波动力学就这样诞生了。薛定谔的论文在学术界引起了强烈反响，普朗克和爱因斯坦给予了高度评价。普朗克说："薛定谔方程奠定了近代量子力学的基础，就像牛顿、拉格朗日、哈密顿创立的方程在经典力学中所起的作用一样。"爱因斯坦认为，"薛定谔的著作的构思证实着真正的独创性。"

在差不多同时，在同一领域出现了两种形式上完全不同的理论，两种理论之间究竟有什么关系，谁也说不清楚，以至于开始的时候，部分物理学家抱有门户之见。但是，薛定谔很谦虚，在他上述发表的一篇论文中写道："我这里愿意提及海森堡、玻恩、约当和其他一些著名的学者正在深入进行的一项排除量子困难的研究工作，这些研究已经取得了如此值得瞩目的成就,因此它不容置疑地至少含有一部分真理。……我抱有明确的希望,这两个进展将不会互相冲突,相反,正是由于各自出发点和方法截然不同,它们之间可以取长补短,海森堡方案的力量在于它能给出谱线的强度,而我们还没有接触到这个问题。"1926年4月,薛定谔发表了《论海森堡、波恩与约当和我的量子力学之间的关系》一文,证明了矩阵力学和波动力学的等价性,指出二者可以通过数学变换相互转换。几乎同时,泡利也作出了独立的证明。

波动力学的数学工具是偏微分方程,这种方法要比矩阵运算简单得多且容易掌握。正如玻尔所说:"波动力学的简单明了大大超前了以前的一切形式,代表着量子力学的巨大进步。"有人设想,假如是薛定谔先创立了波动力学,那么繁难的矩阵力学可能不会产生。后来,波动力学就成为了量子力学的一般通用形式。

关于量子力学完备性的争论　量子力学建立以后,对于量子力学中有关内容的物理解释却引起了一场持久的争论。许多著名的物理学家、数学家、哲学家或其他方面学者都曾加入过这场争论,争论之广泛、深刻与持久,在科学史上是空前的。

争论发生在以玻尔为核心的哥本哈根学派,其中包括海森堡、泡利、玻恩等著名物理学家和以爱因斯坦为核心的包括薛定谔和德布罗意等一些著名学者之间。1921年,玻尔在丹麦哥本哈根大学创建了理论物理研究所,在玻尔卓越的领导下,这个研究所很快成了国际公认的物理研究中心,玻尔领导下的这批物理学家被称为哥本哈根学派。这个学派对量子力学的发展做出了杰出的贡献。

争论源自1927年海森堡提出的"测不准原理"和玻尔对于薛定谔波动方程中的波函数所作的几率解释。测不准原理指出:不可能用实验的方法同时准确地测定一个微观粒子的位置和动量。若以 Δx 表示粒子在 x 方向上位置的不确定量,以 ΔP_x 表示粒子在 x 方向上动量的不确定量,则有:$\Delta x \cdot \Delta P_x \approx h/4\pi$($h$ 是普朗克常数),从这个式子中可以看到,Δx 和 ΔP_x 都不可能为零,Δx 越小则 ΔP_x 越大,反之,ΔP_x 越小则 Δx 越大。对于微观粒子能量和时间的测量也有类似的关系。海森堡认为,在微观领域里,我们要对某粒子某一时刻的位置或速度进行测量,并且希望测量误差比较小,就必须加强测量装置对粒子的作用,这样,测量装置就不可避免地给粒子传递较大的能量,从而改变了它的动量,对它的速度和位置的测量反而更不准确了。总之,仪器对微观粒子的测量必然要干扰粒子的运动状态。海森堡打了一个比喻:失明的人要了解雪花只能用手去触摸,而当他触摸到雪花时,雪花必定会融化。玻尔将薛定谔方程中的波函数解释为一种几率波,粒子出现的几率由振幅的平方所决定,也就是说,在同样的实验条件下,可以发生各种不能预期的个体量子过程,从而观察到的结果会是各种各样的。

爱因斯坦等人不同意把物理学建立在"测不准原理"以及不确定的几率行为基础之上,他们坚信和宏观物体一样,微观粒子也服从因果决定论。1924年4月,在给玻恩夫妇的信中,针对玻尔的几率波的解释,爱因斯坦写道:"玻尔关于辐射的意见是很有趣的,但是,我绝不愿意被迫放弃严格的因果性,我将对它进行更强有力的保卫,我自己完全不能容忍这样的想法,即认为电子受到辐射的照射后,不仅它的跳跃时刻,而且它的方向,都由它自己的自由意志去选择。"在1926年12月给玻恩的信中,爱因斯坦写道:"量子力学固然是堂皇的,可是有一种内在的声音告诉我,它不是真实的东西,这个理论说得很多,但是一点也没有真正使我们更接近这个'恶魔'的秘密。我无论如何深信上帝不是在掷骰子。"

1927年10月,在布鲁塞尔召开的第五次索尔威会议上,在德布罗意、薛定谔发言之后,玻恩和海森堡做了关于矩阵力学的报告,在报告的最后指出:"我们主张量子力学是一种完备的理论,它的基本物理假说是不能进一步被修改的。"这段话无疑是向爱因斯坦等人提出了挑战。爱因斯坦一直没有发言,直到玻恩直接问到他的意见时,他才起来发言。爱因斯坦表示赞同量子力学的系综几率解释,而不赞成把量子力学看成是单个过程的完备理论的观点,爱因斯坦认为,测不准和几率解释不是粒子的实然状态,而是量子力学描述方式的不完备使然。在大多数人赞成量子力学几率解释的情况下,爱因斯坦的发言掀起了波浪,从而引发了他和玻尔之间就量子力学诠释问题的公开争论。爱因斯坦在这次会议上先后提出了电子单缝衍射和电子双缝衍射两个理想实验来反驳玻尔的观点,经过仔细思考,玻尔成功化解了爱因斯坦的发难。但是爱因斯坦并不改变自己的看法,他对玻尔说:"你相信掷骰子的上帝,我却相信客观世界的完备定律和秩序。"

争论的高潮发生在1930年10月的第六届索尔威会议上,本来会议主题是"物质的磁性",由于爱因斯坦提出一个"光子箱"的理想实验,结果,关于量子力学的讨论成了主要内容。据说,当玻尔听完爱因斯坦"光子箱"的发言后,当时是"面色苍白,呆若木鸡。"然而,经过一个不眠之夜后,玻尔找到了爱因斯坦的疏漏之处。于是,这个"光子箱"实验摇身一变,成了测不准原理的一个绝好例证。这次会议后,爱因斯坦承认了海森堡的测不准原理和量子力学理论在逻辑上是自洽的,但是仍然坚持量子力学是不完备的。

这场争论持续了许多年,1962年11月18日玻尔逝世后,在他工作室的黑板上画着两个草图,其中之一就是"光子箱",这是玻尔在17日晚间留下的。这场争论使量子力学的意义得到不断澄清,在深层次上,这场争论是两位物理大师的哲学思想的交锋,即物质世界是因果决定性的还是概率性的。这是一场没有结果的论战,也是一场真正的论战,双方都非常认真地提出自己的论据,非常认真地思考对方的观点,而且争论并没有影响他们之间的相互尊重和友谊——两位伟人之间的争论为后人树立了学术争论的典范。物理学家惠勒曾说:"我确实不知道哪里还会再出现两个更伟大的人物,在更高的水平上,针对一个更深刻的论题,进行一场为时更长的对话。我向往有一天,诗人、剧作家、雕塑家将会表现这一题材。"

思考题

1. 请谈谈你对伦琴发现 X 射线的必然性与偶然性的理解。

2. 狭义相对论和广义相对论的两个公设分别是什么?

3. 请谈谈狭义相对论的时空观。

4. 量子力学建立经历了哪些主要事件?

5. 测不准原理的内涵是什么? 你是如何理解的?

6. 你如何看待关于"量子力学完备性"的争论?

第七章

现代科学与技术

▷▷▷

发生于 19 世纪末 20 世纪初的物理学革命导致了现代物理学的两大基础理论——相对论和量子力学的诞生,为现代科学与技术的产生做了理论准备,而国家之间的战争、军备竞赛和激烈的经济竞争则是现代科学与技术发展的外在动力,加速了其发展进程。

第一节　系统科学

系统科学的勃兴是现代科学发展的一个突出特征。随着自然科学研究领域的拓宽与研究内容的深化,人们对各种自然现象的理解更加深入,这就使科学家有可能在不同自然现象之间发现共同点。20 世纪 40 年代起,诞生了几门新兴的学科——系统论、信息论、控制论,随后,耗散结构、协同论、突变论等学科相继出现,由于这些学科是在多个领域的科学的启发下形成的,而且其适用范围几乎覆盖了一切知识领域,因此又统称为系统科学。系统科学的出现标志着自然科学开始向综合化、整体化的方向发展。

系统科学不是以客观世界某种具体的物质结构及其运动形式为研究对象,而是从许多物质结构及其运动形式中抽出某一特定的共同方面作为研究对象,其研究对象横贯多个领域甚至一切领域。它不仅为现代科学技术的发展提供了新思路、新方法,同时还沟通了自然科学和社会科学之间的联系,使整个科学有了共同的概念、语言和方法,它们不仅在实践上发挥着重要的作用,而且在哲学上提出了需要进一步研究的问题。

系统科学的一个共同的方法是用系统的观点分析问题,它是以系统为研究对象,着重考察系统的结构和属性,揭示其运动规律。系统科学是一类新兴的学科群,其中控制论、信息论、系统论是系统科学的静态模式,耗散结构论、协同学、突变论等自组织理论则是系统科学的动态模式。

一、控制论

控制论的奠基人是美国数学家维纳(Norbert Wiener,1894—1964 年),维纳出生在密苏里州的哥伦比亚。从小就有神童之称,3岁能读写,8岁学完初级教程,11岁读大学,先后学哲学、数学、物理学,18岁就获得哈佛大学博士学位。毕业后,他作为访问学者去剑桥大学,接受了罗素(B. A. W. Russell,1872－1970年)的悉心指导,还师从哈代(Godfrey Harold Hardy,1877－1947年)和李特尔伍德(Littlewood,1885－1977年)。1914年,维纳又转到哥廷根大学,受到了希尔伯特(David Hilbert,1862－1943年)和兰道(E. G. H. Landau,1877－1938年)等数学大师的熏陶。数月后,第一次世界大战爆发,他有志参军,但因深度近视被留在了阿伯丁射击试验场,负责编制高炮射击参数表,这对他日后从事自动控制研究深有帮助。战后他又回到大学,于1919年获得麻省理工学院数学讲师职位,这是他一生的转折点,从此开始了他的数学生涯。在1919年至1934年间,他先后升任为副教授、教授,当选为美国科学院院士和美国数学会会长。1935－1936年应邀来中国清华大学讲学,讲授数学和电气工程。二战期间,他参加了反法西斯工作,用自己的知识为反法西斯战争服务。1963年,荣获美国国家科学奖章,并到世界各地讲学。1964年3月18日,在瑞典首都斯德哥尔摩讲学时,因心脏病突发逝世。

控制论是自动控制、电子技术、无线电通讯、神经生理学、心理学、医学、数理逻辑、计算机技术、统计力学等多种学科相互渗透的产物。早在1943年维纳等人发表了《行为、目的和目的论》一文,第一次把只属于生物的有目的行为赋予机器,阐明了控制论的基本思想。维纳在多年的研究工作中,发现了重要的反馈概念。他认识到,稳定活动的方法之一,是把活动的结果所决定的一个量,作为信息的新调节部分,返回控制器中。这个反馈的任何超越度,都是由一个方向相反的校正活动来补偿。并认为,目的性的行为可以用反馈来代替,从而突破了生命与非生命的界限。维纳的反馈的思想在学术界立刻引起了反响,神经生理学家皮茨和数理逻辑学家麦卡洛克合作,应用反馈机制构造了一种神经网络模型(1943),第一代电子计算机的设计者艾肯与冯·诺伊曼等人认为这个思想与计算机有关,很感兴趣,在他们的建议下,1943年底在普林斯顿召开了讨论会。1946年又在纽约召开了反馈问题讨论班,并变成六个月开一次的经常性的讨论班,与会者有生物学家、数学家、电子工程师、心理学家、人类学家、经济学家等。

1948年维纳出版了《控制论》一书,把控制论定义为"关于机器和生物的通讯和控制的科学",为这门新学科奠定了理论基础,标志着控制论的诞生。维纳的研究表明,无论是自动机器,还是神经系统、生物系统,乃至经济、社会系统,反馈都对系统稳定起着至关重要的作用。反馈机制可以使自动机器表现出和生物相似的目的性行为,甚至表现出学习能力。20世纪40年代末和50年代初,按照控制论的思想,出现了不少用反馈机制研究学习问题的机器。比如,申农设计了一种走迷宫的电老鼠,能够学会走出迷宫的捷径。

20世纪50年代以后,是控制论的发展时期。艾什比的《大脑设计》(1954)可以说是控制论发展的第二阶段的代表作。1959年美国工程师塞缪尔设计的弈棋机战胜了他本人,这方面的工作促进了人工智能的研究。20世纪50年代控制论十分活跃的另一分支是工程控制论。我国科学家钱学森(1911－2009)1954年在美国写的《工程控制论》一书是这个学科的奠基性著作。接着神经控制论、生物控制论问世。到20世纪60－70年代,又相继出现了经济控制论和社会控制论。目前控制论还在向许多领域渗透,并在两个纵深方向上迅速扩展,正在形成大系统理论和智能控制。

二、信息论

物质、能量与信息是组成世界的三大要素。信息通常是指消息、指令、情报、密码、数据、知识等。信息作为一个科学概念,最早出现在通信领域,从通信角度看,信息就是通信的内容。信息论是研究信息的基本性质、度量方法以及信息的获得、传输、储存、处理和交换的一般规律的科学。信息论的创始人是美国数学家申农(C. E. Shannon,1916—2001 年)。

信息论发端于通信工程。1924 年,美国人尼奎斯特和德国人屈普夫米勒几乎同时独立发现:要以一定的速率传递电报信号,就要求有一定的频带宽度,这说明消息的传递速度与设备条件有关。他们还发现,信息的定量化是通信必须解决的问题。1928 年,美国物理学家哈特利(1888—1959)在《信息与传输》一文中,首次提出了信息是代码、符号、序列而不是内容本身。这就排除了主观成分,在信息的概念上取得有意义的突破。文章还第一次提出了信息量的概念,提出了通过数学上的概率来计量信息的观点,哈特利的理论被认为是信息论的发端。1936 年,阿姆斯特朗提出可以用增大传输带宽来抑制噪声和干扰。这些工作已经接触到信息论的中心课题:提高通信的可靠性和效率的问题。

第二次世界大战和战后通信事业迅速发展的需要是推动信息论产生的直接动因。申农从 20 世纪 40 年代开始致力于通信理论研究。1948 年他发表了《通信的数学理论》一文,宣告了信息论的诞生。他对信息论的贡献可归纳为五个方面:一是从理论上阐明了通信的基本问题,提出了通信系统的模型。他指出,通信的基本问题就是精确地或近似地在一点复现另一点新选择的信号,为实现这一过程必须建立一个通信系统模型,这个模型由信源、信道和信宿三部分组成。信源(发信者)通过编码变成信号系列,信号系列通过信道(如无线电波)传到接受端,再进行译码,把信号还原为信息交给信宿(收信者)。二是提出了度量信息量的数学公式。申农认为,信息就是对不确定性的减少或者消除,他摆脱了机械决定论的束缚,采用了统计观点和方法,得出了度量概率信息的数学公式。三是初步解决了在信号接收端将信号还原为信息的技术问题。四是提出了如何充分利用信道的信息容量,在有限的信道中以最大速率传递最多信息量的基本途径。五是初步解决了信息的编译法。

20 世纪 50 年代是信息论迅速发展的时期。人们纷纷把信息概念和方法用来解决本学科的难点问题,信息论被应用于语义学、生理学、心理学、人类学、经济学、哲学、政治、物理学等很多学科和领域。60 年代信息论研究的重点是信息的编码问题,有噪声信道编码问题取得重大进展。70 年代在解决信息传递方面有了新进展,出现了新情况下信源和信道的编码定理。模糊数学产生以后,人们又着手建立模糊信息论,如今,人们日益认识到信息的重要性,认识到信息也是与材料、能源一样重要的资源,现代信息论已远远突破了申农当年的信息论,被广泛应用于自然科学、社会科学的多个领域。

三、系统论

系统论的产生有着悠久的思想渊源,我国古代的阴阳五行说,中医的"辨证施治"就包含着朴素的系统思想。战国时期的都江堰水利工程就是系统思想指导下的杰作。古希腊哲学家德谟克利特(约公元前 460—公元前 370 年)的著作《世界大系统》是关于世界是一个大系统的最早论述。亚里士多德提出的"整体大于部分之和"的思想后来成为系统论的基本原则。19 世纪的科学成就给人们描绘了一副自然界普遍联系的图画,为系统论的创立提供了科学基础。诞生于 20 世纪 30 年代的系统工程学则为一般系统论的产生提供了实践基础。

作为一门学科的一般系统论的创立者是奥地利出生的美籍理论生物学家贝塔朗菲（Ludwig von Bertalanffy，1901－1972 年），他从生物学领域出发，综合生理学、心理学、行为科学、历史学和哲学等众多学科的知识，在批判形而上学机械论的基础上，创立了一般系统论。他的思想对 20 世纪科学发展产生了重大的影响，他本人也成为 20 世纪科学新思维的开路先锋。

贝塔朗菲的系统论思想是与生物学中的机体概念相联系的。在 1928 年的《现代发展理论》和 1932 年的《理论生物学》中，贝塔朗菲提出了机体论思想，他主张把有机体当作一个系统来考察，并指出生物系统具有整体性、动态结构、能动性和组织等级等属性，而且还是一个与周围环境发生联系的开放系统。文中还提出了用数学和模型研究生物系统的方法。1937 年，贝塔朗菲在美国芝加哥大学首次提出了一般系统论原理，此后开始致力于发展和宣传系统论。1945 年他在《德国哲学周刊》上发表了《关于一般系统论》一文，由于战争，文章几乎不为人知。1948 年，贝塔朗菲出版了《生命问题》一书，概括论述了一般系统论，一般系统论开始作为一门学科确立起来。这一时期，控制论、信息论、博弈论等同类学科相继出现，贝塔朗菲很受鼓舞。1954 年，他同经济学家保尔丁、生物数学家拉波包特和生物学家杰拉德一起创办了"一般系统论学会"，致力于宣传和发展一般系统论。

贝塔朗菲总结了机械论的三点错误：一是简单相加的观点，即把有机体分解为各要素，并采用简单的相加来说明有机体的属性；二是机械观点，即把生命现象简单地比作机器；三是被动反映的观点，即把有机体看作只有受到刺激时才能反映，否则就静止不动。他吸取了生物机体论的思想，并加以发展，提出了与机体论相类似的一般系统论思想，其主要观点：一是系统的有机关联性：贝塔朗菲将系统定义为相互作用的诸要素的有机结合。系统的性质不是要素性质的相加，系统的性质为要素所没有。不过，系统与其要素又是统一的，系统的性质以要素的性质为基础，系统的规律也必定要通过要素之间的关系体现出来。反之，要素只有在整体中才能体现其要素的意义，一旦失去构成整体的根据就不成其为系统的要素了。二是系统的动态性：系统不是静态的，而是动态的。动态性包含两层内容，其一是系统内部的结构状态是随时间而变化的；其二是系统必定与外部环境存在着物质、能量、信息的交换。一切生命现象本身都处于积极的活动状态，应该从生物体和环境的相互作用中说明生命的本质，并把生命机体看成是一个能保持动态稳定的系统，他还提出用联立微分方程对系统进行描述；三是系统的有序性。系统的结构、层次及其动态的方向性都表明系统具有有序性的特征。系统越是趋向有序，他的组织程度越高，稳定性也越好；系统从有序走向无序，它的稳定性随之降低。

贝塔朗菲的上述思想，既受到一些科学家的赞赏，又受到一些科学家的责难，几经波折，进入 20 世纪 70 年代，系统论思想才开始受到人们的重视。1968 年，他出版了代表作《一般系统论：基础、发展与应用》一书，全面总结了他 40 年来的工作和系统方法在应用上取得的成果，进一步阐述了一般系统论思想。1972 年，他发表了《一般系统论的历史和现状》，试图突破人们仅从"技术"和"数学"上对一般系统论的理解。他指出一般系统论作为新的科学规范，可运用于广泛的研究领域。它应包括三个方面：一是系统原理，即用精确的数学语言描述一般系统；二是系统技术，着重研究系统思想、系统方法在现代科学技术和社会的各种系统中的实际运用，如系统工程学等；三是系统哲学，即研究系统本体论、认识论、方法论等哲学问题。

整体真理论是一般系统论的核心。贝塔朗菲提出，一般系统论的根本任务是对传统认识方式实行变革，其实质就在于要用整体的、系统的认识方法代替近代以来在科学认识领域中一直占统治地位的机械论、活力论的形而上学认识方法，用综合分析论代替简单的分析论，用动态、等级观点取代机械论模式，从一个全新的角度对人类思维方法本身进行一次根本性的科学革命。

四、耗散结构理论

耗散结构理论和以下要介绍的协同学和突变论属于自组织理论，什么是自组织？通俗地讲，就是系统在没有外部特定的干预下，依靠相互的协调与合作获得一种功能和结构的有序。譬如，一个企业的生产系统，工人们依靠相互的某种默契，协同动作，各尽职能地生产产品，这个过程就可称为自组织过程。自组织现象无论在自然界还是在人类社会中都普遍存在。一个系统自组织功能愈强，其保持和产生新功能的能力也就愈强。例如，人类社会比动物界自组织能力强，人类社会就比动物界的功能高级。

耗散结构理论是对一般系统论的发展，一般系统论强调的是对待系统的整体的观点以及对系统存在的某些最一般的属性的把握，而耗散结构论、协同论等自组织理论主要着眼于揭示系统演变、发展的条件和规律。

耗散结构理论创立者是比利时物理学家、化学家普利高津（Ilya Prigogine，1917—2003年），这一理论是在研究非平衡统计物理学和非平衡热力学的基础上形成的。1969年普利高津发表了《结构、耗散和生命》一文，标志着耗散结构理论的问世。

19世纪50年代，关于自然界的发展方向有两种对立的观点，克劳修斯认为，自然界的发展是从有序到无序，从复杂到简单，最后达到宇宙"热寂"的退化过程。达尔文则认为，生命从单细胞到人类的发展是从无序到有序、从简单到复杂的进化过程。从现象上看，生命世界和物理世界似乎有着完全不同的规律和发展方向，这就产生了热力学和进化论的矛盾。耗散结构理论使这一矛盾得以解决。

宏观系统的结构可分为平衡结构和耗散结构两种类型。所谓平衡结构就是系统处于平衡状态下的稳定结构。所谓耗散结构是指系统处于非平衡状态时，通过与外界交换物质和能量而形成并能维持的一种稳定的高度有序的结构。下面介绍耗散结构的典型例子——贝尔纳对流现象。如图1所示，在两个水平板之间，贮满液体，并使液体的宽度远大于其厚度。当从底部加热使下板的温度为 T_1，上板的温度为 T_2 且 $T_1 > T_2$，开始时，温度梯度较小，热量以传导的方式通过液体，此时并不产生有序结构。继续加热，当温度梯度达到某一特征值时，就会出现有规则的对流原胞，形成一种图案，这种原胞是六角形的小格子，如图2所示，液体从每个原胞的中心流出，再从边缘下沉，有条不紊地运动，热量通过这种对流的方式传递，这种花样对应一种高度有序的结构，类似于

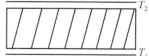

图 7-1

图 7-2

这种有序的非平衡结构称为耗散结构。要维持这种结构，必须不断地给体系供给能量。显然，它不同于平衡结构。形象地讲，耗散结构是"活"的，平衡结构是"死"的。耗散结构可以

比作一个城市,城市正常存在下去,要不断地运进粮食、燃料和其他物品,同时要不断地运出产品和各种废物。

耗散结构理论是一种"结构产生"的理论,即研究宏观体系从无序转变到有序的理论。在什么条件下宏观系统可以由无序状态变为有序状态而形成耗散结构呢?(1)体系开放。系统必须与外界有不断的物质、能量和信息交换。(2)外界输入达到一定阈值。体系出现耗散结构的条件是当这种输入达到一定阈值,体系才可能向耗散结构转化。(3)体系外界输入平权化。即体系外部输入不能针对体系的特定部分。(4)体系应该远离平衡态。判断这个条件是否满足的方法是研究体系的各个组成部分是否均匀一致,体系的各个部分之间的差异越大,体系离开平衡态就越远。

"熵"是物理学中衡量系统有序程度的概念,熵越大表示系统的无序度越大。反之,表示有序度大。一个封闭系统的熵总是趋于增加,最后达到最大值,系统无序程度达到最大。耗散结构理论指出,一个开放系统通过与外界交换物质和能量,可以从外界吸收负熵流抵消自身的熵的增加,使系统的总熵保持不变或逐步减小,实现从无序向有序的转化,从而形成并维持一个低熵的非平衡态的有序结构。这就表明,自然界中两种相反的发展方向可以在不同条件下存在于同一个总过程之中,在这个意义上解决了上面提出的进化与退化的矛盾。

耗散结构理论在哲学上、自然科学、社会科学等不同领域产生了深刻的影响。我们看到,物质不再是机械论世界观中所描述的那种被动的实体,而是与自发的活性相关联的。过去,我们总认为活性、复杂性这些概念只与生物有关,在非生物界,自然过程是简单的。耗散结构论表明,事实远非如此,不仅在生物学中,在物理学和化学中也存在着进化,存在着不断增加复杂性的演化过程。

耗散结构论的创立,促使我们重新考察科学的方法、目标、认识论、世界观等问题。可以说,它是改变科学本身的一个杠杆,也是科学的历史性转折的标志。正如美国著名未来学家托夫勒所言,普利高津和同事们的工作"可能很好地代表下一次的科学革命,因为他们的工作不仅与自然,而且甚至与社会本身开始了新的对话。"

五、协同学

协同学研究一个复杂系统在外参量的驱动下,并在子系统之间的相互作用下,以自组织的方式在宏观尺度上形成空间或时间或功能上的有序结构的条件、特点及其演化规律。协同学的创始人是德国理论物理学家哈肯(Hermann Haken,1927-)。1969年,哈肯首次提出了"协同学"这一名称,并于1971年与格雷厄姆合作撰文介绍了"协同学"。1972年在联邦德国埃尔姆召开第一届国际协同学会议。1973年,第二届国际会议论文集《协同学》出版,从此,"协同学"即成为一门举世瞩目的新学科。

20世纪60年代初,激光刚一问世哈肯就注意到激光的重要性,并立即进行系统的激光理论研究。在深入研究激光理论的过程中,哈肯注意到,激光的产生、热力学中的相变的产生和生物分子的生物进化等现象之间有着某种一致性。"当时我认为:这不可能是出于巧合,在这些问题的背后可能有更基本的原理在起作用。因此我开始考虑更多的其他系统,并阅读一些文献。结果我发现了越来越多的例子,比如来自流体力学的例子,来自生物学的例子(如某种特定式样的蘑菇的生长)等等。"由此,哈肯决心要把躲藏在普遍现象背后的共同原理找出来。

协同学中一个核心观点是"支配原理"。系统状态是由一组状态参量来描述的,一个系统的状态参量是很多的。哈肯发现,不同参量在系统发生变化临界点处的行为是不同的,绝大多数参量在临界点附近阻尼大,衰减快,对转变的进程没有明显的影响;有一个或几个参量则出现临界无阻尼现象,它不仅不衰减而且始终左右着演化的进程。哈肯把前者称为快变量,将后者称为慢变量。慢变量主宰系统演化的进程,决定演化结果出现的结构和功能,哈肯将这种慢变量叫做序参量,序参量由子系统协同作用产生,它决定着系统的有序程度,也即是决定事物状态的主要矛盾或矛盾的主要方面。哈肯继而提出了"支配原理",即快参量服从于慢参量,序参量支配着系统的行为。序参量的合作会形成一种宏观结构,而序参量的竞争将导致只有一个模式的存在。这种序参量间的合作和竞争决定着系统从无序到有序的演化进程,这是协同学的精髓所在,也是协同学中协同的真正含义。有人这样评价协同学:哈肯的数学方案有了一个非常合宜的结果:在复杂系统中,不必(也不可能)计算原子的所有宏观状态。找到几个宏观序参量,你就了解了复杂系统的动力学!

协同学对流体力学中著名的贝尔纳对流现象给出比较完满的解释。所谓的贝尔纳对流现象,是指从底部加热有一定厚度的液体。在加热的不同过程中,液体对流会产生不同的花纹。按哈肯的理论,这正是系统从无序到有序,从一种有序到另一种有序的典型事例。底部受热的有一定厚度的液体,是一个较为特殊的系统,它在临界点附近同时有几个序参量,每个序参量对应一种宏观结构。哈肯指出,对于这样的系统,其演变的进程取决于几个序参量之间协作与竞争的状况。如果它们的衰减常数相近,处于势均力敌的状态,彼此采取妥协的办法,协同一致来共同形成系统的有序结构。然而统一是暂时的,随外界控制参量的继续变化,序参量之间的竞争日趋激烈,当控制参量变化达到某一新的阈值时,必有某一序参量取胜,此时由它单独主宰系统。给一定厚度的液体加热,当自下而上的温度梯度较小时,主要靠热传导传输能量,系统处于混乱无序状态。当温度梯度加到某一阈值时,液体靠对流来传递热量,系统进入有序状态。此时形成 3 个序参量,每一序参量支配一个平面波的幅度,3 个序参量势均力敌,出现暂时协作。系统的结构便由 3 个平面波叠加而成,形成六角形的蜂窝状结构。当温度梯度继续增加达到另一新的阈值时,3 个序参量出现新的竞争,最终形成只有一个阻尼系数小的序参量单独主宰系统的局面,这时六角形花纹就变成了卷筒状的结构。

在政治界,集体意志或大多数意见可被视为序参量,它在或多或少的"加热"状态,经过人们之间的相互讨论和相互合作而产生。它们甚至能够在整个社会的一种临界和不稳定("革命")状况下由少数人创生。在巨大的涨落中,可能存在序参量的竞争,而某一序参量的获胜将支配人们的集体行为。

协同学架设了从无生命体到有生命的自然界之间的桥梁,不仅为人类研究自然现象,而且为人类研究生命起源、生物进化、人体功能,乃至社会经济文化变革这样的复杂性事物的演化发展规律提供了新的原则和方法。如今,从激光束中有序的排列,到化学钟的振荡,乃至动物细胞模式的构造、企业中经济事态的发展、社会公众舆论的形成等等,都可以用协同学加以研究。协同学正广泛应用于各种不同系统的自组织现象的建模、分析乃至预测和决策过程之中。

六、突变论

在自然界和人类社会活动中,除了渐变的和连续光滑的变化现象外,还存在着大量的突然变化和跃迁现象,如水的沸腾、岩石的破裂、桥梁的崩塌、地震、细胞的分裂、生物的变异、人的休克、情绪的波动、战争、市场变化、经济危机等等。对于连续的、渐变的、平滑的运动变化过程,都可以用微积分的方法给予解决。而对于突变现象,微积分是不能描述的。科学家们在研究这类突变现象时遇到了各式各样的困难,其中主要困难就是缺乏恰当的数学工具来提供描述它们的数学模型。1972年,法国数学家雷内·托姆(Rene Thom)在《结构稳定性和形态发生学》一书中,明确地阐明了突变理论,宣告了突变论的诞生。

突变论的研究内容简单地说,是研究系统从一种稳定组态跃迁到另一种稳定组态的现象和规律。突变论方法主要以拓扑学、奇点理论为工具,用数学模型和方程描述这种过程。突变论的出现引起各方面的重视,被称之为"是牛顿和莱布尼茨发明微积分三百年以来数学上最大的革命"。托姆为此成就而荣获国际数学界的最高奖——菲尔兹奖。

突变论认为,系统所处的状态,可用一组参数描述。当系统处于稳定态时,标志该系统状态的某个函数就取唯一的值。当参数在某个范围内变化,该函数值有不止一个极值时,系统必然处于不稳定状态。托姆指出:系统从一种稳定状态进入不稳定状态,随参数的再变化,又使不稳定状态进入另一种稳定状态,那么,系统状态就在这一刹那间发生了突变。突变论给出了系统状态的参数变化区域。托姆系统考察了自然界和社会生活中从一种稳定状态到另一种稳定状态的跃迁,推导出这些突变过程在控制参数不超过4个时,共有7种基本类型:折迭突变、尖顶突变、燕尾突变、蝴蝶突变、双曲脐突变、椭圆脐形突变以及抛物脐形突变。

突变论还对自然界生物形态的形成作出解释,用新颖的方式解释生物的发育问题,为发展生态形成学作出了积极贡献。突变论对哲学上量变和质变规律的深化具有重要意义。很长时间以来,关于质变是通过飞跃还是通过渐变,在哲学上引起重大争论,历史上形成三大派观点:"飞跃论"、"渐进论"和"两种飞跃论"。突变论认为,在严格控制条件的情况下,如果质变中经历的中间过渡态是稳定的,那么它就是一个渐变过程。质态的转化,既可通过飞跃来实现,也可通过渐变来实现,关键在于控制条件。

突变论在数学、物理学、化学、生物学、工程技术、社会科学等方面有着广阔的应用前景。《大英百科年鉴》1977年版中写道:"突变论使人类有了战胜愚昧无知的珍奇武器,获得了一种观察宇宙万物的深奥见解"。当然,突变论的应用在某些方面还有待进一步的验证,在将社会现象全部归结为数学模型来模拟时还有许多技术细节要解决,在变量的选择和设计模型方面还有大量工作要做。此外,突变理论本身也还有待于进一步完善,在突变论的方法上也有许多争议之处。总之,突变论问世以来,引起褒贬不一的评述,正像任何一门新兴学科的发展经历一样。

第二节　20世纪四大基本模型

总结20世纪的科学成就,除了四大基础理论外(量子力学、相对论、基因理论、系统理论），最重要的科学发现可以归纳为四大基本模型，那就是宇观世界的宇宙大爆炸模型，微观世界的物质结构夸克模型，宏观世界的大地构造板块模型，生物遗传物质 DNA 的双螺旋结构模型。今天我们关于宇宙、物质、地球、生命的观念基本上是由这四大模型来提供的。

一、宇宙大爆炸模型

自古以来人类就对神秘的星空充满好奇，从最初的观察星星的位置，到研究星辰的运动，再到探索恒星形成的原因，到 20 世纪，诞生了将整个宇宙作为自己的研究对象的现代宇宙学。现代宇宙学的主要研究目标是时空的大尺度结构和宇宙的形成和演化。

现代宇宙学的研究发端于爱因斯坦。1917 年，也就是广义相对论提出的次年，爱因斯坦发表了《根据广义相对论对宇宙学所作的考查》一文，将广义相对论用于宇宙问题的研究，并建立了一个有限无边的静态宇宙模型。这个模型有两大特征：第一，它是有限无边的；第二，它是静态的。前一特征来源于广义相对论，在相对论看来，有物质存在就会出现时空弯曲，整个宇宙的平均物质密度不为零，那么，它整体上必然是一个封闭的体系，它是有限的，但没有边界、没有尽头，就像我们以二维观点来看一个球面，是一个有限但无边的二维空间一样。后一特征来自爱因斯坦的一时猜想，他当时相信，宇宙整体上应该是静态的，但他的引力场方程只能得出一个动态解，所以他人为地加了一个宇宙常数，以维持宇宙的静态。

爱因斯坦的广义相对论出来之后，马上就有许多人据此构造宇宙模型。几乎与爱因斯坦同时，荷兰天文学家德西特（W. de Sitter，1872－1934 年）得出了一个膨胀的宇宙模型。1922 年，苏联物理学家弗里德曼得出了均匀各向同性的膨胀或收缩模型，1927 年比利时天文学家勒梅特（1894－1966 年）也独立地得到这一模型。后来人们发现，基于爱因斯坦的引力场方程所得到的宇宙模型必定是动态的，或者膨胀，或者收缩，而且膨胀和收缩的速度与距离成正比。弗里德曼和勒梅特都倾向于膨胀的宇宙，而膨胀总是从物质密度极大、体积很小、温度极高时开始的，这就自然地得出宇宙起源于"大爆炸"的推测。

1929 年，美国天文学家哈勃（Edwin P. Hubble，1889－1953 年）提出了著名的哈勃定律：星系的红移量与它们离地球的距离成正比。这一定律被随后的进一步观测所证实。哈勃定律指出了河外星系光谱的系统性红移，反映了整个宇宙的整体特征，特别是当红移作多普勒效应解释时，哈勃定律就展示了一幅宇宙整体退移也就是整体膨胀的图景：从宇宙中任何一点看，观察者四周的天体均在四处逃散，这就像是一个正在胀大的气球，气球上的每两点之间的距离均在变大。哈勃定律公布后，人们惊喜地发现，宇宙膨胀现象正是弗里德曼模型所预言了的。科学界一下子被震动了，原来研究整个宇宙的宇宙学确实是可能的。作为相对论宇宙学之鼻祖的爱因斯坦也为这一发现欢呼，认为自己在宇宙模型中人为地引进宇宙常数是犯下了一个大错误。

1948 年，俄裔美籍物理学家伽莫夫（George Gamow，1904－1968 年）等人把核物理知识和宇宙膨胀假说结合起来，提出了"大爆炸宇宙模型"。他认为，宇宙起源于 200 亿年前的一次高温、高密度的"原始火球"的巨大爆炸，之后不仅连续膨胀，而且温度也在逐步降低。在宇宙早期，不仅密度很高，而且温度也很高，所有的天体以及化学元素都是在膨胀过程中逐步生成的。他还预言，大爆炸应该有残余的辐射遗留下来，大约只有绝对温度的几度。

1964 年，贝尔电话实验室在新泽西州的克劳福德山上建立了一架供人造卫星用的天线，射电天文学家彭齐亚斯（Arno Allan Penzias，1933－）和威尔逊（R. W. Wilson，1936－）

正在调试这架天线,以测定银河系平面以外区域的射电波强度。当他们想出办法避免地面噪声,而且提高了灵敏度后,发现总有一个原因不明的噪声消除不掉。该噪声十分稳定,相当于 3.5K 的射电辐射温度。他们开始很不理解,因而也没有立即公布自己的发现。消息传到了普林斯顿大学,那里的天体物理学家迪克(Robert Henry Dicke,1916—)等人正在准备做实验验证大爆炸模型所预言的背景辐射,听到这个消息之后,立即断定这个无法理解的噪声就是宇宙背景辐射。他们通力协作,继续观测,终于证实了彭齐亚斯和威尔逊的观测结果。观测到的背景辐射是黑体谱且各向同性,与大爆炸宇宙说的预言完全符合,为大爆炸宇宙理论提供了有力的证据。

20 世纪 70 年代,被誉为当今世界继爱因斯坦之后最杰出的理论物理学家,英国剑桥大学应用数学及理论物理学教授史蒂芬·霍金(Stephen William Hawking,1942—)将量子力学引入宇宙学,进一步发展了大爆炸理论,他指出宇宙大爆炸发生在 150 亿—200 亿年前,宇宙最初是比原子还要小的奇点,体积无限小,密度无限大,然后是大爆炸,通过大爆炸的能量形成了一些基本粒子,这些粒子在能量的作用下,逐渐形成了宇宙中的各种物质。他还预测了宇宙未来的两种命运:如果宇宙的密度大于某个临界值,引力吸引将最终使膨胀停止并使宇宙开始重新收缩(即便宇宙将要坍缩,可以预言,它至少在一百亿年内不会停止膨胀),宇宙就会坍缩到一个大挤压,和起始时的宇宙相当相似。如果宇宙的密度小于该临界值,它将不会坍缩,而会继续永远膨胀下去,最后星系或星系团中的大部分物体在黑洞里终结。

需要指出的是,宇宙大爆炸理论是现代宇宙学的一个主要流派,它能较满意地解释宇宙中的一些问题,但是还很不完善,且受到不少科学家的质疑,和它并列的还有其他的宇宙模型理论。目前,宇宙的起源仍然是个谜。

二、夸克模型

自 1897 年发现第一个基本粒子——电子起,到 20 世纪 30 年代发现了质子、中子等以后,人们曾认为,已经找到物质的不可能再分割的基元了。可是进入 20 世纪 60 年代,随着现代大型粒子加速器的建成,各种探测和分析仪器的出现,自动处理数据的大型电子计算机的使用,人们发现了大量的新粒子。尤其是发现了一系列寿命极短的共振态粒子。到 1964 年,人们发现的基本粒子数已达 100 余种。

随着粒子数目的增加,人们不禁提出这个问题:基本粒子世界究竟有多少成员,科学家们对此做了深入研究,按照每个基本粒子的质量差异,把它们分为三大类:光子类、轻子类和强子类。在对众多基本粒子的分类研究中,由于强子类基本数目最多,质量最大,因而取材料较为容易,观测较为方便,所以人们对强子类基本粒子研究最多,认识最深。

美国物理学家莫瑞·盖尔曼(Murry Gellmann,1929—)从 50 年代开始研究粒子分类问题,1961 年,他利用数学中的群论方法建立起已知强子的八重态和十重态,并利用它们预言了一个新粒子 Ω^- 的存在,该粒子于 1964 年 2 月为美国布鲁海文实验室所证实。八重态方法类似于元素周期表的方法,这表明强子是有内部结构的。

1964 年,盖尔曼提出了夸克模型。盖尔曼认为强子是由更基本的单元——夸克(quark)组成的,它们具有分数电荷,是电子电量的 2/3 或 $-1/3$ 倍,自旋为 1/2。最初解释强相互作用粒子的理论需要三种夸克,叫做夸克的三种味。它们分别是上夸克(u)、下夸克(d)和奇异夸克(s)。盖尔曼在一封信中说:"现在的所有强子,都可以用这三种夸克像搭积木一样拼凑起来。"夸克理论认为,所有的强子都是由三个夸克组成的,比如质子(uud),中子(udd)。反强子则是由三个相应的反夸克组成的。

1969年,在美国斯坦福实验室的一台直线加速器上,物理学家们用一群电子轰击质子、中子一类的强子,希望看到这个微小世界中的名堂,结果证实了盖尔曼预言的夸克模型。由于"夸克模型"的成功,盖尔曼获得了1969年诺贝尔物理学奖。

今天,人们发现的基本粒子已达300余种,"夸克模型"中的夸克也由3种发展到了6种,1974年发现了J/ψ粒子,要求引入第四种夸克:粲夸克(魅夸克)(c)。1977年发现了Υ粒子,要求引入第五种夸克:底夸克(b)。1994年发现第六种夸克顶夸克(t),人们相信这是最后一种夸克。

在量子色动力学中,夸克除了具有"味"的特性外,还具有三种"色"的特性,分别是红、绿和蓝。这里"色"并非指夸克真的具有颜色,而是借"色"这一词形象地比喻夸克本身的一种物理属性。因此计入6种味和3种色的属性,共有18种夸克,另有它们对应的18种反夸克,那么自然界一共有36种夸克。

1997年,俄国物理学家戴阿科诺夫等人预测,存在一种由五个夸克组成的粒子,质量比氢原子大50%。2001年,日本物理学家在SP环-8加速器上用伽马射线轰击一片塑料时,发现了五夸克粒子存在的证据。随后得到了美国托马斯·杰斐逊国家加速器实验室和莫斯科理论和实验物理研究所的物理学家们的证实。这种五夸克粒子是由2个上夸克、2个下夸克和一个反奇异夸克组成的,它并不违背粒子物理的标准模型。这是第一次发现多于3个夸克组成的粒子。研究人员认为,这种粒子可能仅是"五夸克"粒子家族中第一个被发现的成员,还有可能存在由4个或6个夸克组成的粒子。

令人遗憾的是自从"夸克模型"问世后,捕捉夸克的兴趣虽然使不少人为之日夜操劳,奋斗不息,但迄今为止还没有一个夸克被直接从强子内部捕获到。面对这一事实,支持者的解释是夸克之间靠一种"粘胶"物质使其强烈地相互束缚在一起,当它们越是"想"跑出质子时,受到的牵制力就越大;越是不"想"跑时,受到的牵制力就越小;一点也不"想"跑出时,则"享"有更多的自由,夸克似乎终身被"幽禁"在质子内部。由于当前人们还不能有足够高的能量把重子打碎,所以无法把"幽禁"中的夸克"解放"出来。即使是"解放"出来了,也会由于它在极短的瞬间又会与别的夸克结合在一起,而难以探测出来。反对者则认为,根本不存在夸克,要是有,早该被发现了。因此,夸克存在与否至今还是个谜。

三、DNA 双螺旋结构模型

1953年,两位年轻的科学家美国的沃森(James Dewey Watson,1928—)和英国的克里克(F. H. C. Crick,1916—2004年)发现了DNA的双螺旋结构,这一发现是20世纪生物学领域最伟大的发现,宣告了分子生物学的诞生。

美国生物学家、遗传学家和胚胎学家摩尔根(Thomas Hunt Morgan,1866—1945年)在20世纪20年代之前已经证实遗传的物质基础是细胞核中的染色体。对染色体的化学分析表明,它主要由蛋白质和核酸构成。1929年确定染色体中有两种核酸,分别为核糖核酸(RNA)和脱氧核糖核酸(DNA)。三种物质中,真正的遗传物质是谁呢?40年代之前,生物学家们普遍认为是蛋白质。1944年,美国细菌学家艾弗里(Oswald Theodore Avery,1877—1955年)等人通过实验证实了DNA才是遗传物质。遗憾的是,艾弗里的工作当时没有得到公认。1952年,美国噬菌体小组中两位成员赫尔希(Alfred Day Hershey,1908—1997年)和蔡斯(1921—)采用了先进的同位素示踪技术做了噬菌体浸染大肠杆菌的实验,这一实验判决性地证明了遗传信息的真正载体是DNA而不是蛋白质,而蛋白质是按照DNA指令合成的。

40年代末,一些生物学家已经意识到脱氧核糖核酸(DNA)对于生物遗传的重要性,开始研究DNA的结构组成了。1951年春天,沃森在那不勒斯参加的生物大分子会上看到英国生物学家威尔金斯(Maurice Hugh Frederick Wilkins,1916—2004年)的DNA结晶体X衍射图像,给他以极深刻的印象,他认定了这张照片将能成为解决生命奥秘的钥匙。照片表明DNA是一种可用简单方法来测定的有规则的结构,因为它能结晶,这就解除了沃森原先认为基因有异常不规则结构的思想顾虑。同年,沃森来到英国剑桥大学卡文迪许实验室学习,在此期间认识了克里克。

克里克1938年在伦敦大学获得物理学硕士学位,后来受到薛定谔《生命是什么》一书的影响,决定转向生物学研究。1947年克里克进入剑桥大学,两年后加入佩鲁兹小组,用X射线研究蛋白质结构,在这里遇到了沃森,两人在同一办公室工作,经常讨论学术问题,他们都认为解决DNA分子结构问题是揭示遗传之谜的关键。于是,从1951年11月起,他们决定合作研究DNA分子结构。此时,还有两个知名的研究小组已经在从事DNA分子结构的研究工作,一个在美国加州理工大学,由当时知名的量子化学家鲍林(Linus Pauling,1901—1994年)领导,还有一个小组是伦敦皇家学院的威尔金斯和富兰克林(Rosalind Elsie Franklin,1920—1958年)小组。

从鲍林成功地建立了蛋白质X螺旋结构模型的工作中,沃森和克里得到了启发,沃森说:"我们看不出为什么我们不能用同样的方法解决DNA问题! 我们只要制作一组分子模型,开始摆弄起来就行了"。他们对DNA提出的第一个设想是一个三螺旋模型,即由三条多核苷酸链纠缠在一起的螺旋模型,并沿螺旋轴每隔28°绕一周。他们请威尔金斯和富兰克林到实验室来讨论,这一模型立刻被富兰克林所否定(富兰克林是一位杰出的女科学家,好几次沃森和克里克想和她合作,都被她拒绝了。以致在1962年他们在有关诺贝尔奖的报告中,一共引用了98篇文章,却一次也没有提及富兰克林的工作,这是非常不公正的)。不久以后,他们偶然遇到了剑桥年轻的数学家约翰·格里菲斯,格里菲斯也对他们的问题感兴趣,便答应帮忙计算DNA分子之间同类碱基之间的引力,从格里菲斯计算的结果中克里克受到启发,立刻想到了碱基互补配对,这样就可以很好地解释复制了。但是仍不能确定DNA是由几条链组成的,链与链之间的空间关系如何。

1952年冬,沃森和克里克得知鲍林可能抢在他们前面建立DNA模型,便加紧工作。1953年2月,沃森到伦敦大学的威尔金斯小组访问,通过威尔金斯在富兰克林不知情的情况下得到了富兰克林关于DNA结构的新照片和新数据。克里克看到这张照片后敏锐地发现,X射线的数据与密度测量的结果表明DNA为双链的可能性最大,核糖、磷酸骨架一定位于DNA链的外侧,于是他们决定建立一个双链的DNA螺旋结构模型。方案确定以后,接下来的问题是碱基的分布,他们设想了碱基排列几种可能的方式,都没有成功。他们向化学家多诺休请教,更正了一直在使用的错误的分子式。一周后,他们拿出了一个完整的DNA结构模型。

1953年4月25日,沃森和克里克在《自然》杂志上用900多个单词和一个图形公布了他们的 DNA 双螺旋结构模型。为此,沃森、克里克和威尔金斯获得了 1962 年的诺贝尔医学与生理学奖。遗憾的是,同样做出重要贡献的富兰克林已于 1958 年病逝了。

从 DNA 双螺旋结构的发现过程,我们可以得到一些有益的启示:(1)将一个学科发展成熟的知识、技术和方法应用到另一学科的前沿,能够产生重大的创新成果。(2)重大的科学发现不会孤立出现,在它之前必然已经有前人大量的探索。(3)高明的学术领导人,善于及时开辟新的发展方向,又善于创造宽松的学术环境。(4)取得重大发现的路程不会一帆风顺,青年科学家必须像沃森和克里克那样,充满自信,不畏艰险,不怕失败,不怕嘲笑,以坚定不移的努力去实现认定的目标。(5)要敢于竞争,更要善于合作。沃森和克里克之最后成功,在于他们之间有良好合作。(6)保持理论和实验的密切合作是取得重大发现的重要环节。

四、地壳结构的板块模型

地壳结构的板块构造学说是 20 世纪 60 年代末提出的。此前,同类的学说还有海底扩张说和大陆漂移说。板块构造说是海底扩张说的发展和延伸,而从海底扩张到板块构造,又促进了大陆漂移说的复活。因此,大陆漂移说、海底扩张说和板块构造说为不可分割的"三部曲"。

1. 大陆漂移说

自 16 世纪末荷兰的麦卡托(Gerhardus Mercator,1512—1594 年)在当时地理大发现的基础上,绘制了第一张世界地图,大西洋两岸海岸线形状相互吻合的现象就启发了大陆漂移思想的产生。18 世纪法国博物学家布丰(Georges Louis Leclerc de Buffon,1707—1788 年),19 世纪法国的斯尼德、佩利格里尼分别发现大西洋两边大陆的生物和古生物具有亲缘关系,也曾推测过大西洋是因陆地分开而形成的。1830—1833 年英国地质学家赖尔(Sir Martin Lyell,1797—1875 年)写出《地质学原理》一书,论证了地球有着数亿年的演化史,提出地球缓慢进化的"渐变论"。但是,由于形而上学自然观根深蒂固,赖尔之后,大陆固定,海洋永存,地球基本面貌从来如此的观念依然深入人心。19 世纪后半叶,大批探险队和科学考察队深入世界各地,收集了大批地质地理资料,这些资料动摇了大陆固定论的基础。

1912 年 1 月 6 日,德国地质学家、气象学家魏格纳(1880—1930 年)在法兰克福的地质会上作了题为《从地球物理学的基础上论地壳的轮廓》的演讲,1 月 10 日他又以《大陆的水平位移》为题在马尔堡科学协会作了演讲,公布了他的大陆漂移学说。1915 年,他又出版了《海陆的起源》一书,这是地质学史上划时代的著作,魏格纳被公认为大陆漂移学说的创始人。魏格纳认为:在 3 亿年前的古生代后期,地球上所有的大陆和岛屿是连在一起的,构成一个庞大的联合古陆,称为泛大陆,周围的海洋称为泛大洋。从中生代开始,这个泛大陆逐渐分裂、漂移,一直漂移到现在的位置。大西洋、印度洋、北冰洋是在大陆漂移过程中出现的,太平洋是泛大洋的残余。魏格纳列举了许多事实来证明这种漂移。如大洋两岸特别是大西洋两岸的轮廓,凹凸相合;只要把南北美洲大陆向东移动,就可以和欧非大陆拼在一起,几乎严丝合缝。又如在为大洋所分割的大陆上,地层、构造、岩相、古生物群、古气候等也都具有相似性和连续性。以古构造而论,如非洲的开普山和南美的布宜诺斯艾利斯山可以连接起来,被看作是同一地质构造的延续。以古气候而论,如在南美洲、非洲、印度、澳大利亚洲都发现有石炭二叠纪的冰川堆积物,说明它们当初是连在一起的,并正好处于极地位置,是以后经过分裂、漂移才形成目前这种分布的形态。诸如此类,例证很多。

大陆漂移说提出后震动了世界地球科学界,在 20 年代引起了学术界广泛的研究和争论。1919－1928 年,大陆漂移说和大陆固定说展开了激烈争论。魏格纳对自己的学说充满信心,为了寻找更多证据,他数次率领探险队去格陵兰考察。1930 年 11 月 1 日,在他 50 岁生日那天,他被冻死在零下 54 摄氏度的格陵兰冰原,为科学献出了生命。

魏格纳牺牲后,大陆固定说在争论中占了上风,大陆漂移说一度沉寂下来。究其原因,一是支持漂移说的资料不多,不全面,现有资料不能说明大西洋两岸的吻合性和陆地运动现象;二是还有很多现象是漂移说所不能解释的,比如大陆漂移的动力问题等等。

2. 海底扩张说

若干世纪以来,地质工作都是局限于大陆上。第二次世界大战后,由于科学技术的发展,先进的科学技术被应用于海底探测研究,获得了大量海底的科学资料。在这些新资料的基础上,产生了一个崭新的学说——海底扩张说。

海底扩张说是美国普林斯顿大学赫斯(1906－)教授和美国地质学家迪茨(1914－1995年)在 20 世纪 60 年代初提出的。该理论认为,密度较小的大洋地壳浮在密度较大的地幔软流圈之上,熔融的地幔物质从地壳裂缝处上升,形成中洋脊(又称洋脊或中央海岭,隆起于洋底中部,并贯穿整个世界大洋,为地球上最长、最宽的环球性洋中山系,其脊部通常高出两侧洋盆底部 1～3 公里,脊顶水深多为 2～3 公里,少数山峰出露于海面形成岛屿,如冰岛、亚速尔群岛等),来自地幔的岩浆不断从洋脊涌出向洋脊两侧流去,冷凝后形成新的洋壳,所以大洋中脊又叫生长脊,温度和热流值都较高;岩浆不断涌出,新洋壳不断生长,随着地幔环流不断将老洋壳向两侧推开,这就是海底扩张。在洋底扩张过程中,其边缘遇到大陆地壳时,扩张受阻碍,于是,洋壳向大陆地壳下面俯冲,重新钻入地幔之中,最终被地幔吸收。同时,大洋洋壳边缘出现很深的海沟,在强大的挤压力作用下,海沟向大陆一侧发生顶翘,形成岛弧,使岛弧和海沟形影相随。

海底扩张说对于许多海底地形、地质和地球物理的特征,都能作出很好的解释。比如海底沉积物年龄从洋脊到两侧由新到老对称分布;再比如,海底岩石磁条带沿洋脊两侧的对称排列——从 60 年代起,就陆续有人发现,在横穿洋脊方向所测得的岩石的磁力异常曲线相似,每一侧的正负异常都在另一侧同样的位置出现;同时发现在过去亿万年地球发展过程中,地球磁场南北极曾多次反向,现在的磁场叫正向,与现在磁场方向相反的叫逆向。把所有横剖面上所测得的正负异常连接起来,即可看出在洋脊两侧具有一系列与之平行的磁异常条带,正向和逆向交替出现,以洋脊为中心对称排列,每一条磁条带宽度不超过数十千米,而长度却可达几千千米以上。

特别地,海底扩张说提出一种崭新的思想,即大洋壳不是固定的和永恒不变的,而是经历着"新陈代谢"的过程。地表总面积基本上是一个常数,既然有一部分洋壳不断新生和扩张,那就必然有一部分洋壳逐渐消亡。这一过程大约需 2 亿年。这就很好地解释了最老的沉积物年龄不早于侏罗纪,即不早于 2 亿年,而大陆上最古老的岩石为 38 亿年这一事实。

海底扩张说的诞生,可以解释一些大陆漂移说无法解释的问题。60 年代后,被人们一度冷落的"大陆漂移"学说又重新受到人们的重视。由于海洋科学和地球物理学等迅速发展,获得大量的有利于大陆漂移的论据,使大陆漂移的学说得到复活。例如,当初魏格纳从地图上论证了大陆边界的拼合现象,1965 年 E.C. 布拉德重新研究了这一问题,他认为大陆的边界不应当以海岸线为准,而应当以大陆壳的边界即大陆坡的坡脚为准,并应考虑消除在大陆分裂后陆壳的增建(例如非洲尼日尔三角洲沉积增至数百千米,第三纪和近代火山喷发熔岩形成冰岛及其他火山岛等)和改造(如外力侵蚀海岸后退等)部分,然后利用电子计算机以数学方法进行拼接,终于取得令人满意的结果。同时,大陆拼接以后,在岩石、构造、地层、古生物等方面也应该对应连接在一起,这如同把一张报纸撕成碎片,不仅可以按碎片形状拼合复原,而且复原后其上面的文字也应该是连贯的,在这方面也取得令人信服的结果。

3. 板块构造学说

1969 年,美国普林斯顿大学的摩根(1935—)、英国剑桥大学的麦肯齐(D. P. Mckenzin,1942—)、法国的勒比雄(Xavier le Pichon,1937—)等人,把海底扩张说的基本原理扩大到整个岩石圈,并总结提高为对岩石圈的运动和演化的总体规律的认识,这种学说被命名为板块构造学说,或新的全球构造理论。到 1973 年,这个学说基本成型,直到现在仍在继续发展。板块构造理论认为,地球表层的硬壳——岩石圈(或称构造圈),相对于软流圈来说是刚性的,其下面是粘滞性很低的软流圈。岩石圈并非是整体一块,是由若干个板块组成的,板块的边界是洋脊、俯冲带、转换断层、地缝合线、大陆裂谷等。换言之,整个岩石圈可以理解为由若干刚性板块拼合起来的圈层,板块内部是稳定的,而板块的边缘和接缝地带则是地球表面的活动带,有强烈的构造运动、沉积作用、生成作用、岩浆活动、火山活动、地震活动,又是极有利的成矿地带。勒比雄将全球岩石圈划分成六大板块,即太平洋板块、欧亚板块、印度洋板块、非洲板块、美洲板块和南极洲板块。除太平洋板块几乎完全是海洋外,其余五大板块既包括大块陆地,又包括大片海洋。随着研究工作的进展,又有人进一步在大板块中划分出许多小板块。如美洲板块分为北美和南美板块,印度洋板块分为印度和澳大利亚板块,东太平洋单独划分为一个板块,欧亚板块中分出东南亚板块以及菲律宾、阿拉伯、土耳其、爱琴海等小板块。板块是活动的,是围绕着一个旋转扩张轴在活动的,并且以水平运动占主导地位,可以发生几千千米的大规模的水平位移;在漂移过程中,板块或拉张裂开,或碰撞压缩焊结,或平移相错。这些不同的相互运动方式和相应产生的各种活动带,控制着全球岩石圈运动和演化的基本格局。

板块构造学说阐明的地球基本面貌的形成和发展非常引人入胜。如理论断定:大西洋正在不断扩大;太平洋正在缩小;红海、东非裂谷和美洲的加利福尼亚海湾在不断开裂孕育着新的大洋;亚洲东面的一系列岛屿、美洲西部大科迪勒拉山系是大陆板块被海洋板块挤压而生成的;青藏高原是两个大陆板块相碰,印度板块跑到欧亚板块下面,彼此重叠而生成的;巍峨的喜马拉雅山脉是两者挤压而迅速隆起形成的。

板块构造学说是综合许多学科的最新成果而建立起来的大地构造的学说,是当代地学的最重要的理论成就,并被认为是地球科学的一次革命。该理论已在地震活动、矿带分布、古气候状况、生物演化等多个领域的研究中发挥着指导作用。但是板块构造学说对一些问题的解释毕竟还是处于猜测阶段,目前尚无法确证,而且还有很多现象是板块学说无法做出合理解释的,因此这一学说还有很大的发展空间。

第三节 第三次技术革命

技术的任务是不断创造出改造客观世界的手段和方法。在人类改造世界的进程中技术不断变化,时有突破和创新,技术变化有两种情况,一般小的技术改进,叫做技术革新;而在技术上带有根本性的、广泛影响的大的变化,叫做技术革命。任何一个时代的技术,总是由该时代为数众多的不同门类的技术以一定的方式构成的一个体系。技术体系中,每一门技术的地位和作用是各不相同的,其中有些技术占据着主导的地位,并以此类技术为核心而形成主导技术群,它的存在和发展决定着这个时代技术发展的方向和趋势。当某一项新兴技术崛起,以致在整个技术体系中逐渐取代了原有主导技术并形成新的主导技术群时,就产生了这一时代的技术革命。

近代以来发生了三次技术革命。第一次是开始于 18 世纪中叶,以蒸汽机的发明和广泛使用为标志。第二次技术革命始于 19 世纪中叶以后,这次技术革命以电力的使用为标志。同时,电力的应用极大地推动了化工技术、钢铁技术、内燃机技术等其他技术的全面发展,创造了巨大的生产力。第三次技术革命始于 20 世纪 40 年代,这次技术革命的主要标志是原子能,空间技术和电子计算机的应用。

第三次技术革命是以第二次技术革命所发展的技术为推动,以相对论和量子力学为理论基础,在国家之间军备竞赛和经济竞争为动力等条件下产生的。如果说前两次技术革命的实质是人的体力的解放,那么这次技术革命的实质则是人类智力的解放,是一场智力革命。这次科技革命不仅极大地推动了人类社会经济、政治、文化领域的变革,而且也影响了人类生活方式和思维方式,使人类社会生活和人本身向更高境界发展。正是从这个意义上讲,第三次科技革命是迄今为止人类历史上规模最大、影响最为深远的一次科技革命,是人类文明史上不容忽视的重大事件。

第三次技术革命主要包括信息技术、新材料技术、生物技术、新能源技术、空间技术和海洋技术领域里的革命。

一、信息技术

信息技术是现代技术革命中的关键技术,居于主导地位。信息技术的发展,开创了人类智力解放的新纪元。信息技术是人们用来获取信息,传输信息,保存信息和分析、处理信息的技术,包括有关信息的产生、收集、交换、存储、传输、显示、识别、提取、控制、加工和利用等技术。其中,最主要的是传感技术、通信技术、计算机技术和控制技术。

传感技术即信息的感测与识别技术,包括信息识别、信息提取、信息检测等技术。如地球资源卫星遥感技术,红外遥感技术,次声和超声检测技术,热敏、光敏、声敏、味敏、嗅敏传感器以及各种智能传感技术等;通信技术即信息传递技术,它的主要功能是实现信息快速、可靠、安全的转移,如光纤通信、卫星通信、程控交换、智能终端、自动寻址电话、智能应答电话、智能翻译电话、电子信函、会议电视等等;计算机技术的任务是高速度、高智能、多功能、多品种地处理和加工各种形式的信息,它包括正在研究、发展的光计算机、智能计算机、软件系统、网络等。控制技术,即信息的使用技术,对应于人的执行器官。信息技术最重要的特征就是将传感技术、通信技术、计算机技术结合成具有信息化、智能化和综合化的信息网和各种智能信息系统,有效地扩展人类的信息功能,特别是智力功能。电子计算机技术在信息技术中占有核心地位,下面仅就电子计算机技术的发展史作一介绍。

1. 电子计算机的史前时代

我国宋朝发明的算盘可以称得上是计算机的鼻祖。1623 年,德国科学家契克卡德(W. Schickard)制造了人类有史以来第一台机械计算机,这台机器能够进行六位数的加减乘除运算。1642 年,法国科学家帕斯卡(B. Pascal)发明了著名的帕斯卡机械计算机,首次确立了计算机器的概念。1674 年,莱布尼茨改进了帕斯卡的计算机,使之成为一种能够进行连续运算的机器,并且提出了"二进制"数的概念(据说这个概念来源于中国的八卦)。1725 年,法国纺织机械师布乔(B. Bouchon)发明了"穿孔纸带"的构想。1822 年,英国科学家巴贝奇(C. Babbage)制造出了第一台差分机,它可以处理 3 个不同的 5 位数,计算精度达到 6 位小数。1834 年,巴贝奇又提出了分析机的概念,他的助手,英国著名诗人拜伦的独生女阿达·奥古斯塔(Ada Augusta)为分析机编制了人类历史上第一批计算机程序。阿达和巴贝奇为计算机的发展创造了不朽的功勋,他们对计算机的预见起码超前了一个世纪以上,正是他们的辛勤努力,为后来计算机的出现奠定了坚实的基础。1854 年,布尔发表《思维规律的研究——逻辑与概率的数学理论基础》,并综合自己的另一篇文章《逻辑的数学分析》,从而创立了一门全新的学科——布尔代数,为百年后出现的数字计算机的开关电路设计提供了重要的数学方法和理论基础。1873 年,美国人鲍德温(F. Baldwin)利用自己过去发明的齿数可变齿轮制造了第一台手摇式计算机。1890 年,美国在第 12 次人口普查中使用了由统计学家霍列瑞斯(H. Hollerith)博士发明的制表机,从而完成了人类历史上第一次大规模数据处理。此后霍列瑞斯根据自己的发明成立了自己的制表机公司,并最终演变成为IBM 公司。1893 年,德国人施泰格尔研制出一种名为"大富豪"的计算机,该计算机是在手摇式计算机的基础上改进而来,并依靠良好的运算速度和可靠性而占领了当时的市场,直到1914 年第一次世界大战爆发之前,这种"大富豪"计算机一直畅销不衰。

1895 年,英国青年工程师弗莱明(J. Fleming)发明了人类第一支电子管。1912 年,美国青年发明家德·福雷斯特(L. De Forest)在帕洛阿托小镇首次发现了电子管的放大作用,为电子工业奠定了基础。而今日的帕洛阿托小镇也已成为硅谷的中心地带。1935 年,IBM 制造了 IBM601 穿孔卡片式计算机,该计算机能够在一秒钟内计算出乘法运算。1936 年,阿兰·图灵发表论文《论可计算数及其在判定问题中的应用》,首次阐明了现代电脑原理,从理论上证明了现代通用计算机存在的可能性。1937 年 11 月,美国贝尔实验室研究人员斯蒂比兹(G. Stibitz)制造了电磁式数字计算机"Model-K"。1940 年 9 月,贝尔实验室在美国达特默思大学演示 M-1 型机。他们用电报线把安置在校园内的 M-1 型机和纽约的一台计算机相连,当场把一个数学问题打印出来并传输到纽约,首次实现了人类对计算机进行远距离控制的梦想。1941 年,楚泽完成了 Z3 计算机的研制工作,这是第一台可编程的电子计算机。1942 年,时任美国依阿华州立大学数学物理教授的阿塔纳索夫(John V. Atanasoff)与研究生贝瑞(Clifford Berry)组装了著名的 ABC 计算机,共使用了 300 多个电子管,这也是世界上第一台具有现代计算机雏形的计算机。1943 年,贝尔实验室把 U 型继电器装入计算机设备中,制成了 M-2 型机,这是最早的编程计算机之一。此后的两年中,贝尔实验室相继研制成功了 M-3 和 M-4 型计算机,但都与 M-2 型类似,只是存储器容量更大了一些。10

月,绰号为"巨人"的用来破译德军密码的计算机在英国布雷契莱庄园制造成功,此后又制造多台,为第二次世界大战的胜利立下了汗马功劳。1944 年 8 月 7 日,由 IBM 出资,美国人霍德华·艾肯(H. Aiken)负责研制的"马克 1 号"计算机在哈佛大学正式运行,它装备了 15 万个元件和长达 800 公里的电线,每分钟能够进行 200 次以上运算。女数学家格雷斯·霍波(G. Hopper)为它编制了计算程序,并声明该计算机可以进行微分方程的求解。马克 1 号计算机的问世不但实现了巴贝奇的夙愿,而且也代表着自帕斯卡计算机问世以来机械计算机和电动计算机的最高水平。

2. 第一台电子计算机的诞生

第二次世界大战期间,美国宾夕法尼亚大学莫尔学院电工系同阿贝丁弹道研究实验室共同负责为陆军每天提供 6 张火力表。这项任务非常困难和紧迫,因为每张火力表都要计算几百条弹道,而一个熟练的计算员用台式计算机计算一条飞行 60 秒钟的弹道需要 20 小时,如果使用大型的微分分析仪也要 15 分钟。从战争一开始阿贝丁实验室就不断改进微分分析仪,同时还雇用 200 多名员工,但进度还是很慢。当时迫切需要研制一种新型的计算机,来提高计算弹道参数的速度,以满足军事上的需要。

1942 年 8 月,莫尔学院的工程师莫克利(John Mauchly)写了一份题为《高速电子管计算机装置的使用》的备忘录。莫克利多次对戈尔斯坦(Goldstine)中尉讲述自己关于研制电子计算机的设想,戈尔斯坦是阿贝丁实验室同莫尔电工系小组联络的军方代表,他敏锐地意识到这种新的计算机对解决制造火力表的困难有着巨大的价值,所以立即向上司汇报,得到热情支持。于是一个历史性的时刻来临了,制造第一台电子计算机的工作启动了。1943 年 6 月 5 日,莫尔学院与军械部正式签订合同,并命名"电子数值积分和计算机(Electronic Numerical Integrator and Computer)",简称 ENIAC(埃尼阿克)。承担研制"埃尼阿克"的莫尔小组是一群志同道合、朝气蓬勃的青年科技人员:总工程师埃克特只有 24 岁,是莫尔学院的研究生,在电子学领域中很有研究,他负责解决制造中的一系列复杂的工程技术问题;30 多岁的莫克利是位物理学教授,一直关心着计算机技术的发展情况;还有年轻的逻辑学家戈尔斯等人。十分幸运的是,当时任弹道研究所顾问、正在参加美国第一颗原子弹研制工作的数学家冯·诺依曼(美籍匈牙利人)带着原子弹研制过程中遇到的大量计算问题,在研制过程中期加入了研制小组,他对计算机的许多关键性问题的解决作出了重要贡献。经过三年紧张的工作,第一台电子计算机终于在 1946 年 2 月 14 日问世了。它由 17468 个电子管、6 万个电阻器、1 万个电容器和 6 千个开关组成,重达 30 吨,占地 170 平方米,耗电 150 千瓦。起初,军方的投资预算为 15 万美元,但事实上,连翻跟斗,总耗资达 48.6 万美元,这在 40 年代可是一笔巨款! 这台计算机每秒运行 5 千次加法运算,或 400 次乘法,比机械式的继电器计算机快 1000 倍。当 ENIAC 公开展出时,一条炮弹的轨道用 20 秒钟就算出来了。它能够在一天内完成几千万次乘法,大约相当于一个人用台式计算机操作 40 年的工作量。ENIAC 宣告了一个新时代的开始。从此科学计算的大门被打开了。

3. 电子计算机的发展

第一台计算机诞生至今已过去 60 多年了,在这期间,计算机以惊人的速度发展着,迄今为止,计算机经历了四代变革,其元件不断更新,运算速度越来越快,信息存储量不断增大。

第一代是电子管计算机(1946—1957 年)。它的基本电子元件是电子管,内存储器采用水银延迟线,外存储器主要采用磁鼓、纸带、卡片、磁带等。由于当时电子技术的限制,运算速度只是每秒几千次到几万次基本运算,内存容量仅几千个字节。程序语言处于最低阶段,主要使用二进制表示的机器语言编程,后阶段采用汇编语言进行程序设计。第一代计算机体积大、耗电多、速度低、造价高、使用不便,主要局限于一些军事和科研部门进行科学计算。

第二代是晶体管计算机(1958—1964年)。1948年6月,美国贝尔实验室宣布发明了晶体管。10年后晶体管取代了计算机中的电子管,诞生了晶体管计算机。晶体管计算机的基本电子元件是晶体管,内存储器大量使用磁性材料制成的磁芯存储器。计算机的运算速度从每秒几千次提高到了几十万到上百万次,主存储器容量从几千字提高到十万字,与第一代电子管计算机相比,晶体管计算机体积、功耗和成本都成倍地减少,但是,使用方便,可靠性高。

第三代是集成电路计算机(1964—1972年)。1964年4月7日,IBM公司宣布研制成功360系列计算机。以此为标志,计算机进入了第三代。IBM360系列的开发研制经费达50亿美元,远远超过了研制第一颗原子弹的曼哈顿计划(20亿),是历史上规模最大的私人企业投资。

随着半导体技术的发展,1958年夏,美国德克萨斯公司制成了第一个半导体集成电路。集成电路是在几平方毫米的基片上,集中了几十个或上百个电子元件组成的逻辑电路。第三代计算机的基本电子元件是小规模集成电路和中规模集成电路,磁芯存储器进一步发展,并开始采用性能更好的半导体存储器,运算速度提高到每秒上千万次基本运算。由于采用了集成电路,计算机各方面性能都有了极大提高:体积缩小,价格降低,功能增强,可靠性大大提高。从此计算机进入普及阶段。

第四代是大规模和超大规模集成电路计算机(1972年至今)。第四代计算机的基本元件是大规模集成电路,甚至超大规模集成电路,集成度很高的半导体存储器替代了磁芯存储器,运算速度可达每秒上万亿次基本运算。IBM公司的3081于1980年11月问世,翻开了第四代计算机历史新的一页。2002年11月,美国Cray公司推出自己最新的超级计算机产品,其计算速度超过了每秒52万亿次数,即达到了每秒60兆次浮点计算的水平。2009年4月16日,我国首台自主设计制造的超百万亿次超级计算机,运算速度最高达到每秒233.5万亿次的曙光5000A高效能计算机通过验收。它的研发成功使中国成为继美国之后世界上第二个自主设计并制造百万亿次商用高性能计算机的国家。

1981年,日本提出了研制第五代计算机的基本设想,并于1982年4月正式开始了一个为期十年的研制第五代计算机系统的计划。这个计划的目的是在1990年研制出第五代计算机原型。现在,功能更多、速度更快,具有"人工智能"的第五代电子计算机已进入最后开发阶段。但是,就计算机的"智力"而言,第五代计算机也只相当于一个幼儿,而未来的第六代计算机则具有与成人的头脑相似的智能。第六代计算机将依据不确定的输入作出决定,它模仿人脑的工作方式,具有直观判断和处理不完整的模糊信息的能力,甚至有接近人的审美和情感能力。也就是说,计算机工作时只需有人告诉它"做什么",而不必"手把手"教它"怎样做"。

二、新材料技术

材料一直是人类进化的重要里程碑,如历史上的石器时代、青铜时代、铁器时代都是以材料作为时代的主要标志的。材料又是技术进步的物质基础,新材料技术有可能使某些技术领域发生突破性进展,发生根本的变化。人们把材料技术、新能源技术和信息技术看作现代文明的三大支柱。据 1976 年的统计,全世界经过注册的材料有 25 万种,而目前则有 50 万－60 万种。

材料是指经过某种加工(包括开采和运输),具有一定成分、结构和性能,并适合于一定用途的物质。材料一般分为金属材料、有机高分子材料、无机非金属材料及复合材料。从用途来看,又可分为结构材料和功能材料。前者主要是利用其力学性质,要求在使用条件下能承受一定负荷,如建筑物中的钢筋水泥,飞行器中的高强度钢和钛合金等。功能材料是指具有电、光、声、磁场、化学、生物化学等特性而能够完成特定功能的材料,如半导体材料、磁性材料、激光材料等。

新型材料则是指那些新近发展或正在发展中的具有优良性能的材料。它们是材料中最有生命力、最有发展潜力的一类材料。比如,研究开发高效陶瓷发动机,是当前世界各国高技术竞争的"热点"之一。陶瓷发动机,可以把发动机的工作温度从 1000℃提高到 1300℃,热效率从 30％提高到 50％。重量减轻 20％,燃料节省 30％－50％。据美国福特汽车公司的专家估计,如果全美国的汽车都采用陶瓷发动机,那么每年至少可节约石油 5 亿桶。新型材料的主要特点:第一,多数是固体物理、固体化学、有机合成、冶金学和陶瓷学等学科的新成就。第二,它的发展与新工艺、新技术密切有关。在很多情况下,新型材料是在极端条件(如超高压、超高温、超高真空、极低温、超纯、高速冷却等)下制成的。第三,更新换代快,式样变化多,一般生产规模小,经营分散,不像传统材料那样靠大规模、连续生产来维持竞争能力,而是靠优异性能、高质量取胜。新型材料与传统材料之间并没有明显的界限,新型材料的发展往往以传统材料为基础,传统材料的进一步发展也可以成为新型材料。新材料研制的关键,是不断地提高在分子层次上控制物质的能力。

人类的进步对材料不断提出新的要求:结构与功能相结合,即材料不仅能起结构上的作用,而且能具有特定的功能或多种功能;智能型,即材料本身具有感知、自我调节和反馈的能力,具有敏感和驱动的双重功能;少污染,要求材料在制作和废弃的过程中尽可能少地对环境造成污染;可再生,一方面是保护和充分利用自然资源,另一方面,又不为地球积存太多的废料;节约能源,要求制作时能耗少,能利用或开辟新的能源;长寿命,要求材料能维修或不需维修。当前,世界上材料发展的趋势主要表现为三个方面:一是天然材料的直接利用逐渐减少;二是合成材料和非金属材料已在部分取代传统的金属材料,钢铁将不再是占主宰地位的结构材料;三是在金属材料方面正在出现一些高性能的金属或合金材料,未来的时代是超级材料的时代。各工业化国家都把发展新材料技术摆在国家特殊的战略地位。自 20 世纪80 年代以来,美国每年耗资 10 亿美元专门用于研究开发新材料,其重点是金属复合材料、超合金、高温结构陶瓷、高结晶高分子材料等。目前,美国在复合材料和聚合物材料这两个领域居于遥遥领先的地位;日本在精密陶瓷、光纤材料、电子信息材料等领域居于世界领先地位。下面介绍两类新型材料。

1. 信息材料

信息材料就是与信息的获取、传输、存储、显示和运算有关的材料。主要包括半导体材料、信息记录材料、信息传输材料和信息显示材料。

半导体即是导电性能介于导体与绝缘体之间的材料,半导体材料很多,按化学成分可分为元素半导体和化合物半导体两大类。锗和硅是最常用的元素半导体;化合物半导体包括砷化镓、磷化镓、硫化镉、硫化锌等。半导体是划时代的材料，它使人类社会从工业时代进入信息时代。1947年，贝尔实验室的三位科学家巴丁、布莱顿和肖克莱用锗研制成晶体管，他们三人因发明晶体管荣获1956年度诺贝尔物理学奖。单晶硅材料工业是现代信息产业的基础，在可以预见的未来仍将主宰微电子产业。砷化镓($GaAs$)具有高频传输特性，在无线通信应用上的表现大大优于硅半导体，兼有电子材料和光电子材料两者的优势，被公认是新一代的通信用材料。随着信息产业的蓬勃发展，以砷化镓为代表的第二代电子材料——化合物半导体在世界范围内以超出预想的速度发展，全球砷化镓晶片市场已形成数十亿美元的大市场，并保持稳定增长。

第三代半导体材料将会是氮化镓(GaN)，氮化镓材料具有许多硅基半导体材料所不具备的优异性能，包括能够满足大功率、高温高频和高速半导体器件的工作要求。其中氮化镓区别于第一和第二代半导体材料最重要的物理特点是具有更宽的禁带，可以发射波长比红光更短的蓝光。氮化镓半导体材料的商业应用研究开始于1970年，其在高频和高温条件下能够激发蓝光的独特性质从一开始就吸引了半导体开发人员的极大兴趣。但是氮化镓的生长工艺和器件制造工艺直到近几年才取得了商业应用的实质性进步。1992年第一支氮化镓发光二极管(LED)在美国研制成功；1999年日本Nichia公司制造了第一支蓝光激光器，其稳定性能相当于商用红光激光器。1999年初到2001年底，氮化镓基半导体材料在薄膜和单晶生长技术、光电器件方面的重大技术突破有40多个。氮化镓半导体器件在光显示、光存储、激光打印、光照明以及医疗和军事等领域有着广阔的应用前景，氮化镓器件的广泛应用将预示着光电信息乃至光子信息时代的来临。因此，以氮化镓为代表的第三代半导体材料被誉为IT产业新的发动机。

发光二极管(LED)是一种重要的信息材料，红、绿、蓝发光器件具有体积小、耗电少、寿命长及可靠性高等特点，广泛用于全色显示、高密度信息存储、交通信号灯和刹车灯、家电、仪器、仪表指示等方面，市场容量巨大。目前，日美两国几乎垄断了高亮度LED市场。不断提高发光效率和功率，降低成本，研制可用于照明的白色LED是LED研发的最终目标，也是举世的热点。有机发光二极管(OLED)是以有机电致发光材料技术为基础的新一代平面显示技术，由于具有许多梦幻般的显示特征，OLED被业界公认为是最理想和最具发展前景的下一代显示技术。与液晶显示相比，这种全新的显示技术具有更薄更轻、主动发光(即不需要背光源)、广视角、高清晰、响应快速、能耗低、低温和抗震性能优异、潜在的低制造成本及柔性与环保设计等显示器件制造所要求的几乎所有优异特征。

2. 能源新材料

新能源和再生清洁能源技术是21世纪世界经济发展中最具有决定性影响的技术领域之一，新能源包括太阳能、生物能、核能、风能、地热、海洋能等一次性能源以及氢能等二次性能源。新能源材料则是指实现新能源的转化和利用以及发展新能源技术中所要用到的关键材料，主要包括储氢电极合金材料为代表的镍氢电池材料、锂离子电池材料、燃料电池材料、硅半导体材料为代表的太阳能电池材料以及铀、氘、氚为代表的核能反应堆材料等。当前的研究热点主要集中在二次电池材料方面，包括镍氢电池、锂电池、燃料电池和太阳能电池用的材料等。

锂离子电池是目前综合性能最好的电池体系，将是未来二次高能电池的主要发展方向。锂离子电池材料包括：正极材料、负极材料、电解液等。正极材料正在从钴酸锂一枝独秀向钴酸锂、锰酸锂、镍钴酸锂并存的方向发展。负极材料方面,仍以石墨系材料为主,非碳/碳复合材料近期有较大突破。电解液方面,新一代的电解液是根据电池的具体要求并根据所选正负极材料的物理化学特性来设计,高品质锂盐和高纯有机溶剂是基础,同时根据需要选择不同的添加剂和溶剂配方。目前电池的电解质中起离子导电作用的是由碳酸脂溶液作为基本电解质组成。

燃料电池是 20 世纪末兴起的一种理想的、高效的能量转换系统,同时也是一种清洁能源,可应用于工业及生活的各个方面,如燃料电池电站、电动汽车及民用电器等场合。它被认为是 21 世纪最有希望替代石油的新能源技术,预计可成为未来环保汽车的主要动力。燃料电池包括燃料电极(氢气或甲醇、天然气等)和氧化电极(氧气或空气)。

太阳能电池是通过光电效应或者光化学效应直接把光能转化成电能的装置。20 世纪 90 年代,许多国家就开始制订中长期太阳能开发计划,准备在 21 世纪大规模开发太阳能。根据所用光电转换材料的不同,太阳能电池可分为:硅太阳能电池、多元化合物薄膜太阳能电池、聚合物多层修饰电极型太阳能电池、纳米晶太阳能电池四类,其中硅太阳能电池是目前发展最成熟的,在应用中居主导地位。硅太阳能电池分为单晶硅太阳能电池、多晶硅薄膜太阳能电池和非晶硅薄膜太阳能电池三种。多元化合物薄膜太阳能电池材料为无机盐,其主要包括砷化镓、硫化镉等。纳米 TiO_2 晶体化学能太阳能电池是新近发展的,优点在于它廉价的成本和简单的工艺及稳定的性能。其光电效率稳定在 10% 以上,制作成本仅为硅太阳能电池的 1/5～1/10。

三、生物技术

科学家们认为,20 世纪的科学技术是物理学和化学的成就占主导地位,而 21 世纪的科学技术将是以生物技术为主导的时代,21 世纪被称为生命科学的世纪,以生物技术为重点的第四次科技革命即将到来。

生物技术是人类最古老的工程技术之一。我们的祖先大概从新石器时代晚期,就开始用谷类酿酒。传统的生物技术包括发酵工程、酶工程、遗传育种等技术。现代生物技术一般包括基因工程、细胞工程、酶工程、发酵工程和蛋白质工程等。下面仅对基因工程和细胞工程作一介绍。

1. 基因工程

基因工程又叫 DNA 重组技术或遗传工程。它是分子遗传学和工程技术相结合的产物,也是生物技术中的核心技术。它采用类似工程设计的方法,按照人类的需要将具有遗传信息的基因,在离开生物体的情况下进行剪切、组合、拼装,然后把这种人工重组的基因转入宿主细胞内进行大量复制,使遗传信息在新的宿主细胞或个体中高速繁殖,以创造新的生物。1973 年,美国斯坦福大学的科恩教授,从大肠杆菌里取出两种不同的质粒,它们各自具有一个抗药基因。把两种质粒上不同的抗药基因"裁剪"下来,"拼接"在同一个质粒中。当这种杂合质粒进入大肠杆菌后,这种大肠杆菌就能抵抗两种药物,且其后代都具有双重抗菌性,科恩的重组实验拉开了基因工程的大幕。这种生物分子水平的杂交技术,也有人称之为生物的人工组装技术。从理论上说,基因工程可以跨越生物边缘不能杂交的一切鸿沟,甚至在动物、植物、微生物之间互通有无,取长补短,渗透联系,为生物的未来创造新蓝图,这是人类认识能力从来未有的能动飞跃。目前用这种技术已培育出多种"工程细菌",可以用来生产诸如生长激素(1977年11月)、胰岛素(1978年6月)、干扰素(1980年1月)及多种疫苗和可食用的单细胞蛋白质等。

人类基因组计划与阿波罗登月计划、曼哈顿原子弹计划并称为人类科学史上三大计划。1990年,被誉为生命"登月计划"的国际人类基因组计划启动,主要由美、日、德、法、英等国的科学家共同参与。1999年9月,中国加入这一研究计划,负责测定人类基因组全部序列的1%,也就是3号染色体上的3000万个碱基对,中国因此成为参与这一研究计划的唯一发展中国家。

人类基因组计划的目的是要找出人体所有基因碱基对在DNA链上的准确位置,弄清楚各个基因的功能,对它们进行编目,最终绘制出包含人体全部遗传密码的图谱。2001年2月12日,美、日、德、法、英、中等6国科学家和美国塞莱拉公司联合宣布了人类基因组图谱分析结果:人类基因组由32亿个碱基对组成,共有3万至3.5万个基因,远小于早先估计的10万个基因。这一工作的完成在人类研究自身生命的过程中具有里程碑式的意义。

人类基因组计划在利用基因进行疾病诊断方面将发挥重大的作用。过去人们要花很长时间来寻找到底是哪一种基因引发疾病,有了基因图谱,这一过程将大大缩短。譬如说,人们要花10年时间才找到导致乳腺癌的基因。如果有完整的人类基因图谱,所有遗传密码可以存储在计算机内,供科研人员进行分析比较。将病人的基因密码扫描出来,研究人员就可将之与正常人的基因图谱进行对照,从而快速诊断出病人的疾病,在很短的时间里就能找出致病的基因。更为重要的是,基因图谱将有助于科学家找到治病的新药。通常基因疾病均是由于蛋白质发生变异。了解基因对蛋白质的作用,科学家可以设计基因药物,利用基因释放的命令来修复或制造蛋白,使蛋白按要求控制人体细胞或器官的正常运作,达到治病的目的。要达到这些目的,科学家下一步的主要科研工作将是蛋白质工程。

2. 细胞工程

细胞工程是根据细胞生物学和分子生物学原理,采用细胞培养技术,在细胞层次进行的遗传操作。它包括细胞融合、细胞培养及细胞核移植等多种技术,以细胞融合技术为主。

细胞融合技术属于细胞融合工程。细胞融合技术是一种新的获得杂交细胞以改变细胞性能的技术,它是指在离体条件下,利用融合诱导剂,把同种或不同物种的体细胞人为地融合,形成杂合细胞的过程。细胞融合技术是细胞遗传学、细胞免疫学、病毒学、肿瘤学等研究的一种重要手段。细胞融合技术最早由日本冈田善雄博士于1957年发现,1975年由英国科学家应用于免疫领域,近年来发展快,应用广泛。在植物方面,国内外已育成番茄马铃薯、番茄山芋、向日豆、大豆米、大豆豌豆、芹菜油菜、芹菜胡萝卜、大豆烟草等新品种;在动物方面,美国已培育出山绵羊,其头、脚、尾象山羊,身上长满绵羊毛。1975年英国的米尔斯垣和科勒合作研究出淋巴细胞杂交瘤技术,并由此发明了单克隆抗体技术。单克隆抗体的发明被誉为免疫学上一次技术革命,开创了免疫学的新纪元,两位创造者因此荣获诺贝尔奖。

细胞培养技术是细胞工程的基础技术。所谓细胞培养技术,就是将生物有机体的某一部分组织取出一小块,进行培养,使之生长、分裂的技术。体外细胞培养中,供给离开整体的动植物细胞所需营养的是培养基,培养基中除了含有丰富的营养物质外,一般还含有刺激细胞生长和发育的一些微量物质。培养基一般有固态和液态两种,它必须经灭菌处理后才可使用。此外,温度、光照、振荡频率等也都是影响细胞培养的重要条件。

细胞核移植技术,是指用机械的办法把一个被称为"供体细胞"的细胞核(含遗传物质)

移入另一个除去了细胞核被称为"受体"的细胞中,然后这一重组细胞进一步发育、分化。核移植的原理是基于动物细胞的细胞核的全能性。采用细胞核移植技术克隆动物的设想,最初由一位德国胚胎学家在 1938 年提出。从 1952 年起,科学家们首先采用两栖类动物开展细胞核移植克隆实验,先后获得了蝌蚪和成体蛙。1963 年,我国童第周教授领导的科研组,以金鱼等为材料,研究了鱼类胚胎细胞核移植技术,获得成功。到 1995 年为止,在主要的哺乳动物中,胚胎细胞核移植都获得成功,但成体动物已分化细胞的核移植一直未能取得成功。1996 年,英国爱丁堡罗斯林研究所成功地利用细胞核移植的方法培养出一只克隆羊——多利,这是世界上首次利用成年哺乳动物的体细胞进行细胞核移植而培养出的克隆动物。2000 年 6 月,我国西北农林科技大学利用成年山羊体细胞克隆出两只"克隆羊",这表明我国科学家也掌握了哺乳动物体细胞核移植的尖端技术。细胞核移植的研究,不仅在探明动物细胞核的全能性、细胞核与细胞质关系等重要理论问题方面具有重要的科学价值,而且在畜牧业生产中有着非常重要的经济价值和应用前景。

四、新能源技术

能源是人类社会赖以生存和发展的重要物质基础。纵观人类社会发展的历史,人类文明的每一次重大进步都伴随着能源的改进和更替。过去 100 多年里,发达国家先后完成了工业化,消耗了地球上大量的自然资源,特别是能源资源。当前,一些发展中国家正在步入工业化阶段,能源消费增加是经济社会发展的客观必然。随着科学技术和社会生产力的不断发展,能源的问题显得越来越重要。能源分为常规能源和新能源,常规能源是指技术上比较成熟且已被大规模利用的能源,而新能源通常是指尚未大规模利用、正在积极研究开发的能源。因此,煤、石油、天然气以及大中型水电都被看作常规能源,而把太阳能、风能、生物质能、地热能、海洋能以及核能、氢能等作为新能源。

有资料显示,在 2006 年,全球能源生产构成中,石油占 39.9%,煤炭 23.8%,核电 8.2%,天然气 19.0%,可再生能源为 6.8%。在可再生能源生产中,水电为 42.5%,太阳能与光伏电池为 10.3%,包括木材、废物、乙醇燃料在内的生物质能占 38.3%,风能为 3.8%,地热 5.1%。尽管以可再生能源为主的新能源在全球能源生产中所占的比例较小,但其发展应用的潜力巨大,其中太阳能、风能、地热能和生物质能(包括木材、废物和乙醇燃料)的消费从 2005 年的 37010 亿 Btu(英热单位,1Btu = 1055.056 焦耳)增加到 2006 年的 39540 亿 Btu,尤其是风能在整个可再生能源(包括水电在内)消费中比重增加了一个百分点,达到 3.77%。美国市场调查公司 Clean Edge 自 2000 年以来一直跟踪世界清洁能源的研发进程,其发布的年度报告显示,太阳能光伏、风能、生物燃油以及燃料电池等产品的收益在 2007 年较 2006 年增长 40%,从 550 亿美元增加到 2007 年的 773 亿美元。下面简要介绍几种新能源。

1. 太阳能

太阳能一般指太阳光的辐射能量。太阳能是一种洁净和可持续产生的能源,发展太阳能科技可减少在发电过程中使用矿物燃料,从而减轻空气污染及全球变暖的问题。太阳能的利用主要有光电转换和光热转换两种方式。

光电转换中,太阳能电池是一种能将光能转换成电能的器件。能产生光伏效应的材料有许多种,如:单晶硅、多晶硅、非晶硅、砷化镓、硒铟铜等,它们的发电原理基本相同。现以晶体为例描述光发电过程。P 型晶体硅经过掺杂磷可得 N 型硅,形成 P－N 结。当光线照射太阳能电池表面时,一部分光子被硅材料吸收,光子的能量传递给了硅原子,使电子发生跃迁成为自由电子,集聚在 P－N 结两侧形成电位差,当外部接通电路时,在该电压的作用下,将会有电流流过外部电路产生一定的输出功率。这个过程的实质是:光子能量转换成电能。目前,不同类型的太阳能电池光电转换效率为 $10\% - 40\%$。

光热转换中,有太阳能热水器、太阳房、太阳灶、太阳能温室、太阳能干燥系统和太阳能土壤消毒杀菌技术等。太阳能热发电是太阳能热利用的一个重要方面,这项技术是利用集热器把太阳辐射热能集中起来给水加热产生蒸汽,然后通过汽轮机、发电机来发电。根据集热方式不同,又分高温发电和低温发电。总部设在德国的 21 世纪可再生能源政策网(REN21)调查结果表明,2008 年全球太阳能发电设备总装机容量排名第一的是德国,为 540 万千瓦;西班牙以 230 万千瓦的规模一举超过日本,排名世界第 2 位;日本则以 197 万千瓦的水平排在第 3 位。德国于 2005 年超过日本后,一直雄居全球太阳能发电第一。

近年来,我国光电产业呈现快速增长态势,目前已经成为世界第一大太阳能电池生产国,有一批具有国际竞争力和国际知名度的光电生产企业,已形成具有规模化、国际化、专业化的产业链条。用太阳能全方位地解决建筑内热水、采暖、空调和照明用能,这将是理想的方案,太阳能与建筑(包括高层)一体化研究与实施,是未来太阳能开发利用的重要方向。

2. 生物质能

生物质是指通过光合作用而形成的各种有机体,包括所有的动植物和微生物。而所谓生物质能,就是太阳能以化学能形式贮存在生物质中的能量形式,即以生物质为载体的能量。它直接或间接地来源于绿色植物的光合作用,可转化为常规的固态、液态和气态燃料,取之不尽、用之不竭,是一种可再生能源,同时也是唯一一种可再生的碳源。生物质能的原始能量来源于太阳,生物质能是太阳能的一种表现形式。

依据来源的不同,可以将适合于能源利用的生物质分为林业资源、农业资源、生活污水和工业有机废水、城市固体废物和畜禽粪便等五大类。生物质能是世界第四大能源,仅次于煤炭、石油和天然气。根据生物学家估算,地球陆地每年生产 1000～1250 亿吨生物质;海洋年生产 500 亿吨生物质。生物质能源的年生产量远远超过全世界总能源需求量,相当于目前世界总能耗的 10 倍。

现代生物质能源开发利用指的是借助热化学、生物化学等手段,通过一系列先进的转换技术,生产出固、液、气等高品位能源来代替化石燃料,进而为人类生产生活提供电力、交通燃料、热能、燃气等终端能源产品。产业化较为成熟的现代生物质能源技术主要包括燃料乙醇技术、生物柴油技术以及沼气技术和垃圾发电等。巴西利用甘蔗生产乙醇,实施了世界上规模最大的乙醇开发计划,2008 年乙醇燃料已占该国汽车燃料消费量的 50% 以上。2006 年,我国燃料乙醇的生产达到 144 万吨,按照 1:3.3 比例计算,大概消耗玉米 475 万吨。我国已成为世界上继巴西、美国之后第三大生物燃料乙醇生产国和使用国。2007 年由于受到粮食短缺的影响,燃料乙醇和生物柴油的生产成本激增,生物燃料的发展战略受到质疑,2008 年欧盟开始考虑对生物燃料的发展进行限制。

生物柴油主要成分是动植物油脂转化而来的高级脂肪酸的低碳烷基酯混合物,其物化性能与石化柴油相近,可以直接代替石化柴油或与普通石化柴油以一定比例互溶代替石化柴油使用而得名。生物柴油原料是植物油籽(如花生、大豆、菜籽等)、动物脂肪和木本油脂

（棕榈树和麻风树等）。中石油和国家林业局签订协议，从 2007 年开始，在四川、云南建设第一批林业生物质能源基地，面积 60 多万亩，可实现 6 万多吨生物柴油原料供应能力。

沼气是有机物质在厌氧环境中，在一定的温度、湿度和酸碱度的条件下，通过微生物发酵作用产生的一种可燃性气体。由于这种气体最初是在沼泽、湖泊或池塘中发现的，所以称为沼气。生产沼气的原料主要是植物秸秆和动物粪便。国家计划在"十一五"期间，农村地区推广户用沼气，全国新建农村户用沼气 2200 万户，到 2010 年，全国户用沼气总数达到 4000 万户，年产沼气总计约 150 亿立方米。

在美国，生物质能发电的总装机容量已超过 10000 兆瓦，单机容量达 10～25 兆瓦。美国纽约的斯塔藤垃圾处理站投资 2000 万美元，采用湿法处理垃圾，回收沼气，用于发电，同时生产肥料。

3. 风能

风能是地球表面大量空气流动所产生的动能。由于地面各处受太阳辐射后气温变化不同和空气中水蒸气的含量不同，因而引起各地气压的差异，在水平方向高压空气向低压地区流动，即形成风。风是一种可再生、无污染而且储量巨大的能源。风能资源决定于风能密度和可利用的风能年累积小时数。风能密度是单位迎风面积可获得的风的功率，与风速的三次方和空气密度成正比关系。据估算，全世界的风能总量约 1300 亿千瓦，中国的风能总量约 10 亿千瓦。风能资源受地形的影响较大，世界风能资源多集中在沿海和开阔大陆的收缩地带，如美国的加利福尼亚州沿岸和北欧一些国家。中国的东南沿海、内蒙古、新疆和甘肃一带风能资源也很丰富，东南沿海及附近岛屿的风能密度 300 瓦/米^2 以上，风速 3－20 米/秒，年累计超过 6000 小时。内陆风能资源最好的区域，是沿内蒙古至新疆一带，风能密度也在 200－300 瓦/米^2，风速 3－20 米/秒，年累计 5000－6000 小时。风能的利用主要是以风能作动力和风力发电两种形式，其中又以风力发电为主。以风能作动力，就是利用风来直接带动各种机械装置，如带动水泵提水等。目前，世界上约有 100 多万台风力提水机在运转。澳大利亚的许多牧场，都设有这种风力提水机。在很多风力资源丰富的国家，人们还利用风力发动机铡草、磨面和加工饲料等。

利用风力发电，以丹麦应用最早，而且使用较普遍。丹麦虽只有 500 多万人口，却是世界风能发电大国和发电风轮生产大国，世界十大风轮生产厂家有 5 家在丹麦，世界 60% 以上的风轮制造厂都在使用丹麦的技术，丹麦是名副其实的"风车大国"。截止 2007 年底全球累计风电装机容量 94112 兆瓦，排名前十位的国家是：德国（22247 兆瓦）、美国（16818 兆瓦）、西班牙（15145 兆瓦）、印度（8000 兆瓦）、中国（6050 兆瓦）、丹麦（3125 兆瓦）、意大利（2726 兆瓦）、法国（2454 兆瓦）、英国（2389 兆瓦）、葡萄牙（2150 兆瓦）。

4. 氢能

氢能在 21 世纪有可能成为世界能源舞台上一种举足轻重的二次能源。它是一种极为优越的新能源，其主要优点有：燃烧热值高，每千克氢燃烧后的热量，约为汽油的 3 倍，酒精的 3.9 倍，焦炭的 4.5 倍。氢燃烧的产物是水，是世界上最干净的能源。氢气可以由水制取，而水是地球上最为丰富的资源，

20 世纪 70 年代以来，世界上许多国家和地区就广泛开展了氢能研究。早在 1970 年，美国通用汽车公司的技术研究中心就提出了"氢经济"的概念。1976 年美国斯坦福研究院就开展了氢经济的可行性研究。目前，世界各国如冰岛、中国、德国、日本和美国等不同的国

家之间在氢能交通工具的商业化的方面已经出现了激烈的竞争。虽然氢能利用形式多样（例如取暖、烹饪、发电、航行器、机车），但在小汽车、卡车、公共汽车、出租车、摩托车和商业船上氢能的应用已经成为焦点。

燃料电池是氢能利用最好的技术，具有无污染、高效率、适用广、无噪声、能连续工作和积木化组装等优点。使用氢能燃料电池的汽车排放出的是水，可真正实现零排放。

不过，氢能要真正被广泛应用，氢气的制取、储存和输送等技术研发，显得尤为重要。目前，氢气制取消耗一次能源成本过高，而氢气的储存和输送还没有好的办法，利用金属氢化物储氢率太低，高压罐储氢耗能又太高。这些都是需进一步研究的问题。

传统制氢法主要分为矿物燃料制氢和电解水制氢。目前，一些新的制氢方法开始受到人们的关注，如生物制氢、太阳能制氢和核能制氢等。据美国氢气协会分析，2007 年全球年生产氢气超过 5000 万吨，氢燃料汽车正在加快推向商业化。但由于目前制氢成本大约为汽油成本的 2～4 倍，且氢气的大量生产需要能源和基础设施，成为主导燃料仍存在许多问题。因此专家普遍认为，氢能的大量利用将在 10 多年后。未来随着制氢规模的扩大，预计在 2015－2020 年期间，制氢成本将与汽油成本相当，这将主要取决于燃料电池汽车的推广和使用。

五、空间技术

空间技术又称航天技术，是一项研究和实现如何进入太空和利用太空的高度综合性技术。是当今世界高新技术水平的集中展示，也是衡量一个国家综合国力的重要标志。1957 年 10 月 4 日苏联发射第一颗人造卫星，开创了人类的空间技术时代。半个世纪以来，空间技术突飞猛进，取得了巨大成就。目前，空间技术广泛应用于对地观察、通信、气象、导航、空间探测等许多方面，渗透到自然科学的众多领域，对发展生产力，改善人们生活，推动社会进步，发挥着越来越重要的作用。空间技术主要包括运载火箭、人造地球卫星、载人航天、空间站、深空探测等技术。

1. 运载火箭

运载火箭是航天运输工具，它的用途是把人造地球卫星、载人飞船、空间站、空间探测器等有效载荷送入宇宙空间的预定轨道。如按级数来分，运载火箭又可分为单级火箭、多级火箭。其中多级火箭按级与级之间的连接形式来分，又可分为串联型、并联型（俗称捆绑式）、串并联混合型三种类型。每一级都包括箭体结构、推进系统和飞行控制系统。末级有仪器舱，内装制导与控制系统、遥测系统和发射场安全系统。级与级之间靠级间段连接。有效载荷装在仪器舱的上面，外面套有整流罩。运载火箭按其所用的推进剂来分，可分为固体火箭、液体火箭和固液混合型火箭三种类型。如我国的长征三号运载火箭是一种三级液体火箭；长征一号运载火箭则是一种固液混合型的三级火箭，其第一级、第二级是液体火箭，第三级是固体火箭；美国的"飞马座"运载火箭则是一种三级固体火箭。

第一枚成功发射卫星的运载火箭是苏联用洲际导弹改装的"卫星号"运载火箭。到 20 世纪 80 年代，苏联、美国、法国、日本、中国、英国、印度和欧洲空间局已研制成功 20 多种大、中、小运载能力的火箭。最小的仅重 10.2 吨，推力 125 千牛顿（约 12.7 吨力），只能将 1.48 公斤重的人造卫星送入近地轨道；最大的是 1967 年问世的"土星 5 号"运载火箭，它是三级火箭，长 85.6 米，直径 10.1 米，起飞重量 2950 吨，近地轨道的有效载荷达 139 吨，飞往月球轨道的有效载荷为47吨。从1967年到1973年共发射13次,其中6次将阿波罗载人飞船送上月球,在航天史上写下了光辉的一页。

2. 人造地球卫星

卫星是指在宇宙中所有围绕行星作轨道运行的天体。环绕哪一颗行星运转,就把它叫做哪一颗行星的卫星。比如,月亮环绕着地球旋转,它就是地球的卫星。人造地球卫星就是人工制造的绕地球运行的无人航天器。人造卫星是发射数量最多,用途最广,发展最快的航天器。1957年10月4日苏联发射了世界上第一颗人造卫星。之后,美国、法国、日本也相继发射了人造卫星。中国于1970年4月24日发射了"东方红1号"人造卫星,截至2007年12月,我国自主研制和发射了88颗不同类型的人造地球卫星,飞行成功率达90%以上。

人造地球卫星按用途可分为三大类:科学卫星,技术试验卫星和应用卫星。科学卫星是用于科学探测和研究的卫星,主要包括空间物理探测卫星和天文卫星,用来研究高层大气、地球辐射带、地球磁层、宇宙线、太阳辐射等,并可以观测其他星体。技术试验卫星是进行新技术试验或为应用卫星进行试验的卫星。航天技术中有很多新原理、新材料、新仪器,其能否使用,必须在天上进行试验;一种新卫星的性能如何,也只有把它发射到天上去实际"锻炼",试验成功后才能应用;人上天之前必须先进行动物试验,这些都是技术试验卫星的使命。应用卫星是直接为人类服务的卫星,它的种类最多,数量最大,其中包括:通信卫星、气象卫星、侦察卫星、导航卫星、测地卫星、地球资源卫星、截击卫星等等。

按其运行轨道分(除近地轨道外)通常有三种:地球同步轨道,太阳同步轨道,极地轨道。地球同步轨道是运行周期与地球自转周期相同的运行轨道。但其中有一种十分特殊的轨道,叫地球静止轨道。这种轨道的倾角为零,在地球赤道上空35786千米。地面上的人看来,在这条轨道上运行的卫星是静止不动的。一般通信卫星,广播卫星,气象卫星选用这种轨道比较有利。地球同步轨道有无数条,而地球静止轨道只有一条。太阳同步轨道是轨道平面绕地球自转轴旋转的,方向与地球公转方向相同,旋转角速度等于地球公转的平均角速度(360度/年)的轨道,它距地球的高度不超过6000千米。在这条轨道上运行的卫星以相同的方向经过同一纬度的当地时间是相同的。气象卫星、地球资源卫星一般采用这种轨道。极地轨道是倾角为90度的轨道,在这条轨道上运行的卫星每圈都要经过地球两极上空,可以俯视整个地球表面。气象卫星、地球资源卫星、侦察卫星常采用此轨道。

21世纪的人造地球卫星将向越来越大和越来越小两个方向发展:一方面,综合型高功率大型卫星平台最终将演变成一种新型航天器——空间平台;另一方面,小卫星(500—1000公斤,造价2000万—5000万美元)、超小型卫星(100—500公斤,造价500万美元)、微型卫星(10—100公斤,造价100万—400万美元)甚至纳米卫星(小于10公斤,造价不到100万美元)越来越受到重视,现已有人提出芯片卫星方案。空间平台与人造地球卫星的不同点是有人照料、定期在轨维修和更换仪器、可加注燃料和补给品,因而寿命长、用途广。而小型卫星具有研制周期短、体积小、性能好、可靠性强、发射灵活和不易被摧毁等一系列优点,尤其是由小卫星组成的星座,其功能使不少大型卫星也甘拜下风。不过要使微型卫星、纳米卫星于21世纪初投入使用,还需攻克集成公用模块技术和微电子机电集成系统等难关。

3. 载人航天

载人航天是指人类驾驶和乘坐载人航天器在太空从事各种探测、试验、研究、军事和生产的往返飞行活动,是世界高新科技中最具挑战性的领域之一。苏联于1961年4月12日发射了人类第一艘载人飞船,航天员加加林乘坐飞船绕地球一周并安全返回地面。美国于1962年2月20日发射了第一艘载人飞船。1969年7月16日,美国发射"阿波罗11号"载人飞船,第一次把人送上月球,航天员阿姆斯特朗成为世界上第一个踏上月球的人。2003年10月15日至16日,"神舟五号"载人飞船把我国首位航天员杨利伟成功地送入太空并安全返回,实现了中华民族千年飞天的梦想。2008年9月25日,我国第三艘载人飞船"神舟七号"成功发射,三名航天员顺利升空。27日,航天员翟志刚进行了19分35秒的出舱活动。中国随之成为世界上第三个掌握空间出舱活动技术的国家。

根据飞行和工作方式的不同,载人航天器可分为载人飞船、空间站和航天飞机三类。载人飞船又叫宇宙飞船是一种运送航天员、货物到达太空并安全返回的一次性使用的航天器。它能基本保证航天员在太空短期生活并进行一定的工作。它的运行时间一般是几天到半个月。世界上第一艘载人飞船是"东方1号"宇宙飞船。它由两个舱组成,一个是密封载人舱,又称航天员座舱。这是一个直径为2.3米的球体,舱内设有能保障航天员生活的供水、供气的生命保障系统,以及控制飞船姿态的姿态控制系统、测量飞船飞行轨道的信标系统、着陆用的降落伞回收系统和应急救生用的弹射座椅系统。另一个舱是设备舱,它长3.1米,直径为2.58米。设备舱内有使载人舱脱离飞行轨道而返回地面的制动火箭系统、供应电能的电池、储气的气瓶、喷嘴等系统。

宇宙飞船与返回式卫星有相似之处,由于要载人,故增加了许多特设系统,以满足宇航员在太空工作和生活的多种需要。例如,用于空气更新、废水处理和再生、通风、温度和温度控制等的环境控制和生命保障系统、报话通信系统、仪表和照明系统、航天服、载人机动装置和逃生系统等。当然,宇宙飞船再入大气层和安全返回技术也至关重要,除了要使飞船在返回过程中的制动过载限制在人的耐受范围内,还应使其落点精度比返回式卫星要高,从而及时发现和营救宇航员。前苏联载人宇宙飞船就曾因落点精度差,结果使宇航员困在了冰天雪地的森林中差点被冻死。

空间站是一种在近地轨道长时间运行,可供多名航天员在其中生活工作和巡访的载人航天器。小型的空间站可一次发射完成,较大型的可分批发射组件,在太空中组装成为整体。其结构特点是体积比较大,在轨道飞行时间较长,有多种功能,能开展的太空科研项目也多而广。空间站的基本组成是以一个载人生活舱为主体,再加上有不同用途的舱段,如工作实验舱、科学仪器舱等。在空间站中要有人能够长时间生活的一切必要设施。空间站外部必须装有太阳能电池板和对接舱口,以保证站内电能供应和实现与其他航天器的对接。

"和平号"是苏联/俄罗斯的第3代空间站,亦为世界上第一个长久性空间站,是载人空间站研制与运行的一个重要里程碑。"和平号"核心舱于1986年2月20日发射,核心舱共有6个对接口,可同时与多个舱段对接。到1990年,苏联只为"和平号"核心舱增加了3个对接舱,即1987年与核心舱对接的"量子－1"(载有望远镜和姿态控制及生命保障设备),1989年对接的"量子－2"(载有用于舱外活动的气闸舱、2个太阳能电池翼、科学和生命保障设备等),1990年对接的"晶体号"舱(载有2个太阳电能

图7-3 苏联"和平号"空间站和太空飞船

池翼、科学技术设备和一个特别的对接装置,它可与美国航天飞机对接)。俄罗斯自1995年起发射了3个舱,先后与"和平号"对接。这3个舱是:1995年发射的"光谱号"(载有太阳能电池翼和科研设备)和一个对接舱(停靠在"晶体号"特别对接口上,用于与航天飞机对接)以及1996年4月26日发射的"和平号"的最后一个舱体——"自然号"(载有对地观测和微重力研究设备),自此"和平号"在轨组装完毕。全部装成的"和平号"空间站全长87米,质量达123吨(如与航天飞机对接则达223吨),有效容积470立方米,轨道高度300—400千米。

2001年3月23日,"和平号"走完了15年的坎坷路程,大大超过了原设计5年的寿命。15年中先后有12个国家的100多位宇航员登上"和平号"。人类在"和平号"计划中所掌握的太空舱建造、发射、对接技术,载人航天及太空行走技术,太空生命保障技术,航天医学、生物工程学、天体物理学、天文学知识,以及商业航天开发经验,都正在或将在国际空间站计划及未来的太空城和月球、火星基地规划中发挥不可替代的作用。和平号已经大大地超额完成了任务,它的光辉业绩将永载史册。

目前正在运行的国际空间站是以美国、俄罗斯为首,包括加拿大、日本、巴西和欧空局(11个国家)共16个国家参与研制。其设计寿命为10—15年,总质量约423吨、长108米、宽(含翼展)88米,运行轨道高度为397千米,载人舱内大气压与地表面相同,可载6人。

航天飞机是一种以火箭发动机为动力发射到太空,能在轨道上运行,且可以往返于地球表面和近地轨道之间,可部分重复使用的航天器。航天飞机集火箭、卫星和飞机的技术特点于一身,能像火箭那样垂直发射进入空间轨道,又能像卫星那样在太空轨道飞行,还能像飞机那样再入大气层滑翔着陆。迄今为止只有美国与苏联有能力制造能进入近地轨道的航天飞机,但由于苏联解体,相关的设备由哈萨克斯坦接收后,受限于没有足够经费维持运作使得整个太空计划停摆。因此,目前全世界仅有美国的航天飞机机队可以实际使用。

航天飞机由轨道器、固体燃料助推火箭和外储箱三大部分组成。固体燃料助推火箭共两枚,发射时它们与轨道器的三台主发动机同时点火,当航天飞机上升到50千米高空时,两枚助推火箭停止工作并与轨道器分离,回收后经过修理可重复使用。外储箱是个巨大壳体,用于储存液氢(燃料)和液氧(氧化剂)。航天飞机发射升空期间,由外储箱为轨道器中的三台航天飞机主发动机提供加压氧化剂和燃料。在航天飞机进入地球轨道之前主发动机熄火,外储箱与轨道器分离,进入大气层烧毁。航天飞机的轨道器是载人的部分,有宽大的机舱,并根据航天任务的需要分成若干个房间。航天飞机有一个大的货舱,可容纳大型设备,舱内大气为氮氧混合气体。航天飞机在太空轨道完成飞行任务后,轨道器下降返航,像一架滑翔机那样在预定跑道上水平着陆。轨道器可重复使用。

1981年初,经过十年的研制开发,"哥伦比亚"号终于建造成功,它是第一架用于在太空和地面之间往返运送宇航员和设备的航天飞机。它总长约56米,翼展约24米,起飞重量约2040吨,起飞总推力达2800吨,最大有效载荷29.5吨,它的核心部分轨道器长37.2米,每次飞行最多可载8名宇航员,飞行时间7至30天。迄今为止美国先后制造了5架航天飞机:哥伦比亚号、挑战者号、发现号、亚特兰蒂斯号、奋进号。1986年1月28日,挑战者号在第十次升空73秒后爆炸,7名宇航员全部遇难。2003年美国当地时间2月1日,载有7名宇航员的美国哥伦比亚号航天飞机在结束了为期16天的太空任务之后,返回地球着陆前发生意外,航天飞机解体坠毁,7名宇航员全部罹难,这是它的第28次飞行。

4. 深空探测

深空探测是指脱离地球引力场,进入太阳系空间和宇宙空间的探测。主要有两方面的内容:一是对月球和太阳系的各个行星进行深入探测,二是天文观测。在行星际探测方面,过去 40 年来,美国、苏联、欧洲航天局及日本等先后发射了 100 多个行星际探测器,既有发向月球的,也有发向金星、水星、火星、木星、土星、海王星和天王星等各大行星的,取得了很多重大发现。在天文观测方面,人类已把不同波段的天文卫星送入太空,其中较大的有美国的伽马射线观测台、先进 X 射线天体物理设施、红外望远镜设施、哈勃空间望远镜等 4 项,其中以哈勃空间望远镜最引人注目。深空探测的总体目标是:利用空间资源(能源、资源、环境);扩展生存空间;探索太阳系和宇宙(包括生命)的起源和演化。21 世纪深空探测的五个重点领域是:月球探测;火星探测;水星与金星的探测;巨行星及其卫星的探测;小行星与彗星的探测。

1959 年 9 月 26 日,苏联成功发射了月球 2 号探测器,它是首个落在月球上的人造物体。美国的先驱者号是世界上第一个行星和行星际探测器。1972 年向木星发射的先驱者 10 号是第一个到达木星、木星卫星、土星附近的探测器,之后先驱者 10 号携带访问地外文明的镀金铝牌飞过冥王星,于 1983 年飞离太阳系,进入恒星际空间,成为第一个飞出太阳系的探测器。1997 年,先驱者 10 号已远离地球 90 亿千米,它发出的无线电信号要经过 9 小时才能到达地球站。先驱者 10 号原设计寿命为 22 个月,但它已在太阳系深空中足足工作了 25 年,探测器上的 11 台同位素核能电池只剩下 1 台在坚持工作。由于传回地面的信号太弱,因此美国航空航天局(NASA)终于忍痛与它中断联系。2007 年 10 月 24 日,我国成功发射第一个月球探测器——"嫦娥一号"月球探测卫星,实现地月转移和环月飞行,对月球进行环绕探测,实现了我国深空探测技术的重大突破。

六、海洋技术

海洋是生命的摇篮,不仅地球上最早的生物出现在海洋,而且目前地球 80% 的生物资源在海洋中。今天地球上约有 100 万种动物,40 万种植物和 10 万种微生物,其中海洋生物 20 万余种。有人计算过,在不破坏生态平衡的条件下,海洋每年可提供 30 亿吨水产品,能够养活 300 亿人口。广阔无垠的海洋是自然界赐予人类的一个巨大的资源宝库。据 1995 年的估计,世界近海已探明的石油资源储量为 379 亿吨,天然气的储量为 39 万亿立方米。据不完全统计,海底蕴藏的油气资源储量约占全球油气储量的 1/3。最保守的统计,全世界海底天然气水合物中(可燃冰)贮存的甲烷总量约为 1.8 亿亿立方米,约合 1.1 万亿吨,够人类使用 1000 年。海底还蕴藏有巨量的多金属结核,其中,锰结核是海洋中最重要的资源。它含有 30 多种金属元素,锰 25%,铁 14%,镍 1.9%,铜 0.5%,钴 0.4%。这种团块是以岩石碎屑,动、植物残骸的细小颗粒,鲨鱼牙齿等为核心,呈同心圆一层一层长成的,像一块切开的葱头。锰结核广泛地分布于世界海洋 2000－6000 米水深海底的表层,而以生成于 4000－6000 米水深海底的品质最佳。锰结核总储量估计在 30000 亿吨以上。海底磷矿、硫化矿、砂矿亦很丰富。海水中含有大量化学元素,可提取的元素包括铀、氘、氚等 80 余种。

在陆地资源日益减少、环境问题日益严峻的情况下,世界各发达国家都加强了对海洋的研究和开发,使海洋开发技术得到特殊的重视,成为各国激烈争夺的又一个领域。上世纪 80 年代日本就提出,海洋开发技术、原子能技术、空间开发技术等三大科技为未来日本优先发展的高新技术产业。从当代海洋技术的发展来看,大致可以分为海洋探测技术、海洋开发技术和海洋服务技术三个方面。

1. 海洋探测技术

海洋探测是海洋资源开发利用的前提,其目的是探测资源的储量、分布和利用前景,监测海洋环境的变化。海洋探测技术包括:在海洋表面进行调查的科学考察船,自动浮标站,以及在空中进行监测的飞机、卫星等。海洋科学考察船担负着调查海洋、研究海洋的责任,是利用和开发海洋资源的先锋。它调查的主要内容有海面与高空气象、海洋水深与地貌、地球磁场、海流与潮汐、海水物理性质与海底矿物资源(石油、天然气、矿藏等)、海水的化学成分、生物资源(水产品等)、海底地震等。据统计,20 世纪 70 年代初全世界总共有科学考察船 800 多艘,10 年后增加到 1600 艘,其中美国 300 多艘,苏联 200 多艘,日本 180 多艘。

海洋浮标是一种现代化的海洋观测设施,是海洋环境监测系统的重要组成部分。它具有全天候、全天时稳定可靠的收集海洋环境资料的能力,并能实现数据的自动采集、自动标示和自动发送。海洋浮标,一般分为水上和水下两部分,水上部分装有多种气象要素传感器,分别测量风速、风向、气温、气压和温度等气象要素;水下部分有多种水文要素传感器,分别测量波浪、海流、潮位、海温和盐度等海洋水文要素。目前全世界已有数百个锚泊浮标和数千个漂流浮标。在一些国家的邻近海域和大型国际海洋研究中,布设有锚泊浮标网和漂流浮标阵。

利用海洋卫星可以经济、方便地对大面积海域实现实时、同步、连续的监测,它已被公认为是海洋环境监测的重要手段。海洋卫星包括海洋水色卫星、海洋动力环境卫星和海洋环境综合卫星三种类型。海洋水色卫星用于对海洋水色要素(如叶绿素、悬浮沙和可溶性的黄色物质等)和水温及其动态变化的探测。海洋动力环境卫星是对海面风场、海面高度、浪场、流场以及温度场等协动力环境要素进行探测的卫星。海洋环境综合卫星可以对全球与近海(包括海岸带)的海洋动态环境和水色环境各种信息进行综合遥感监测。发展海洋环境综合卫星主要目标是:提供全天时、全天候海况实时资料,用于改进海况数值预报模式,提高中、长期海况预报准确率,同时提供海上目标、海岸带调查、海洋污染的实时同步海洋要素监测,为海洋环境监测、维护海洋权益和海岸带资源调查、综合利用与管理服务。1978 年 6 月 22 日,美国发射了世界上第一颗海洋卫星 Seasat-A。目前,美国、日本、俄罗斯等国已发射了 10 多颗专用海洋卫星。我国于 2002 年 5 月和 2007 年 4 月,成功发射了两颗海洋水色卫星:海洋一号 A 和海洋一号 B。

2. 海洋开发技术

海洋开发技术包括海洋资源开发技术和海洋空间开发技术。海洋资源开发技术包括海洋生物资源、油气资源、海底矿产资源、海洋能源、海水化学物质提取利用、海水综合利用等专项开发技术。

海洋生物资源开发技术　　目前,海洋生物资源开发已从过去单纯的鱼虾捕捞活动发展到人工增养殖、提取海洋药物及海洋生物工程技术开发阶段。美国采用脱氧核糖核酸酶重组技术改良养殖品种,使贝类、鲍鱼养殖产量提高 25%,另外从栖息于软珊瑚内的一种海蘑菇中成功地提取出了抗白血病和咽癌的生理活性物质。日本从寒冷水域的鱼类血清中分离出抗冻基因,并成功地将其转移到大西洋鲑鱼中,为南鱼北殖的研究开辟了新途径。此外还利用杂交和染色体等高新技术,培育出适合低水温期生长的鱼类新品种。我国在海洋生物资源开发技术方面成就卓著,成功地进行上、中、下层水域的立体养殖,对河豚鱼毒素、藻酸双脂钠、人造皮肤等海洋药物资源开发技术已跻身世界先进行列,在海藻细胞工程及基因工程育种方面均处于国际领先地位。目前,不仅建立了海藻细胞库,而且通过 DNA 技术,建成了基因库等。

海水淡化技术 向海洋要淡水已成定势。淡水资源奇缺的中东地区,数十年前就把海水淡化作为获取淡水资源的有效途径。美国正在积极建造海水淡化厂,以满足人们目前与将来对淡水的需求。全世界共有近 8000 座海水淡化厂,每天生产的淡水超过 60 亿立方米。最近,俄罗斯海洋学家探测查明,世界各大洋底部也拥有极为丰富的淡水资源,其蕴藏量约占海水总量 20%,这为人类解决淡水危机展示了光明的前景。目前,海水淡化技术主要有蒸馏法、电渗析法、反渗透法等,都已达到工业生产的规模。美国成功地安装了日产淡水1.1 万吨的大型反渗透海水淡化器,法国研制成日产淡水 9000 立方米的低温多效蒸发海水淡化系统。我国的海水淡化技术也很突出,1991 年向马尔代夫出口成套电渗析淡化设备,建起了日产 35 吨的海水淡化厂,1997 年在浙江嵊山岛建成了日产 500 吨的反渗透海水淡化站,具有工艺简单、操作方便、投资少、能耗低等优点。

海洋能源技术 海洋能实际上是太阳能的一种存在形式,以波浪、潮汐、温差、海流、盐度差等多种方式蕴藏着丰富的能量。海洋能蕴藏量大、可再生、无污染,日益受到各国的重视。目前,世界上利用海洋发电的技术有四种:①潮汐发电。利用涨潮和落潮所形成的潮差发电。据计算,世界海洋潮汐蕴藏的能量约有十多亿千瓦,每年可发电一万多亿度。1966年,法国在布尔塔纽地区兰斯河口修筑了 750 米长的堤坝,每年可发电五亿四千四百万度,这是目前世界上最大的潮汐发电站。②波浪发电。利用波浪的上下运动或横向运动产生和风能类似的一种速度缓慢的机械能。据估算,在一平方公里的海面上,波浪运动每秒钟蕴藏有 20 万千瓦的能量。人们正在试用两种波浪发电的新方法:一种是在海面上的浮标中安装涡轮发电机,利用波浪一上一下的起伏垂直运动,推动装有活塞的浮标,借助活塞与浮标的相对运动所产生的压缩空气,驱动涡轮发电机发电;另一种是在海岸上设置固定的空气涡轮机,利用海浪冲击的力量,通过导管鼓动空气,驱动空气涡轮机发电。③海水温差发电。利用海洋表层热水和深层冷水的温度差热能转换成电能。可以使作为热源的表层海水在低压或真空的锅炉内沸腾以产生蒸汽,推动涡轮机,并带动发电机发电。④盐度差发电。利用江河入海口处淡水与咸水之间所存在的盐度差进行发电。由于咸水与淡水的渗透压力不同,在咸水与淡水交汇处建立一个内部设置有渗透膜的水压塔,淡水通过渗透膜被压到咸水一侧去,使水压塔内咸水一侧的水位上升,于是就可利用所出现的水位差进行发电。

海洋空间开发技术 海洋空间开发包括海洋运输,填海造地,港口建设,航道疏浚,建设人工岛、海底隧道、水下牧场、海上桥梁、海底仓库和海中居住区等。科学家认为,海洋空间资源的利用,在未来可望能够建立"半下沉"或"全下沉"的"浮动工厂"和"海底村庄"、"海上城市",可以消除陆地上的噪音和纷杂,也可以解决某些人口拥挤国家的居住问题,或者作为跨国公司的贸易活动站。

3. 海洋服务技术

海洋服务技术包含进行海底作业和考察的潜水服务,预报海浪、海温、潮汐、风暴潮,海上通信技术,海洋导航技术和防止污染的海洋环境保护技术。

潜水器既是深海探测的工具,又是进行水下工程的重要设备。潜水器可分为载人潜水器和无人潜水器。美国是世界上最早进行深海研究和开发的国家,"阿尔文"号深潜器曾在水下 4000 米处发现了海洋生物群落,"杰逊"号机器人潜入到了 6000 米深处。1960 年,美国的"迪里雅斯特"号潜水器首次潜入世界大洋中最深的海沟——马里亚纳海沟,最大潜水深度为 10916 米。1988 年,法国研制成可下潜 6000 米的深潜器,可载 3 人,能直接考察世界 97％的洋底,可进行摄影、录像,还有两只分别为 7 个和 5 个自由度的机械手,用来采集海底样品。1997 年 6 月我国首台 6000 米自制水下机器人"CR-01"号诞生,并在太平洋海试中达到下潜深度 5176 米。近年又成功研制出目前世界上下潜最深的载人潜水器"海极一号",能在水下 7000 米进行深海资源勘探,该潜水器的外观近似一个椭圆形球体,能容纳 3 个人,包括 1 名专业操作员和 2 名科学家,可达世界 99.8％的海洋底部。除中国外,目前全世界仅有美国、日本、法国和俄罗斯拥有深海载人潜水器,但最大工作深度不超过 6500 米。

我国的海洋通信技术发展迅速,目前已发展成为海洋监视和监测、海洋执法、海洋科学考察、海洋观测实时资料传递、海洋灾害预报预警、海洋预报产品发布、海洋浮标信息资料传递、卫星和飞机遥感信息资料传输、南极考察和船舶、飞机调度指挥等各项业务工作的综合通信网络,使海洋数据资料和预报产品能够迅速传递到国内外的用户手中,直接为国民经济建设服务。

展望未来,六大现代技术将在 21 世纪加速发展,通过更广泛的应用和商品化,成为日益强大的新技术产品。一般地说,以基因工程、细胞工程为标志的生物技术将成为 21 世纪技术的核心;以光电子技术、人工智能为标志的信息技术将成为 21 世纪技术的前导;以超导材料、人工定向设计材料为标志的新材料技术将成为 21 世纪技术的支柱;以航天飞机、永久太空站为标志的空间技术将成为 21 世纪技术的外向延伸;以深海采掘、海水利用为标志的海洋技术将成为 21 世纪技术的内向拓展。

第四节　现代科学技术发展的特点与趋势

科学技术是社会历史的产物、人类智慧的结晶。在社会历史和人类认识发展的不同阶段上科学技术都表现出自己时代的特征。为了对当代的科技有一个全方位的总体的认识,需要对现代科学技术发展的特点有一个了解。现代科学技术的特点主要表现在以下方面:

一、现代科学的整体化趋势

现代科学技术一方面高度分化,一方面又高度综合,而且分化反而成为综合的一种表现形式。所谓科学体系的整体化,是指门类繁多的各门学科相互影响、相互渗透,日益紧密地联系在一起,形成一个统一的完整的科学体系,这是现代科学技术发展的一个显著的特点和趋势。科学作为一种知识体系,是由各种不同学科形成的一个有机整体。不同时期的科学整体都有其结构形态,反映了人们在一定历史条件下对自然界不同层次和方面的认识水平。古代的科学知识结构体系主要是由大量经验性的实用知识、少数几门理论自然知识和自然哲学等几种具体形态构成。从 15 世纪下半叶到 19 世纪末的近代自然科学结构体系是以牛顿力学为核心的经典自然科学体系,各门具体科学相继从自然哲学中分化出来,形成日益庞大的知识体系。自 19 世纪末 20 世纪初爆发物理学革命以来,尤其是第二次世界大战结束以后,科学的发展突出地表现出分化的步伐大大加快,学科越来越多,专业化程度越来越高,随着自然科学分支学科大量涌现,人们对客观世界的认识也不断深化,因而就越加发现自然界是一个统一的整体。在这种情况下,产生了综合研究的必要,推动了边缘科学(如生物化学、天文物理学等)和综合科学(如环境科学、空间科学等)的诞生。20世纪40年代以来,为了把握自然界各种事物的某些共同属性及其普遍联系,科学家创造性地从横的方向上对自然界进行研究,从而产生了一系列横断科学(如信息论、系统论、耗散结构理论等)。横断科学从某一特定的视角揭示了客观世界的本质联系和运动规律,不仅为现代科学技术的发展提供了新思路、新方法,同时还沟通了自然科学和社会科学的联系,使整个科学有了共同的概念、语言和方法。科学社会学、技术经济、管理科学、未来学等一系列新兴学科,就是自然科学与社会科学互相渗透、相互作用的产物。

20世纪后期,人类社会出现的重大科学技术问题、社会发展问题、经济增长问题和环境问题,都具有高度综合性和全球性。这些问题不仅涉及到社会经济增长的目的和方向,也关系到科学发展和应用的人文价值取向,必须组织有关自然科学、技术科学和人文社会科学部门进行广泛合作,综合运用多学科的知识和方法去研究解决。自然科学与人文社会科学结合,也是当今科学发展的重要特点。

二、科学活动的社会化和国际化

科学活动的社会化和国际化,是指科学劳动的组织形式发展到了国家规模,甚至国际合作,科学技术已成为整个社会的有机构成。科学研究工作从个人活动发展为集体活动,曾经历了很长时间。在古代和中世纪,人们进行科学研究很大程度上受求知愿望和寻求自然界奥秘的兴趣所驱使。当时科学与技术是分离的,科学研究往往是上层人物的事情,而技术活动则是劳动者、工匠们的事情。科学高贵、技术低贱的思想在欧洲影响很深。近代以来,科学家从事科学研究是以追求真理为目的。他们总想把自己的发现告诉志同道合的人们。基于这一点,大家愿意定期集会,交流各自的研究成果。16世纪,这样的交流小组在意大利开始出现并很快发展到170个。继而英国于1662年正式成立"以促进自然知识为宗旨的皇家学会",这是世界上第一个学会。从这以后,科学研究的社会化和制度化发展加快,尤其于1666年成立的法国皇家科学院成为国立研究机构的先驱,由国家负担一切费用,根据国家需要确定研究项目,并有部分会员由国家支付工资,成为职业科学家。过去,科学家与发明家、工人之间的接触是偶然发生的,以致使一个新原理从发现到实际应用需要很长时间,某些精密仪器和工程取得进展,需要经过几代人的努力。现在,科学研究已成为自觉的有组织的活动,并与生产密切结合。以前科学家个人配几个助手的科研活动形式已为集体组织所取代。19世纪末20世纪初,一部分企业家或政府官员,对科学尤其是应用科学的重要意义逐步有所认识,从而肯投入大量的人力物力,如英国政府于20世纪初成立"科学工业研究局",各行各业建立"研究共同体"。德国政府和各大企业协作,成立了开塞·维尔赫姆协会,进行化学、物理、生物等领域的基础理论研究。

20世纪30年代以后,科学劳动和组织管理已发展到了国家规模甚至跨国形式。从1937年德国建立V-2火箭基地开始,到1961年美国实施阿波罗登月计划达到高潮。第二次世界大战以后,美国和苏联等发达国家之间的竞争极大程度上依靠科学技术的实力。在这种情况下,重大科研项目都由国家政府出面组织,特别是军工部门,各国竞相扩大研究规模,增加研究经费,发展尖端技术。科学技术与国家的政治、经济、军事连成一体。美国科学家从事的重大科研项目,多由美国国防部提供费用。战前的科学研究,各国普遍依靠各大学的研究室和企业实验室,而战后普遍建立起国家研究所,由它们与各大学和企业研究室共同协作。有时甚至国家规模也显得力量太弱而开展国际协作,规模空前,投资巨大。科学活动的国际化从早期的跨国公司发展到多个国家的联合。1958 年为了进行国际原子能研究的合作,成立了欧洲原子能委员会。这种形式到 80 年代更加普遍。1985 年开始的中美两国海洋科学家合作对热带太平洋海气相互作用的调查研究,历时 5 年,已完整地掌握"厄尔尼诺"现象从产生—鼎盛—消衰全过程的科学数据和资料,对揭示地震、全球气候的变化规律具有重大意义。2003 年,由我国科学家牵头的"人类肝脏蛋白质组计划"研究中心在北京成立,这是首次由我国科学家领导的国际重大科研合作项目,目前参与这项计划的国家有中国、美国、加拿大、法国等 18 个国家和地区的 100 多个实验室的数千名科技工作者。这种在国际间进行科研合作的形式标志着人类进入了所谓"大科学"的时代。

21 世纪,世界已经进入一个政治、经济和科技发生着深刻变化的时代。科学技术正以它从未有过的力量改变着世界面貌,主导着社会文明的进程。当今,世界各国都把加快发展科技事业放到国家全局战略位置上,强化决策,调整政策,增加投入,营造环境,出台重大科技计划,全力进行科技领域攻关,抢占世界高科技的制高点。世界科技正是以这种强势,推动着世界经济加速重组和全球化。知识与资源、资本更加紧密结合,全球数字化的进程在加快,以发展高科技为核心的知识经济,正成为全球的最强音。

三、科学发展的加速化和数学化

科学发展的加速化主要是指科学发展的速度和科学理论转化为技术的速度呈现不断加快的趋势。20 世纪的后三十年来,人类所取得的科技成果,比过去 2000 年的总和还要多。20 世纪中叶后的一段时期,人类的科技知识每 10 年增加 1 倍。当代,每 3−5 年增加 1 倍。以此推算,人类在 2020 年所拥有的知识当中,有 90％现在还没有创造出来。今天的大学生到毕业的时候,他所学的知识有 60％到 70％似乎已经过时。

从提出自然科学理论到生产过程中加以应用所间隔的时间越来越短。19 世纪以前,蒸汽机从发明到投入生产用了 100 年(1680−1780)蒸汽机车用了 34 年(1790−1824),柴油机用了 19 年(1878−1897),电动机用了 57 年(1829−1886),电话机用了 56 年(1820−1876),无线电用了 35 年(1867−1902),电子管用了 31 年(1884−1915),汽车用了 27 年(1868−1895)。但进入 20 世纪以来,物化速度日益加快。雷达只用了 15 年(1925−1940),电视机用了 12 年(1922−1934),晶体管用了 5 年(1948−1953),原子能利用从发现原子核裂变到第一台原子反应堆建立只用了 3 年(1939−1942),而激光器从实验室发明到在工业上应用则仅仅 1 年。

数学和定量化方法的广泛应用是当代科学技术发展的又一个基本特征。它主要包括两个方面:一是数学应用于其他自然科学部门及某些社会科学部门;二是仿照数学的逻辑思维方法,建立一整套科学理论的公理化体系。科学技术的数学化,是精确地认识客观世界的必然要求。马克思曾指出:"一种科学只有在成功地运用数学时,才算达到了真正完善的地步。"在科学技术发展的进程中,各门科学是先后运用数学方法的。在自然科学和数学不发达的古代,天文学和力学虽然已与数学相结合,但联系并不紧密,谈不上数学化。只是到了近代,自然科学中的某些学科才开始数学化,伽利略是在力学中运用数学方法的开创者,他将自由落体定律用数学公式精确表示出来,还有抛体运动规律等。后来,牛顿将微积分运用于力学,还运用数学创立了天体力学。19世纪60年代,英国物理学家麦克斯韦运用麦克斯韦方程组———组微分方程来描述电磁场的性质。然而,在近代科学中,成功运用数学只限于力学、天文学和电磁学。恩格斯曾对19世纪中叶以前的自然科学应用数学的状况作了如下描述:"数学的应用在固体力学是绝对的,在气体力学中是近似的,在液体力学中已经比较困难了,在物理学中多半是尝试性的和相对的,在化学中是最简单的一次方程式。在生物学中是0"。当时,数学在自然科学中的应用尚且如此,就更谈不上在社会科学中的应用了。今天数学不仅在自然科学中得到了广泛的应用,而且日益向社会科学、思维科学和哲学中渗透,出现了整个科学日益数学化的趋势。

在现代科学技术数学化的进程中,生物学应用数学最为突出。在研究生理现象、神经活动、生态系统以及遗传规律方面已大量采用数学公式来表达各种量的关系。正是数学向生物学的渗透,产生了生物数学这门崭新的学科,它已经发展成为四大分支:统计生物学、数学生态学、数学遗传学、数学生物分类学。从20世纪60年代开始,这四大分支学科几乎每年都举行国际学术会议。有的学者预言,21世纪将是生物数学的黄金时代。同生物学类似,现代科学技术中无论那门学科都要运用数学概念和数学方法。天文学、地学、物理学、化学等学科,以及它们的分支学科运用数学愈来愈多,愈来愈广泛。尤其是电子计算机和人工智能的出现,它已可以协助和配合人脑从事计算、判断、推理、决策和翻译、情报资料检索等各种活动,加速了现代科学技术数学化的步伐。正如已故著名数学家华罗庚先生指出的:"宇宙之大,粒子之微,火箭之速,生物之谜,化工之巧,地球之变,日用之繁,无处不用数学。大哉,数学之为用!"

四、科学、技术、生产的一体化

在19世纪以前,尽管科学技术在物质生产过程中的应用日益广泛,但科学和技术、科学和生产在很大程度上仍然是脱节的。主要表现在:(1)科学的发展常常落后于技术和生产的发展,以致在科学理论上尚未搞清楚的东西,在技术和生产上却可以先行实现。如18世纪发明的蒸汽机,作为其理论基础的热力学,直到19世纪中叶才建立起来。(2)有时科学因其自身的矛盾运动而出现新理论,但却迟迟不能转化为生产技术,应用于物质生产。如1831年发现的电磁感应定律,直到1867年才制成可供生产使用的直流发电机,而电力技术的发展和电力技术革命的真正开始却是19世纪70年代以后的事了。

到了现代,科学技术化、技术科学化,而且科学的出现,技术的发明,很快转变成现实的生产力。今天,科学上没有搞清的事情,要想在技术上实现是不可能的。当代科学对于物质生产的这种主导作用和超前作用,不但极大地提高了物质生产力,而且也从根本上改变了生产、技术、科学三者相互作用的形式,在以前"生产→技术→科学"的过程基础上,出现"科学→技术→生产"这种逆向过程。比如,先有了量子理论,而后运用量子力学研究固体中电子运动过程,建立了半导体能带模型理论,使半导体技术和电子技术蓬勃发展起来,并促进了电子计算机的发展;运用相对论及原子核裂变原理形成和发展了核技术,促进了原子能在军事、航运、发电等方面的应用;运用光量子理论创造了激光技术,建立了激光产业;运用分子生物学、生物化学、微生物学和遗传学等新成就,发展起生物技术,广泛地应用于工业、农业、医药卫生和食品工业等方面。

另一方面,科学的发现也离不开技术的进步,没有技术上提供精密的实验仪器和实验材料,科学寸步难行。科学是技术的理论力量,而技术给科学以物质力量。科学技术是愈来愈重要的生产力,现代化的生产须臾也不离开科学技术。科学、技术、生产不仅在时间上日益密切联系在一起,而且是双向相互作用的关系,科学、技术、生产日益靠近,融成一体,出现了现代科学技术的纵向整体化。

思考题

1. 请想想系统科学与自然科学产生方式与应用范围的差异性。
2. 请谈谈你对耗散结构理论的认识。
3. 第三次技术革命主要包括哪些技术。
4. 新能源的种类有哪些。
5. 生物技术包含哪些方面的内容,请你想象一下生物技术的发展前景。
6. 请谈谈你对现代科学技术发展的特征与趋势的认识。

第八章

科学、技术与社会

▷▷▷

　　现代科学技术给人类提供的知识和方法,正在改变着人们的生产方式、生活方式和思维方式。今日世界的国家经济、民族文化、社会生活、人民教育等各项事业都与科学技术有着十分密切的关系,受到科学精神或生产技术的推动和引导。因此,了解科学、技术的概念,了解科学技术对国家发展的重大意义,同时认识到科学技术的负面作用,对于科学技术的发展以及社会的进步具有重要意义。

第一节　科学、技术及其相互关系

一、什么是科学

　　科学是个难以界定的名词,人们更多地是从一个侧面对其本质特征加以揭示和描述。以英国著名科学家 J. D. 贝尔纳(J. D. Bernal,1901—1971 年)为代表的科学家们认为,科学在不同时期、不同场合有不同意义。科学有若干种解释,每一种解释都反映出科学某一方面的本质特征。到目前为止,也还没有任何一个人给科学下的定义为世人所公认。由于科学本身也在发展,人们对它的认识不断深化,给科学下一个永世不变的定义,是难以做到的。

　　现在,让我们沿着历史的轨迹,把众多的科学定义、解释加以概括,提出为多数人可以接受的共同概念,通过这一概念的阐述以加深我们对"科学"的理解和认识。

　　1. 科学是人对客观世界的认识,是反映客观事实和规律的知识

　　人是如何认识客观世界的呢? 人是如何获得知识的呢? 实践出真知,人们是靠生产实践、生活实践和科学实验得到知识的,如果所得到的知识能反映客观事实和规律,它就是真知了。

　　因此,准确掌握科学这个概念的实质,主要是加深对"事实"和"规律"的认识。早在 19世纪 30 年代,首创进化论学说的生物学家达尔文用 5 年(1831—1836 年)时间,遍游四大洲三大洋之后,对收集的大量事实进行分类比较研究,于 1859 年发表《物种起源》巨著。1888年,他以自己的感受给科学下了定义,在《达尔文的生活信件》中提到:"科学就是整理事实,以便从中得出普遍的规律或结论。"达尔文也是通过网罗事实和发现规律取得科学伟绩的。

事实可以是历史事实、社会事实、自然界的事实和其他事实,科学就是发现人们未知的事实,如化学家发现的新元素,经济学家发现的资本主义经济危机,都是事实。发现这些人所未知的事实的人,就是科学家。英国科学家 H. 戴维(1778-1829 年)发现的钾和钠,尽管它在世界上早就存在,但过去没有人发现过,那是因为以前没有电解技术能把它们分离出来,戴维把它们分离出来了,使人们看到了,所以他成了科学家。这是因为大家承认他发现的是事实。

这种以事实为依据、实事求是、一切从实际出发,用实践来检验理论的行为准则就是科学态度、科学精神。

什么是规律呢? 人类在生产生活实践中发现事物之间有千丝万缕的联系,这种联系就是规律。如"月晕而风、础润而雨",人们已经找到"月晕"与"风"的关系,"础润"与"雨"的关系,遵从这些关系办事,人们就得到好处。这种反映客观事实之间联系的准确判断就是发现了规律,这种规律,就是学问,就是知识,也就是科学了。这里所说的联系或规律,也称法则,即事物发展过程中事物之间内在的、本质的、必然的联系。它是在一定条件下可以反复出现的,是客观的。人们只能发现它,但不能创造它。总之,只要深刻认识"事实"和"规律",我们就进入了伟大的科学殿堂。

2. 科学是反映客观事实和规律的知识体系。

20 世纪初,人们认识到科学是由很多门类交织组成的知识体系。此时,数学、物理、化学、天文、地理、生物等基础科学和电力、机械、建筑、钢铁、医药等工程科学及管理科学都比较成熟了。科学已不只是事实或规律的知识单元,而是由这些知识单元组成学科,学科又组成学科群,形成了一个多层次组成的体系。

科学家是系统掌握某一方面知识并能利用这些知识对诸多现象作出解释的人。科学史表明,科学家不只是知识的发现者,更重要的还是知识的综合者。古今中外的大学问家,都是在综合知识中创造,在发现知识中综合成为科学家的。在综合化过程中,按照内在逻辑关系把已知知识(或定理)条理化、系统化,发现矛盾或空白,再作观察,试验论证,得出新的原理,补充和完善了知识体系,这是一种科学过程。因此,大部分辞书给科学下的定义都强调"科学是知识体系",认为"科学是关于自然、社会和思维的知识体系"。

3. 科学是一项反映客观事实和规律的知识体系和相关活动的事业

第二次世界大战以后,人们的科学概念发生了巨大变化。那种把科学概念仍停留在本世纪初,认为只是反映事实和规律的普遍客观真理的知识体系的认识已经不够了。科学研究经过 16 世纪伽利略时代个体活动到 17 世纪牛顿的松散群众组织皇家学会时代,又到爱迪生(Thomas Alva Edison,1847-1931 年)的"实验工厂"的集体研究时代,尔后是本世纪40 年代美国实现曼哈顿计划研制出原子弹的国家规模建制的时代,最后是今天国际合作的跨国建制时代。自战后科学活动进入国家规模以来,人们已把科学称为"大科学",认为"科学是一种建制",即科学已成为一项国家事业,从而使企业和政府都直接参与了科学事业,实现了科学家与企业家、政治家的结合。近两年,跨国公司有很大发展,国家的地域化、集团化发展趋势,使不同国籍的科学家之间实现合作,科学成为一项国际事业或产业。越来越多的科学家把科学事业列入第四产业。1991年,我国著名科学家钱学森特别强调建立"第四产业"——科学技术业的重要意义,并作为重大战略决策向政府提出建议。这是科学是"一种建制"的现实表现。

科学作为一项事业,在社会总体活动中的地位和功能的表现有两个方面:一是在精神文明方面,即认识世界是科学的认识功能;二是在物质文明方面,即改造世界,是科学的生产力功能。科学,尽管在表现形式上是知识形态,但它必须准确地反映客观现实,从而在思想上才有可能树立正确的自然观、世界观和方法论。在社会舆论与组织宣传工作中,在储备科学知识的同时也树立了勇于进取、变革的科学精神、科学思想方法,这本身就是发展经济和推动社会进步的巨大潜在力量。

二、什么是技术

对技术的本质和意义进行考察研究,始于古希腊。亚里士多德曾把技术看作是制作的智慧。在罗马时代,工程技术发达,人们对技术不只看到"制作"这实的方面,也看到了是"知识形态"虚的方面。17世纪,英国培根(Francis Bacon,1561—1626年)曾提出要把技术作为操作性学问来研究。德国哲学家康德(Immanuel Kant,1724—1804年)也曾在《判断力批判》中讨论过技术。尔后人们提出了"技术论"。到18世纪末,法国科学家狄德罗(Denis Diderot,1713—1784年)在他主编的《百科全书》条目中开始列入了"技术"条目。他指出:"技术是为某一目的共同协作组成的各种工具和规则体系"这是较早给技术下的定义,至今仍有指导意义。阐明技术概念的这句话提出5个要点:①把技术与科学区别开,技术是"有目的的";②强调技术的实现是通过广泛"社会协作"完成的;③指明技术的首要表现是生产"工具",是设备,是硬件;④指出技术的另一重要表现形式——"规则",即生产使用的工艺、方法、制度等知识,这就是软件;⑤和科学一样,把定义的落脚点放在"知识体系"上,即技术是成套的知识系统。直到现代,许多辞书上的技术定义,基本上没有超出狄德罗的技术概念范畴。

科学与技术是辩证统一的整体,科学中有技术,如物理学有实验技术,技术中也有科学,如杠杆、滑车等也有力学。技术产生科学,如射电望远镜的发明与使用,产生了射电天文学;科学也产生技术,比如1831年发现电机原理,1882年生产出发电机。

科学回答的是"是什么"、"为什么",技术回答的是"做什么"、"怎么做";科学提供物化的可能,技术提供物化的现实;科学是发现,技术是发明;科学是创造知识的研究,技术是综合利用知识于需要的研究。区别科学与技术的目的,不是将它们分开,而是要更好地统一考虑。注重技术时要想到科学,注重科学时要考虑技术。对于科学来说,技术是科学的延伸;对于技术来说,科学是技术的升华。

第二节 科学技术对经济和社会发展的作用

本节我们通过美国在南北战争结束之后近50年的经济发展的历史,来具体说明科学技术对于一个国家经济和社会发展的重要作用。

一、学会站在巨人的肩膀上

南北战争结束后,美国发动了产业革命,继承英、德实现工业化的经验,发展一批先导产业。

1. 铁路电讯先行

1865 年结束南北战争之后,美国即发展铁路和电讯。1869 年,建成横贯东西的大铁路,使西部资源与东部工业结合起来,加快了工业化的速度。同时。在大西洋铺设海底电缆,保证了欧美两大陆信息畅通,结束了美国孤立于欧洲之外的境遇,对欧美贸易产生巨大影响。

2. 重点发展农业和轻纺工业

这是美国的优势,又是欧洲的成功经验。美国产业革命起于轧棉机的发明,而轧棉机正发生在农业与纺织业的结合点上,从而形成为农业服务的轻纺技术革命。

3. 建立相关行业联合的大型托拉斯经营体制

在石油、电器、钢铁、汽车、食品和有色金属领域全面推开这种生产体制,从整体上提高经济效益,增强国际竞争能力。

4. 重视信息利用

由于血缘关系,欧美的信息交流十分频繁,欧洲任何新技术动向都能在美国得到反映,其反映速度之快,往往超过欧洲邻国。1745 年,荷兰人发明蓄电池,第二年美国人富兰克林(1706－1790 年)就进行天电传蓄的"费城实验"。1803 年,英国人刚把蒸汽机装到火车上,运行尚未成功,美国人 R. 富尔顿(1765－1815 年)就发明了蒸汽机轮船,欧洲人发明 DDT,还没试产,美国人已进入大规模生产阶段,使马铃薯产量当年翻番。1837 年在英国发明电报,第二年美国就推广使用。今天,技术信息速度就是工业经济发展速度。这是重要的现代信息意识。

二、只有创新才能超过别人

1850 年,美国结束了完全照搬欧洲技术的历史,走上了工业技术创新之路。

1. 从抓机械技术创新开始

美国地多人少,劳力不足,需要发展节约劳力的机械技术。当时,英国对美国人引进技术戒备森严,这迫使美国人依靠自己力量发展机械技术。

创新始于 E. 惠特尼(1765－1825 年)发明轧棉机。这个发明使清除棉籽效率提高了1000 倍,从而使美国超过印度,成为世界最大棉花出口国。美国利用出口棉花的外汇购置技术和工业品,产生良性循环。此发明大大地鼓舞了美国人。当时美国总统写信给惠特尼,"你的发明很重要,我要买一台这种机器"。现在美国专利局大门上还刻着:"专利制度(技术发明)注入兴趣这个燃料,使天才之火燃烧起来。"

2. 电力技术革命使美国后来者居上

大发明家爱迪生出现在美国并非偶然。他的成长过程,是技术教育与技术创新结合形成生产力的过程。爱迪生和法拉第一样,也是受《百科全书》电学知识的启蒙教育走上发明之路的。爱迪生的发明,在美国兴起一场电力技术革命。美国电力技术革命对美国经济的影响如同德国化工技术革命对德国工业化的影响一样重要。

电力技术革命起源于欧洲,完成在美国。1866 年,维·西门子发明新式电机后曾给他在伦敦的弟弟写信:"电力技术很有发展前途,它将会开创一个新纪元。"后来事实证明了他的预见。继西门子的电机之后,1876 年贝尔(A. G. Bell,1847－1922 年)发明了电话,1879年爱迪生改进电灯,这三大发明照亮了人类实现电气化的道路。

1882 年,爱迪生建成世界上第一个发电厂,发电能力为 900 马力,供 7200 个灯泡使用,完成了电力工业技术体系的初步建立。几乎同时,在欧美纷纷成立许多专业电气公司,实现电力技术产业化。1889 年,金融大亨摩尔根参加了爱迪生的电气公司,使美国的电气化步伐加快。爱迪生的一生,是美国从落后农业国向工业国过渡、从全盘照搬欧洲技术到建立美国自己的技术体系的时代。爱迪生的奉献使美国人骄傲,美国人称他为"发明大王"、"一代英雄"。

3. 新技术产业化需要有个过程

1879 年,爱迪生改进了电灯,但并未引起社会广泛注意,因为输电技术没过关。直流输电耗损大,发电容量与输电距离有限。1888 年,爱迪生的助手特斯拉(1856－1943)和威斯汀豪斯(1846－1914 年)分别制成交流电动机和变压器,与已经发明的交流发电机相接,建成交流电传输系统。美国于 1886 年建成最早的交流发电厂并提供使用。

电力技术的成功,使美、欧、日纷纷把电力建设作为国家承建工程的重点。美、欧、日超大型电力系统、以电为中心的超大型联合企业和国家电气化计划纷纷建立和筹划。世界范围内兴起的电气化热潮,使人类迎来了"电气化世纪",完成了第二次技术革命。

4. 大规模生产方式使工业史进入历史新阶段

美国机械工业取得领先地位,重要原因之一是实现了元部件的标准化、系列化生产。

1787 年,惠特尼完成了步枪零件的标准化生产工作。只要把大批生产的通用标准化零件随意组装,就可以大规模成批生产步枪。这一创举,为美国领先完成专业化、单一产品化和标准化的大规模生产方式,为实现生产管理的科学化拉开序幕。这种美国生产方式迅速在世界各国推广,成为企业降低成本提高效益的重要途径,至今已沿用 100 年之久。直到近几年,日本才推出小批量多样化的生产方式,以最大限度地满足顾客的多种需求,引起各国企业的重视。美国生产方式的思路是从法国学来的。早在 1785 年,美国驻法公使杰弗逊发现法国皇室兵工厂采用部件标准化生产方法,立即写报告给政府。实际上,惠特尼的思想是在法国影响下产生的。

现代管理科学诞生于美国的机械工业发展过程之中。1886 年,美国机械学会就发表了企业科学管理文章。1903 年,该学会发表了首创管理学的管理大师泰勒(F. W. Taylor,1856－1915 年)的论文《工厂管理法》。1911 年,他又发表《科学管理原理》一书,系统地阐述了有关企业定额管理、作业规程管理、计划管理、专业管理、工具管理等建立在行动分析基础上的一整套理论和方法,为现代管理学奠定了基础。该理论方法称之为"泰勒制",它通过职工积极性与管理者责任心的结合,使生产效率空前提高。

1908 年,美国福特汽车厂的福特(1863－1947 年),采用了"泰勒制",把零部件生产标准化和流水作业线结合起来,大幅度提高生产效率。他的管理方法,大量节约人力、物力,使汽车售价由当时的 8000 美元一辆降到 850 美元,从而使他有可能提高工人工资一倍(生产效率超过 4 倍),执行"高工资低价格"政策。到 1927 年,销售量达到 1500 万辆,福特汽车公司从此扶摇直上,成为当时世界最大汽车厂,美国也成为"汽车王国"。

5. 产业技术革命带来了经济繁荣

如果说英国、德国的第一次技术革命(产业革命),还只是解决生产文明问题,那么美国的第二次技术革命(产业革命),就不只是解决生产文明(钢铁、化工和电力技术),还发展了生活文明(汽车、无线电和航空工业技术)。

首先,美国完成和完善了欧洲的钢铁、化工和电力"三大技术"。在机械工业带动影响下,美国钢铁工业发展很快。1870年,钢产量只有7万吨,1880年,在欧洲钢铁技术基础上建成自己的钢铁生产技术体系,到1889年,美国的一流技术使钢铁产量超过欧洲,达到400多万吨,占世界第一位。

美国的又一优势是石油与石油化工。自1859年8月29日美国打出第一口油井以后,就极力发挥石油开采技术优势,发展石油工业。美国汽车工业与航空工业的发展促使石油工业得到空前繁荣。特别是中东油田的大规模开采,使"黑色的金子"像水一样便宜,流入美国。1953年,美国用油量超过用煤量,实现了煤与油的燃料转换。1960年,石油消费量已占世界的50%。世界十大企业中5个是美国石油公司。

美国化学工业有120年历史,但取得世界领先地位,主要是靠优于德国煤化工的石油化工。1927—1934年,美国的纤维、塑料和橡胶三大合成工业发展迅速。杜邦公司的 W. H. 卡罗瑟(1896—1973年)发明了"尼龙",惊动世界,尼龙袜子成为各国妇女排队抢购的时髦货,它成为煤化工向石油化工转换的里程碑。从此,石油化工以其能合成各种用品的绝技,使产值在8年中增加了19倍。由于投资回收很快(不到3年),使它成为各工业部门中产品附加价值最高、规模大、发展快的"摇钱树"工业。美国的石油化工技术,使美国除化肥工业以外,全部夺得冠军宝座,成为"石油化工技术王国"。

其次,美国完成和发展了汽车、飞机和无线电技术这"三大文明"。

美国石油工业促进汽车工业与航空工业的发展,美国以其巨大的优势迅速占领世界市场。1927年,汽车总产量已占世界的80%。福特公司成为世界第一大企业,它使8个美国人就有一辆汽车。1947年,美国生产自动化技术有了很大发展,进一步促进汽车、航空工业的繁荣。

1903年,美国在自行车行业工作的莱特兄弟,在滑翔机上安装12马力汽油发动机,试飞成功,标志着人类进入航空时代。1918年,开辟了纽约到芝加哥航线,30年代,美国的DC3—7号螺旋桨客机投入使用,50年代,喷气客机投入使用,美国的波音航空公司成为世界1000多家航空公司中最大的航空工业公司之一。

无线电技术起源于欧洲,但发展成为工业则在美国。1876年,美国人贝尔发明了电话。之后两年,美国就建立了电话局,一年后遍及纽约全城。1885年,电话在欧洲普及。1892年,美国建立世界第一个自动拨号电话局。到1927年,美国电话台数占世界总台数的61%。

1906年,美国人 L. 德福雷斯特(1873—1961年)发明了无线电关键部件三极真空管,1910年美国建成第一个无线电广播电台,收音机开始进入家庭。1920年实现商业广播,公布了总统大选结果,其发展速度之快令人吃惊。1926年,建成全国广播网,第一个节目是1927年元旦橄榄球赛。1929年,美国人发明彩色电视。1943年,美国建成国际广播电台——"美国之音"。1947年,美国利用微波通讯,实现电视电话的中继与多路传送。1948年,贝尔电话研究所的三位学者发明半导体,制成半导体收音机。1960年,美国人使激光技术得到应用,迎来"激光通讯时代"。至此,美国名副其实地成为世界科技中心。

回顾美国历史,1860年以前,美国还处于殖民地的经济落后状态。1860—1890年,美国通过工业技术革命、创新,使产值上升9倍。到1880年,它已经是西方第二经济大国。1890年,跃居世界第一,许多工业产品产量都居世界第一位,其黄金储量占世界一半。1900年,人均收入超过欧洲,1913年黄金储量达到当时世界总量的70%,成为世界经济的一霸。

第三节　科学技术的负面影响

当今世界,以信息技术和生命科学等为先导的科技革命的迅猛发展,深刻地改变了人类的生产方式、管理方式、生活方式和思维方式,推动了人类社会的加速发展,伴随而生的是科学技术的负面影响日益显著。生活于现代社会的人,对于科学技术对人类社会的正面作用有切身感受,但是,我们也应该清醒地认识到,由于科学技术被不当应用,它给人类和地球带来的灾难也是巨大的,而且人类目前尚没有办法从根本上抵制灾难的蔓延。这一节,我们更多地向大家介绍科学技术的负面影响,以引起读者对于科学技术被滥用的警惕。

一、历史的回顾

目前所知,人类历史的99%以上的时间是漫长的原始社会,人类有自己的文化生活只有几千年,但是真正把科学技术广泛应用到生产上,并引起社会生产、生活的巨大变革还不到300年。

对于科学技术与社会关系的认识,可以追溯到19世纪。当时,工业革命创造了新的技术时代,以蒸汽机为标志的机械技术极大地促进了生产力的发展和社会关系的剧变,使人类生活的许多方面发生了深刻的变化,人们无不为科学技术的巨大作用感到欢欣鼓舞。他们欢呼科技取得的巨大胜利,赞扬机器像普罗米修斯一样造福于人,给人类带来了高度的物质文明。在眼前这片似乎蒸蒸日上的景象面前,科技上的乐观主义显然占据了统治地位。那些功利主义思想家们也认为,机器这种新技术完全适合于新自由经济,依靠它能实现"最大多数人的最大利益"。当然,思想家们看到财富在机器的运转中涌流出来的同时,工人就在亲身操作机器的过程中经受劳苦,或因受到机器的排挤而仇视机器。从总体上说,人们在那个时代对科技看得很简单,眼前的成就使人们对科学技术寄予了更多更美好的愿望。

进入20世纪以后,人们逐渐发现,技术远非人们以往所认为的那么简单、那么令人向往。仅在20世纪初,人们就在看到使用技术取得重大成果的同时,也看到了它的某些令人恐惧的消极效应。例如,TNT炸药和铀,既可以为人类造福,又可以用于大规模杀人。机器的大规模使用,一方面极大地增加了社会财富,另一方面又加重了工人的受奴役地位,并扩大了社会的贫富差别,导致了更多的社会罪恶。这一时期,许多文学作品表现了对科学技术不再抱单纯幻想的主题,如1932年英国作家爱尔德斯·赫克斯利出版了他著名的小说《美好的新世界》,书中所描绘的是一个技术完全占统治地位的未来社会,在这个即将到来的社会里,人类感到生活舒适,不知贫困和痛苦为何物,但同时却丧失了自由、美和创造力,个人被剥夺了独特的生活方式。查理·卓别林的电影《摩登时代》更以生动的艺术形象揭示了机器生产、技术分工的非人性效应,描绘了流水作业线把人变成机器、使人丧失人性的恶果。

第二次世界大战以后,科学技术(主要是技术)由于它特有的破坏性,导致了 20 世纪五六十年代的反技术思潮和运动。长期工业发展所积累的问题在 60 年代终于爆发出来,尤其是环境问题成为美国当时最严重的社会问题。当时一位美国参议员明确指出,"科学技术的失控对环境造成了巨大的破坏,它毒害了我们的空气,毁坏了我们的土壤,剥光了我们的森林,污染了我们的水源"。最有名的还是美国生物学家、科普作家莱切尔·卡逊女士 1962 年所写的《寂静的春天》。书中她用自己数年时间专心收集的事实,对美国官方和民间使用 DDT 等化学农药而危害环境、危害生态,以及危害人类本身进行了生动的描述和科学的控诉。与一般的反科学主义者不同,她并非主张对全部农药弃之不用,而是强调人类必须有选择地使用农药,并禁用那些对人类及生物有长期潜在危害的化学杀虫剂。而在此之前,许多人认为环境对人类的危害已不存在,它在 19 世纪随着传染性疾病的有效控制而结束。卡逊的著作出版后,在美国朝野上下引起轰动,有人认为它揭开了一个新的"生态学时代"的序幕,或认为她是现今环境运动的开拓者。由于环境的污染和破坏对人与自然构成了严重的威胁,公害的范围与规模也不断扩大,因此不仅在美国,而且在欧洲,许多人都加入了这个"反对"科学技术的行列,引发了群众大规模的示威游行,人们强烈要求政府采取措施控制环境恶化。公众的努力取得了一些胜利,如美国波音公司先进的超音速运输机开发计划由于噪音污染过大而被迫取消,英法联合开发的协和巨型客机也由于噪音超过美国技术标准而被禁止进入美国市场。

除了环境问题外,反对战争,呼吁和平的运动也在表达着人们对科技滥用的担忧。1945 年美国在日本广岛和长崎投下原子弹所造成的毁灭性破坏,化学武器、细菌武器的可怕后果,以及杀伤力越来越强的军事武器的不断出现,激起了一些科学家的极度不安和严正谴责。美国和苏联研制氢弹成功,世界两霸核军备竞赛开始,更是一片恐怖气氛笼罩全球。核武器之所以令人恐惧,不仅在于它巨大的直接杀伤力,而且还有着难以预期的后续摧毁能力,在于"核冬天"的可能到来。通过研究发现,核战之后产生的黑色烟云,厚达数公里;由于黑云遮日,地球将出现长达数月之久的黑暗与寒冷时期,即使有幸存者,白天看到的也是一片漆黑. 如此长久的寒冷与黑暗,是任何人也无法熬过的灾难,因为一切河流和湖泊将凝结,一切动物和庄稼都会灭绝。

英国数学家和哲学家罗素率先发起和平运动,号召科学家们要关心科学研究成果可能给人类带来的危害,这一倡议得到爱因斯坦的赞同。1955 年 7 月发表了反对战争、反对军备竞赛,号召用和平办法解决世界上一切争端的"罗素—爱因斯坦宣言",在宣言上还有一批诺贝尔奖金获得者和卓越科学家签名。再就是 60 年代开始的越战也加剧了美国社会的动荡,越战期间(1965－1973 年),美国用当时最先进的科技装备军队,不仅使越南死伤 165 万人,同时它也把几十万美国青年送进了坟墓。对此,国内受害者难以容忍,美国大学校园里也爆发了大规模反战的游行示威和暴力行动。

20 世纪 60 年代的环境问题和反战运动结合在一起,汇成一股汹涌潮流,强烈地冲击了美国社会,使长期以来人们认为科学技术带给人类幸福的价值观开始动摇,引起了人们对科技发展后果的关注和担忧。第二次世界大战中大规模杀人武器的使用,工业生产、技术社会所造成的环境污染、生态破坏和资源短缺等等,日益暴露出科学技术对人类生活的负面影响。人们对科学的价值、技术的作用产生了疑虑和困惑。

在这种背景下,一门新的学科 STS(科学、技术与社会)在 20 世纪 60 年代末 70 年代初开始在欧美发展起来。它是一门研究科学、技术与社会相互关系的规律及其应用,并涉及多学科、多领域的综合性新兴学科。其宗旨是发挥科技的积极作用,克服科技的负面影响,使科技真正成为人类的福祉。由于它代表了一种科技与社会、人与自然协调发展的新的价值观和思维模式,适应了当代世界克服传统工业文明的深层次矛盾,并向后工业文明转化的需要,因而直到现在依然受到学术界和社会的强烈关注。

早期的 STS 研究贯穿着对科学技术的批判态度,其锋芒指向两个方面:一是科学技术发展所带来的直接可见的社会弊病,例如车祸和水污染、城市拥挤,以及严重的噪音等等;二是在更深的层次上,人们声讨科学技术日益成为凌驾于人的本性和传统生活方式之上的专制力量。不过,经过 30 多年的发展,现在已逐步摆脱了初期的幼稚与激进,开始走向成熟。目前在 STS 学术领域,已经很少有人一味地批评科学技术,把现代社会的所有罪恶都归结于它。与此同时,人们也不再盲目地崇拜科学技术,不再相信科学技术的进步能自动解决我们所面临的一切问题。相反,人们已经认识到科学技术对社会功能的两重性,所以我们应在肯定它的积极正面效应的同时,否定它的消极负面结果,这是对科学技术与社会关系的一种全新理解。

二、一些人文学者对科学技术的批判

也许是出于对人类未来的担忧,一些人文学者对于科学技术持彻底的否定态度。他们认为科学技术最初就起因于人的恶的一面。比如法国著名思想家卢梭(Jean-Jacques Rousseau,1712-1778 年)在他声讨科技文明的檄文《论科学和艺术》中,就认为所有科学的起源都是卑劣的,例如天文学来自迷信的占星术,几何学来自于贪婪和吝啬,物理学来自于虚荣的好奇心。他把科学和道德看作是互不相容的东西,认为科学是道德的敌人,由于它同财富、奢侈密切联系在一起,所以它不但无助于敦风化俗,反而会伤风败俗,它使人老于世故、把一切只当作工具来使用的理性取代了道德,惴惴不安、恐惧和冷酷取代了纯洁的清福;人与人之间尔虞我诈、仇恨和告密,取代了本能的相亲相爱。在他看来,与其有知识或有科学艺术而无道德,还不如有道德而无知识,为此,卢梭引用了古埃及的传说,说是一个与人类的安谧为敌的魔鬼发明了科学。于是他主张人类应该摒弃科学技术,返回自然的原始状态,过一种远离文明的淳朴生活,这样才能保持道德的、善的本性。瑞士著名心理学家荣格(Carl Gustav Jung,1875-1961)把科学技术的根本标志和特征概括为无所不及、无所不在的掠夺性开发,正是这种特征使它自己发展成为一个暴君,并且把人也变成压榨和杀人的野兽,从而使整个生命获得了不同的节奏和形象,人变成技术的产物,因此他"希望把技术的特点看成是魔鬼性的。"而法兰克福学派的主要代表人物马尔库塞(Herbert Marcuse,1898-1979年)则认为科学技术先验地具有奴役、控制、异化这样一种"原罪"的性质,技术理性的工具主义、单面性、功利主义以及对现实的顺从态度等特征使它自身成为统治者的工具,科学技术的目的性及功利性还剥夺了真、善、美的普遍有效性,使人们失去了对周围世界进行判断的能力,只剩下了服从,这一切造成了人的个性的毁灭,使人们失去了批判性与否定性,也失去了认识自我及超越现实的愿望。科学技术的这种危害性,是导致人类走向万恶的根源。

三、科学技术是无辜的

当然,上述极端的看法显然是难以成立的。一方面,作为非生命存在,技术本身不可能

有什么为恶的动机,而且人们从事科学技术的最初动机也不可能一开始都是邪恶的;另一方面,对于科学技术对道德风尚所起的作用,当然不应该只是单向地去看,科学技术的发展并非必然会引起道德风尚的败坏,它也可以为道德风尚的良性建设提供可能性,就像发达的信息传媒技术可以用来广泛快捷地宣传道德楷模和伦理准则,从而影响和感染人的心灵,提高大众的道德水准,敦化整体的社会风尚。当然,科学技术在演进的过程中,既创造了可以改变人的社会新环境,它本身也形成为可以从心灵上和生理上改变人的强大力量,这就使得被改变着的人不可能不发生动机上的分野,其中个别人会出于恶的动机去创制新的科技手段,以实现更恶的目的;甚至即使是出于善意被创造出来的科学技术,也会被"改头换面"用以作恶,就像在计算机网络上窃取别人账户的钱财或向其中输送病毒软件的人的所作所为一样。这种事实的存在也就导致了如同科学哲学家瓦托夫斯基所说的人们对科学理解上存在的"二律背反":一方面我们知道科学是理性和人类文化的最高成就,另一方面我们同时又害怕科学变成一种发展得超出人类的控制的不道德和无人性的工具,一架吞噬着它面前的一切的没有灵魂的凶残机器。

这样的分析无疑使我们进一步思考:科学技术能改变人的善恶状况吗？或者说,它能使人变得更善或更恶吗？科学技术无疑是能够改变人的善恶状况的,它既可以增加人类善的总量,也可以增加恶的总量;它既可以为人行善提供越来越强大的手段,也可以为人作恶提供更便利的条件,使人行善和作恶的能力同步增长。所以,它不会笼统地使人变得更善或更恶,它可能使一部分人变得更善,如那些真正培育起科学精神和人文精神的人,那些把科学作为为人类谋福利的事业而为之献身的人,科学技术掌握在他们手中无疑会加快人类走向美好境界的进程;它也可能使一部分人变得更恶,科学技术如果为他们服务,无疑会加剧人间的恶。显然,科学技术不可能存在于一个纯净的环境里,只为善人所用,从而只发挥好的作用。

科学技术的发展也不可能自然而然地为我们创造出这样的环境来,我们还需要通过合理而公正的社会系统的健全,通过积极的人文精神的培育,来增强人类"惩恶扬善"的社会手段和自觉意识。

于是,我们需要看到的是,科技手段在人类"惩恶扬善"的道德追求中,一方面不是无所作为的,而是可以为人类"行善"提供强有力的手段;另一方面,我们应该知道,科学技术的正确使用是一个人文问题,科学技术本身无力去解决这个问题,我们绝不能将科技的人文后果全部归结为科学技术本身,人自身的道德境界以及社会制度环境等诸多"非科技因素"都对其结果产生着综合的影响作用。不管人类如何看待科学技术,一个不易的事实是谁也阻挡不住科学技术发展的脚步,它是灾难还是福音很大程度上取决于科学技术是用来为极少数人谋利益,还是为绝大多数人谋利益。

思考题

1. 谈谈你对科学的理解。
2. 谈谈你对技术的理解。
3. 如何避免科学技术被滥用,谈谈你的看法。

参考文献

[1] 詹姆斯·E,麦克莱伦第三等．世界史上的科学技术[M]．王鸣阳译．上海：上海科技教育出版社,2003.

[2] 戴尔·布朗．美索不达米亚——强有力的国王[M]．李旭影等译．北京：华夏出版社,2002.

[3] 贝尔纳．历史上的科学[M]．伍况甫等译．北京：科学出版社,1959.

[4] 宋子良等．理论科学史[M]．武汉：湖北科学技术出版社,1989.

[5] 梯利．西方哲学史[M]．北京：商务印书馆,1975.

[6] 莱昂·罗斑．希腊思想和科学精神的起源[M]．陈修斋译．桂林：广西师范大学出版社,2003.

[7] 卢克莱修．物性论[M]．方书春译．北京：商务印书馆,1999.

[8] 乔治·萨顿．科学的生命[M]．刘珺珺译．北京：商务印书馆,1987.

[9] 纳忠、朱凯、史希同．传承与交融：阿拉伯文化[M]．杭州：浙江人民出版社,1993.

[10] W.C. 丹皮尔．科学史及其与哲学和宗教的关系[M]．北京：商务印书馆.1975.

[11] 王鸿生．世界科学技术史[M]．北京：中国人民大学出版社,1996.

[12] 梅森．自然科学史[M]．上海：上海人民出版社,1977.

[13] 潘永祥．自然科学发展简史[M]．北京：北京大学出版社,1984.

[14] 张文彦．科学技术史概要[M]．北京：科学技术文献出版社,1989.

[15] 杨植民．科学技术史简明教程[M]．北京：农业出版社,1989.

[16] 杨沛霆．科学技术史[M]．杭州：浙江教育出版社,1986.

[17] 鲍伯·布朗．世界著名科学家小传[M]．外语教学与研究出版社,1982.

[18] 江晓原．简明科学技术史[M]．上海：上海交通大学出版社,2001.

[19] 毕剑横．中国科学技术史概论[M]．成都：四川省社会科学院出版社,1985.

[20] 王鸿生．中国历史中的技术与科学——从远古到今天[M]．北京：中国人民大学出版社,1997.

[21] 张密生．科学技术史[M]．武汉：武汉大学出版社,2005.

[22] 全林．科技史简论[M]．北京：科学出版社,2002.

[23] 王振铎．工巧篇[M]．北京：中国青年出版社,1991.

[24] 屈宝坤．中国古代著名科学典籍[M]．北京：商务印书馆,1998.

[25] 郭奕玲、沈慧君．物理学史(第2版)[M]．北京：清华大学出版社,2005.

[26] 李艳平、申先甲．物理学史教程[M]．北京：科学出版社,2003年.

[27]刘兵、杨舰、戴吾三. 科学技术史二十一讲[M]. 北京:清华大学出版社,2006.

[28]费恩曼等. 费恩曼物理学讲义(第1卷)[M]. 上海:上海科学技术出版社,2005.

[29]杨振宁. 杨振宁文集[M]. 海南:海南出版社,2002.

[30]王伯运、李慧川. 关于耗散结构问题[M]. 聊城师院学报(自然科学版)1999.

[31]吴国盛. 科学的历程[M]. 长沙:湖南科学技术出版社,1997.

[32]曾海帆. 专利制度发展简史[M]. 长沙:湖南专利管理局、湖南省科技情报研究所,1985.

[33]姚远、张银玲. 奥尔登伯格与世界上最早的科技期刊——哲学汇刊[J]. 陕西师大学报(哲学社会科学版),1995,24(增刊).

[34]亨利·莱昂斯. 英国皇家学会史[M]. 陈先贵译. 昆明:云南省机械工程学会、云南省学会研究会,1985.

[35]亚·沃尔夫. 十六、十七世纪科学、技术和哲学史[M]. 周昌忠、苗以顺、毛荣运等译. 北京:商务印书馆,1985,第1版.

[36]杨广杰. 世界科技全景百卷书(4)蒸汽机带来的革命[M]. 北京:中国建材工业出版社,1998.

[37]郑延慧. 工业革命的主角[M]. 长沙:湖南教育出版社,1999.

[38]李佩珊、许良英. 20世纪科学技术简史(第二版)[M]. 北京:科学出版社,1999.

[39]肖峰. 现代科技与社会[M]. 北京:经济管理出版社,2003.

[40]宋健. 现代科学技术基础知识(干部读本)[M]. 北京:中共中央党校出版社,1994.

[41]葛照强、张学恭、唐玉海. 自然科学发展概论[M]. 西安:西安交通大学出版社,2007.

[42]谢静. 试论贝塔朗菲一般系统论中的真理观[J]. 新疆大学学报(哲学社会科学版)1999.3.

[43]杜永吉. 关于信息论的哲学思考及其应用[J]. 华北电力大学学报(社会科学版)2003.3.

[44]夏劲、杨志军. 从狭义相对论看爱因斯坦的科学思想. 研究方法及其哲学思想[J]. 自然辩证法研究 2005.8.

[45]余建刚. 从X射线的发现看科学研究的偶然性与必然性[J]. 物理通报 2006.1.

[46]刘树勇. 打开物质微观结构的大门[J]. 大学物理. 2001.4.

[47]吴彤. 突变论方法及其意义[J]. 内蒙古社会科学. 1999.1.

[48]吴寿锽. 相对论基础[M]. 西安:陕西科学技术出版社,1987.

[49]林德宏. 科学哲学十五讲[M]. 北京. 北京大学出版社,2004.

[50]潘永祥、李慎. 自然科学发展史纲要[M]. 北京:首都师范大学出版社,1996.